新一代 信息技术
"十三五"系列规划教材

JavaScript

程序设计

基础教程 慕课版

◆ 刘刚 主编 ◆ 刘敏 副主编

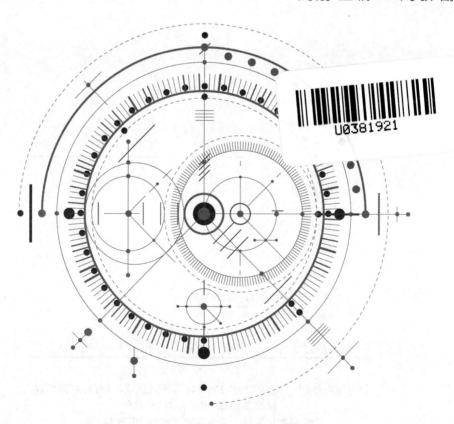

人民邮电出版社

北 京

图书在版编目（ＣＩＰ）数据

JavaScript程序设计基础教程：慕课版 / 刘刚主编
. -- 北京 ：人民邮电出版社，2019.7（2023.7重印）
新一代信息技术"十三五"系列规划教材
ISBN 978-7-115-48694-3

Ⅰ．①J… Ⅱ．①刘… Ⅲ．①JAVA语言－程序设计－
教材 Ⅳ．①TP312.8

中国版本图书馆CIP数据核字(2018)第135477号

内 容 提 要

JavaScript 是目前非常流行的网页前端开发技术之一。本书利用大量案例深入浅出地介绍了
JavaScript 程序设计的基础知识。本书分为三篇，第一篇为初识 JavaScript，包括 JavaScript 简介；第
二篇为 JavaScript 必备基础知识，包括 JavaScript 基本语法、JavaScript 程序构成、JavaScript 对象和
JavaScript 数组；第三篇为 JavaScript 技能提升，包括窗口和框架、document 对象、表单、算法、综
合设计实例——JavaScript 特效制作以及综合实战——实现购物车功能。本书配有全套慕课课程，课
程讲解生动细致，可用手机扫码观看课程，也可登录人邮学院网站进行系统学习。

本书适合作为高等院校、高职高专 JavaScript 程序设计相关课程的教材，也可供相关人员自学参
考。

◆ 主　　编　刘　刚
　副 主 编　刘　敏
　责任编辑　桑　珊
　责任印制　马振武

◆ 人民邮电出版社出版发行　　北京市丰台区成寿寺路 11 号
　邮编　100164　　电子邮件　315@ptpress.com.cn
　网址　http://www.ptpress.com.cn
　北京市艺辉印刷有限公司印刷

◆ 开本：787×1092　1/16
　印张：18.5　　　　　　　　2019 年 7 月第 1 版
　字数：551 千字　　　　　　2023 年 7 月北京第 12 次印刷

定价：59.80 元

读者服务热线：(010)81055256　印装质量热线：(010)81055316
反盗版热线：(010)81055315
广告经营许可证：京东市监广登字 20170147 号

前言
Foreword

本书全面贯彻党的二十大精神，以社会主义核心价值观为引领，传承中华优秀传统文化，坚定文化自信，使内容更好体现时代性、把握规律性、富于创造性。

JavaScript 简介

JavaScript 是 Internet 上非常流行的脚本语言之一，在前端开发和 Web 开发的实际工作中应用非常广泛。目前流行使用的很多框架，如 JQuery、AngularJS 等，都是以 JavaScript 为基础进行封装的，因此，学习 JavaScript 是学习脚本语言的基础和根基。

如今，用户已经习惯了使用 App、微信小程序等移动程序带来的便利，因此良好的互动体验和及时的用户反馈才能让我们设计的网页具备竞争力。而我们常见的鼠标悬浮变色、显示二级菜单，显示、隐藏部分内容，注册表单验证提示，手风琴菜单，幻灯片轮播等特效，都可以使用 JavaScript 制作。JavaScript 给网页带来了丰富的交互效果和动态的用户体验，使网页界面充满生气。

本书细致地讲解了 JavaScript 的基础知识，分为三篇，从初识 JavaScript 到 JavaScript 必备基础知识，再到技能提升。全书内容全面，循序渐进，并在重要知识点处设计了任务训练，通过实战案例帮助读者边学边练，掌握重点难点。全书最后精选了 13 个常用的特效实例，并设置综合实战，带领读者实现购物车的功能，体验 JavaScript 在实际工作中的真实应用，与 Web 开发实际工作无缝接轨。

本书配套资源

本书配套慕课，由一线程序员小刚老师详细讲解，手把手教学。

登录人邮学院网站（www.rymooc.com）或扫描封面上的二维码，使用手机号完成注册，在首页右上角单击"学习卡"选项，输入封底刮刮卡中的激活码，即可在线观看全书慕课视频。扫描书中二维码也可以使用手机移动观看视频。

小刚老师简介

• 一线项目研发、设计、管理工程师，高级项目管理师、项目监理师，负责纪检监察廉政监督监管平台、国家邮政局项目、政务大数据等多个国家级项目的设计与开发。

• 极客学院、北风网金牌讲师。

• 畅销书《微信小程序开发图解案例教程（附精讲视频）》《小程序实战视频课：微信小程序开发全案精讲》《Axure RP8 原型设计图解微课视频教程（Web+App）》作者。

全部案例源代码、素材、最终文件、电子教案可登录人邮教育社区（www.ryjiaoyu.com）下载使用。

编　者
2022 年 12 月

目录
Contents

第一篇

初识 JavaScript

　　20 世纪 90 年代中期，互联网方兴未艾，越来越多的 Web 页面被制作出来，通过浏览器来使用互联网的用户数量越来越多。然而，这个时候浏览器客户端最简单的表单验证都需要在服务端来完成。往往为了一个简单的表单有效性验证，就要与服务器进行多次的往返交互。这给用户操作带来了极大的不便。那时正处于技术革新最前沿的 Netscape 公司，也正为这个问题感到苦恼，于是开始认真考虑开发一种客户端脚本语言来解决如此简单的处理问题。

　　Netscape 公司很快发现，Navigator 浏览器需要一种可以嵌入网页的脚本语言，用来控制浏览器行为。当时，网速很慢而且上网费很贵，有些操作不宜在服务器端完成。比如，用户忘记填写"用户名"，就单击了"发送"按钮，到服务器再发现这一问题就太晚了，最好能在用户发出数据之前，就告诉用户"请填写用户名"。这就需要在网页中嵌入小程序，让浏览器检查每一栏是否都填写了。管理层对这种浏览器脚本语言的设想是：功能不需要太强，语法较为简单，容易学习和部署。

　　基于这些设想，1995 年，Netscape 公司雇佣程序员 Brendan Eich 开发出了这种网页脚本语言的第一版，其最初的名字叫 LiveScript，但为了和当时非常火的 Java 搭上关系，LiveScript 改名为 JavaScript。自此 JavaScript 正式问世。后来随着互联网应用越来越广泛，JavaScript 也不断演化。发展至今，已经从一个简单的表单验证器成为一门强大而复杂的语言。在本书后面，将会详细介绍这门语言。

第1章

JavaScript简介

■ JavaScript 是 Internet 上最流行的脚本语言之一，它存在于全世界所有 Web 浏览器中，能够增强用户与 Web 站点及与 Web 应用程序之间的交互。本章中，将介绍什么是 JavaScript，JavaScript 的应用及实现等知识。

1.1　什么是 JavaScript?

　　JavaScript 是一种基于对象（Object）和事件驱动（Event Driven）并具有安全性能的脚本语言。使用它的目的是与 HTML（超文本标记语言）、Java 脚本语言（Java 小程序）一起实现在一个 Web 页面中链接多个对象，与 Web 客户交互，从而可以开发客户端的应用程序等。它是通过嵌入或调入在标准的 HTML 中实现的。它的出现弥补了 HTML 的缺陷，它是 Java 与 HTML 折中的选择，具有以下几个基本特点。

1．简单性

　　JavaScript 是一种脚本语言，它采用小程序段的方式实现编程。像其他脚本语言一样，JavaScript 同样是一种解释性语言，它提供了一个易开发的过程。它的基本结构形式与 C、C++、Visual Basic、Delphi 十分类似。但它不像这些语言一样，需要先编译，而是在程序运行过程中被逐行地解释。它与 HTML 标识结合在一起，从而方便用户的使用操作。

　　JavaScript 的简单性主要体现在：首先，它是一种基于 Java 基本语句和控制流之上的简单而紧凑的设计，从而对学习 Java 来说是一种非常好的过渡；其次，它的变量类型采用弱类型，并未使用严格的数据类型。

2．动态性

　　JavaScript 是动态的，它可以直接对用户或客户输入做出响应，无须经过 Web 服务程序。

　　它对用户的响应，是以事件驱动的方式进行的。在主页（Home Page）中执行了某种操作所产生的动作称为"事件"（Event）。比如按下鼠标、移动窗口、选择菜单等都可以视为事件。所谓事件驱动，就是指当事件发生后，可能会引起相应的事件响应。

3．跨平台性

　　JavaScript 依赖于浏览器本身，与操作环境无关，只要有能运行浏览器的计算机，以及支持 JavaScript 的浏览器就可以正确执行。从而实现了"编写一次，走遍天下"的梦想。

4．节省服务器的开销

　　JavaScript 是一种基于客户端的语言，用户在浏览过程中进行的填表、验证等交互过程只需通过浏览器调入 HTML 文档中的 JavaScript 源代码来进行解释，并执行已经编好的 JavaScript 的相应程序来完成即可，大大减少了服务器的资源消耗。

　　实际上 JavaScript 最杰出之处在于它可以用很小的程序做大量的事。无需高性能的计算机和 Web 服务器通道，仅需一个字处理软件及一个浏览器，通过自己的计算机即可完成所有的事情。

1.2　JavaScript 与 Java 的区别

　　虽然 JavaScript 命名起源于 Java，但 JavaScript 却是有别于 Java 的。Java 是 SUN 公司推出的新一代面向对象的程序设计语言，特别适合于 Internet 应用程序开发；而 JavaScript 是 Netscape 公司的产品，是为了扩展 Netscape Navigator 功能而开发的一种可以嵌入 Web 页面中的解释性语言，它的前身是 LiveScript，而 Java 的前身是 Oak 语言。下面对两种语言间的异同做如下比较。

1．基于对象和面向对象

　　Java 是一种真正的面向对象的语言，即使是开发简单的程序，也必须设计对象。

　　JavaScript 是一种脚本语言，它可以用来制作与网络无关的，与用户交互作用的复杂软件。它是一种基于对象和事件驱动的编程语言。因而它本身提供了非常丰富的内部对象供设计人员使用。

2．解释和编译

　　两种语言在浏览器中所执行的方式不一样。Java 的源代码在传递到客户端执行之前，必须经过编译，因而客户端上必须具有相应平台上的仿真器或解释器。

JavaScript 的源代码在发往客户端执行之前不需经过编译，而是将文本格式的字符代码发送给客户端由浏览器解释执行。

3．强变量和弱变量

两种语言所采取的变量是不一样的。

Java 采用强类型变量检查，即所有变量在编译之前必须做声明，例如：

```
Integer x；String y；x=1234；y=4321；
```

其中 x=1234 声明为一个整数，y=4321 声明为一个字符串。

JavaScript 中的变量声明，采用弱类型，即变量在使用前不需做声明，而是解释器在运行时检查其数据类型，例如：

```
x=1234；  y ="4321"；
```

前者说明 x 为数值型变量，而后者说明 y 为字符型变量。

4．代码格式不一样

Java 是一种与 HTML 无关的格式，必须通过像 HTML 中引用外媒体那样进行装载，其代码以字节代码的形式保存在独立的文档中。

JavaScript 的代码是一种文本字符格式，可以直接嵌入 HTML 文档中，并且可动态装载。编写 HTML 文档就像编辑文本文件一样方便。

5．嵌入方式不一样

在 HTML 文档中，两种编程语言的标识不同，JavaScript 使用<script>...</script>来标识，而 Java 使用<applet>...</applet>来标识。

6．静态联编和动态联编

Java 采用静态联编，即 Java 的对象引用必须在编译时进行，以使编译器能够实现强类型检查。

JavaScript 采用动态联编，即 JavaScript 的对象引用在运行时进行检查。

精讲视频

JavaScript 能做什么
与不能做什么

1.3 JavaScript 能做什么?

用 JavaScript 可以做许多事情，使网页更具交互性，为站点的用户提供更好、更令人兴奋的体验。JavaScript 可以创建活跃的用户界面，当用户在页面间浏览时向他们提供反馈。例如：使用 JavaScript 的翻转器技术，实现当鼠标指针停留在页面按钮上时，会突出显示按钮。还可以使用 JavaScript 来确保用户以表单形式输入有效的信息，如果表单需要进行一些校验工作，那么可以在用户机器上用 JavaScript 来完成，而不需要任何服务器端处理。

另外，使用 JavaScript，根据用户的操作可以创建自定义的 Web 页面。假设用户正在访问一个美食站点，单击某个美食，可以在一个新窗口中显示该美食的相关信息。JavaScript 可以控制浏览器，可以打开新窗口、显示警告框，还可以在浏览器窗口的状态栏中显示自定义的消息。

除此之外，JavaScript 还可以处理表单、设置 cookie，即时构建 HTML 页面以及创建基于 Web 的应用程序。

1.4 JavaScript 不能做什么?

JavaScript 是一种客户端语言。也就是说，设计它的目的是在用户的计算机上，而不是服务器上执行任务。因此，JavaScript 有如下一些固有的限制。

❑ JavaScript 不允许写服务器上的文件。尽管写服务器上的文件在许多方面是很方便的（比如存储页面单击数或用户填写的表单数据），但是 JavaScript 不允许这么做。而是需要用服务器上的一个程序处理和存储这些数据。这个程序可以是用 Java、Perl 或 PHP 等语言编写的 CGI（运行在服务器上的程序）。

❑ JavaScript 不能关闭不是由它自己打开的窗口。这是为了避免一个站点关闭其他任何站点的窗口，从而独占浏览器。

❑ JavaScript 不能从来自另一个服务器的已经打开的网页中读取信息。换句话说，网页不能读取已经打开的其他窗口中的信息，因此无法探察访问这个站点的用户还在访问其他哪些站点。

1.5 JavaScript 实现

一个完整的 JavaScript 实现由 3 个不同部分组成：核心（ECMAScript）、文档对象模型（DOM）和浏览器对象模型（BOM），如图 1.1 所示。

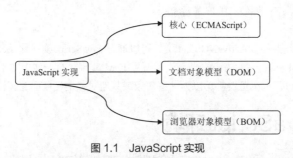

图 1.1 JavaScript 实现

1. ECMAScript

ECMAScript 是一种通过 ECMA-262 标准化的脚本程序设计语言。它可以为不同种类的宿主环境提供核心的脚本编程能力。也就是说 ECMAScript 描述了语言的语法和基本对象。它并不与任何具体浏览器相绑定，实际上，它也没有提到用于任何用户输入输出的方法（这点与 C 这类语言不同，它需要依赖外部的库来完成这类任务）。浏览器中的 ECMAScript 添加了与 DOM 的接口，可以通过脚本改变网页的内容、结构和样式。

2. DOM

DOM 是 HTML 和 XML 的应用程序接口（API）。DOM 将把整个页面规划成由节点层级构成的文档。HTML 或 XML 页面的每个部分都是一个节点的衍生物。看下面的 HTML 页面。

```
<html>
  <head>
    <title>Sample Page</title>
  </head>
  <body>
    <p>hello world!</p>
  </body>
</html>
```

这段代码可以用 DOM 绘制成一个节点层次图，如图 1.2 所示。

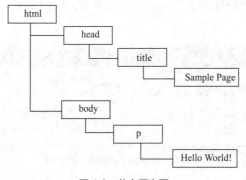

图 1.2 节点层次图

DOM 将整个页面规划成由节点层次构成的文档，从而使开发者对文档的内容和结构有很好的控制，可以很方便地删除、添加和替换节点。

3. BOM

BOM 主要处理浏览器窗口和框架，不过通常浏览器特定的 JavaScript 扩展都被看作 BOM 的一部分。这些扩展包括：

- ❑ 弹出新的浏览器窗口；
- ❑ 移动、关闭浏览器窗口以及调整窗口大小；
- ❑ 提供 Web 浏览器详细信息的定位对象；
- ❑ 提供用户屏幕分辨率详细信息的屏幕对象；
- ❑ 对 cookie 的支持；
- ❑ IE 扩展了 BOM，加入了 ActiveXObject 类，可以通过 JavaScript 实例化 ActiveX 对象。

由于没有相关的 BOM 标准，每种浏览器都有自己的 BOM 实现。有一些事实上的标准，如具有一个窗口对象和一个导航对象，不过每种浏览器都可以为这些对象或其他对象定义自己的属性和方法。

1.6 搭建 JavaScript 环境

精讲视频

搭建 JavaScript 环境

相比其他语言，JavaScript 的优势之一在于不用安装或配置任何复杂的环境就可以开始学习。每台计算机上都已具备所需的环境，哪怕使用者从未写过一行代码，有浏览器足矣！

为了运行本书中的示例代码，建议安装 Chrome 或 Firefox 浏览器，一个合适的编辑器（如 Sublime Text 或 NotePad++），以及一个 Web 服务器（WAMP 或 XAMPP，这一步是可选的）。

接下来将介绍搭建环境最常用的两种方案。

1.6.1 浏览器

浏览器是最简单的开发环境。Chrome 浏览器或者 Firefox 浏览器是最常用的。如果使用 Firefox 浏览器，需要安装 Firebug 插件，安装完成后，在浏览器的右上角会看到一个图标，如图 1.3 所示。

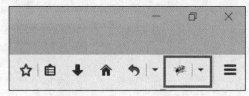

图 1.3　Firebug 插件图标

单击 Firebug 图标，打开浏览器控制台，在命令行区域中编写所有 JavaScript 代码，如图 1.4 所示（执行源代码可以单击"运行"按钮）。

图 1.4　Firefox 浏览器控制台编码

也可以扩展命令行，来适应 Firebug 插件的整个可用区域。

使用 Chrome 浏览器也是可以的，Chrome 已经集成了 Google Developer Tools（谷歌开发者工具）。打开 Chrome，单击设置及控制图标，选中更多工具|开发者工具（英文为 Tools|Developer Tools），如图 1.5 所示（执行源代码可按【Enter】键）。

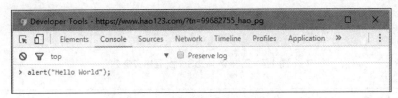

图 1.5　Chrome 浏览器控制台编码

1.6.2　Web 服务器（WAMP）

安装 WAMP，然后在 WAMP 安装文件夹下找到 htdocs 目录。在该目录下新建一个文件夹，就可以在里面执行本书中所讲述的源代码，或直接将示例代码下载后提取到此目录。

接下来，在启动 WAMP 服务器后，就可以通过 localhost 这个 URL，用浏览器访问源代码，注意别忘了打开 Firebug 或谷歌开发者工具查看输出。

1.7　编写第一个 JavaScript 程序

精讲视频

编写第一个
JavaScript 程序

学习 JavaScript 或者其他新技术的最佳方法都是一样的，要多写多练。每一个范例都务必弄懂并亲自编写。

下面通过一个例子——脚本 1-1，编写第一个 JavaScript 程序。通过它可以说明 JavaScript 的脚本是怎样被嵌入到 HTML 文档中的。

脚本 1-1.html

```html
<html>
  <head>
    <script Language="JavaScript">
      // JavaScript Appears here
      alert("这是第一个JavaScript例子!");
      alert("欢迎你进入JavaScript世界!");
    </script>
  </head>
</html>
```

上例是一个 HTML 文档，其标识格式为标准的 HTML 格式。如同 HTML 一样，JavaScript 程序代码是一些可用字处理软件浏览的文件，它在描述页面的 HTML 相关区域出现。alert()是 JavaScript 的窗口对象方法，其功能是弹出一个具有"确定"按钮的对话框，并显示()中的字符串。//用来标识注释，注释内容不会被执行。使用注释是一个好的编程习惯，它使其他人可以读懂你的代码。JavaScript 以</script>标签结束。从上面的实例分析中可以看出，编写一个 JavaScript 程序是非常容易的。

运行这个实例分别弹出两个窗口，如图 1.6 和图 1.7 所示。

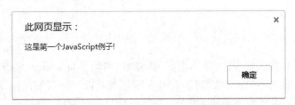

图 1.6　第一个 JavaScript 程序弹窗 1

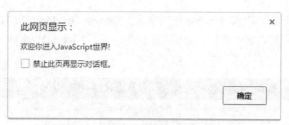

图 1.7　第一个 JavaScript 程序弹窗 2

【任务 1-1】热身

1. 任务介绍

JavaScript 是一门很神奇的语言，在开始学习之前，先来按照下面的操作做一个小任务，看看结果窗口会有什么变化。

如脚本 1-2 所示，在<script></script>标签中输入 document.write("hello")和 document.getElementById("p1").style.color = "blue"；保存后运行脚本看看结果窗口会有什么变化。

2. 实现代码

完整代码如脚本 1-2 所示。

脚本 1-2.html

```html
<html>
  <head>
    <title>热身</title>
  </head>
  <body>
    <p id="p1">我是第一段文字</p>
    <p id="p2">我是第二段文字</p>
    <script Language="JavaScript">
    document.write("hello");
    document.getElementById("p1").style.color="blue";
    </script>
  </body>
</html>
```

3. 运行结果

运行脚本 1-2 显示结果如图 1.8 所示。

我是第一段文字

我是第二段文字

hello

图 1.8　运行结果

1.8　小结

JavaScript 是一种专为网页交互而设计的脚本语言。本章主要介绍了 JavaScript 的实现、JavaScript 的主要特点、JavaScript 能做哪些事和不能做哪些事以及常用的两种开发环境，最后以一个实例介绍了 JavaScript 在 HTML 文档中的使用。通过这一章的学习，应该对 JavaScript 有一个清晰的认识。下一章将详细介绍 JavaScript 基础知识。

第二篇

JavaScript 必备
基础知识

本篇是 JavaScript 的基础核心内容。介绍了 JavaScript 基础语法、函数、事件、对象、数组等内容。认真学完本篇，就可以对 JavaScript 脚本编程有一个全面系统的认识，也能够依靠这些核心知识来解决 JavaScript 中某些复杂问题了。本篇的目录结构如下：

第 2 章　JavaScript 基本语法
第 3 章　JavaScript 程序构成
第 4 章　JavaScript 对象
第 5 章　JavaScript 数组

PART02

第2章

JavaScript基本语法

■ 本章中，一起来学习 JavaScript 基本语法，
包括 JavaScript 脚本编码和 JavaScript 的基础
知识。先来简单了解一下 HTML 的常见标签，为
后面各章节 JavaScript 的学习做好准备。HTML
常用标签及属性如表 2.1 所示。

表 2.1　HTML 常用标签及属性

标签/属性	释义
html	描述网页
head	描述网页头部
script	存放 JavaScript 脚本
body	网页可见页面内容
h1...h6	页面内容标题
a	链接标签，定义锚
src	规定外部脚本文件的 URL
title	网页标题

2.1 JavaScript 在 HTML 中的使用

精讲视频

JavaScript 在 HTML 中有两种存放方式：直接在页面上嵌入 JavaScript 代码、引用独立的 js 文件。

JavaScript 在 HTML
中的使用

1. 直接在页面上嵌入 JavaScript 代码

请看脚本 2-1。

脚本 2-1.html

```html
<!DOCTYPE html>
<html>
  <head>
    <title>在HTML中使用JavaScript</title>
  </head>
  <body>
    <script>
    alert('Hello World!');
    </script>
  </body>
</html>
```

在上面的代码中，将 JavaScript 脚本直接放在 HTML 的<body></body>标签之间，保存为 HTML 文件，运行 HTML 文件，弹出一个对话框，如图 2.1 所示。

图 2.1 弹出对话框

也可以将脚本放在<head></head>标签之间，运行结果是一样的。

2. 引用独立的 js 文件

示例代码如脚本 2-2 所示。

（1）先创建 HTML 文件。

脚本 2-2.html

```html
<!DOCTYPE html>
<html>
  <head>
    <title>在HTML中使用JavaScript</title>
  </head>
  <body>
    <script src="test-01.js">
    </script>
  </body>
</html>
```

（2）紧接着我们需要创建一个 JavaScript 文件 test-01.js，示例代码如下所示。

test-01.js

```javascript
alert('Hello World!');
```

（3）运行 HTML 代码，结果如图 2.2 所示。

图 2.2　运行结果

以上两种脚本存放位置，运行结果都是一样的。但比较来说，推荐使用第二种引用单独的 js 文件的方式。

 加载外部 js 文件是线程阻塞的，在没有加载完成的时候，页面不会继续加载后面的标签，所以通常我们将引用的 js 文件放在关闭 body 标签之前或者\<body>\</body>标签之后，这样有利于提升页面的性能。

【任务 2-1】在 HTML 中使用 JavaScript

1. 任务介绍
分别运用上面介绍的两种在 HTML 中引用 JavaScript 的方式，在页面上弹出 alert 警告框"欢迎学习 JavaScript！"。

2. 任务目标
学会常见的两种在 HTML 中引用 JavaScript 的方式。

3. 实现思路
（1）将\<script>\</script>脚本嵌入在页面的\<body>\</body>标签之间，并在\<script>\</script>脚本之间编写 alert() 警告框。

（2）将 alert()警告框写在单独的 JavaScript 文件中，然后在页面上引入外部 JavaScript 文件。

4. 实现代码
两种不同实现方式的代码如脚本 2-3 和脚本 2-4 所示。

脚本 2-3.html

```html
<!DOCTYPE html>
<html>
  <head>
    <title>在HTML中使用JavaScript</title>
  </head>
  <body>
    <script>
    alert('欢迎学习JavaScript！');
    </script>
  </body>
</html>
```

脚本 2-4.html

```html
<!DOCTYPE html>
<html>
  <head>
    <title>在HTML中使用JavaScript</title>
  </head>
  <body>
```

```
    <script src="test-02.js">
    </script>
  </body>
</html>
```

test-02.js

```
alert('欢迎学习JavaScript！');
```

5. 运行结果

第 1 种实现方式见脚本 2-3，运行结果如图 2.3 所示。

第 2 种实现方式见脚本 2-4，运行结果如图 2.4 所示。

此网页显示： ✕	此网页显示： ✕
欢迎学习JavaScript！	欢迎学习JavaScript！
确定	确定

图 2.3　任务 2-1 运行结果 1　　　　　图 2.4　任务 2-1 运行结果 2

2.2　JavaScript 代码调试方式

通常情况下，如果 JavaScript 代码出现错误，是不会有相关提示信息的。

那么到底是语法错误还是逻辑错误，错误的具体位置在哪都无法得知，这样就迫切需要掌握几种 JavaScript 代码的调试方式。这一小节一起学习 3 种最常见的调试方式。

（1）使用 alert() 弹出警告框，示例代码如脚本 2-5 所示。

脚本 2-5.html

```
<!DOCTYPE html>
<html>
  <head>
    <title>在JavaScript中使用警告框</title>
  </head>
  <body>
    <script>
    alert(5+6);
    </script>
  </body>
</html>
```

运行上面 HTML 代码，浏览器显示结果如图 2.5 所示。

图 2.5　alert 弹出警告框

（2）使用 document.write() 方法将内容写到 HTML 文档中，示例代码如脚本 2-6 所示。

脚本 2-6.html

```
<!DOCTYPE html>
<html>
  <head>
    <title>在JavaScript中使用document.write()方法</title>
  </head>
  <body>
    <script>
    document.write(Date());
    </script>
  </body>
</html>
```

运行上面 HTML 代码，浏览器显示结果如图 2.6 所示。

Wed Mar 29 2017 22:23:54 GMT+0800 (中国标准时间)

图 2.6   document.write()显示结果

（3）使用 console.log()写入到浏览器控制台，示例代码如脚本 2-7 所示。

脚本 2-7.html

```
<!DOCTYPE html>
<html>
  <head>
    <title>在JavaScript中使用console.log()方法</title>
  </head>
  <body>
    <script>
    a = 5;
    b = 6;
    c = a + b;
    console.log(c);
    </script>
  </body>
</html>
```

运行上面 HTML 代码，浏览器显示结果如图 2.7 所示。

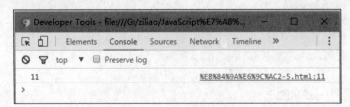

图 2.7   console.log()显示结果

比较这 3 种调试技巧，console.log()是一种更好的方式，在实际应用中，更受开发人员的青睐。对比分析如下。

（1）如果在文档已完成加载后执行 document.write，整个 HTML 页面将被覆盖，对程序的执行造成不便。

（2）alert()函数会阻断 JavaScript 程序的执行，从而出现副作用，而且使用 alert()方法需要单击弹出窗的确认按钮，操作麻烦，最重要的是 alert()只能输出字符串。

（3）console.log()仅在控制台打印相关信息，不会对 JavaScript 程序执行造成阻隔，此外，console.log()可以接受任何字符串、数字和 JavaScript 对象，可以看到清楚的对象属性结构，在 ajax 返回 json 数组对象时调试很方便。

程序中调试是测试、查找及减少 bug（错误）的过程。console.log() 对于 IE8 及以下版本会报错，测试后注意注释掉。

2.3 语句

精讲视频

语句

JavaScript 语句是向浏览器发出的命令。语句的作用是告诉浏览器该做什么。下面的 JavaScript 语句将 "1+2" 的值赋给变量 a，也叫变量赋值。

```
var a = 1+2;
```

var 是变量声明命令，这里声明了变量 a，然后将 1+2 的计算结果赋值给变量 a。

1+2 在 JavaScript 中叫表达式，会返回一个计算结果。表达式和语句的区别在于：表达式由运算符构成，并运算产生结果的语法结构，每个表达式都会返回一个值。而语句主要是为了进行某种操作，一般情况下不需要返回值。

语句以分号结尾。一个分号代表一条语句结束。多条语句可以写在一行内，如：

```
var a = 1+2; var b = 'abc';
```

（1）语句结尾的分号需要在英文状态下输入，同样，JavaScript 中的代码和符号也都需要在英文状态下输入；

（2）在实际编码中也有可能遇见不带分号的案例。一般情况下，在 JavaScript 代码的最后用分号来结束语句是可选的。但为了养成良好的编程习惯，建议还是每条语句都加上分号。

2.4 变量

精讲视频

变量

2.4.1 变量的概念

在日常生活中，有些东西是固定不变的，而有些东西则会发生很多变化，如天气、时间等。在程序设计语言中，约定俗成地将这些会改变的东西称之为变量。

同代数一样，JavaScript 变量可用于存放值和表达式。变量的命名遵循以下原则：

（1）变量必须以字母开头；

（2）变量也能以$和_开头（不过不推荐这么做）；

（3）变量名不能包含空格或其他标点符号；

（4）变量名称对大小写敏感（a 和 A 是不同的变量）。

2.4.2 变量的类型

JavaScript 是一种动态类型语言。变量的类型没有限制，可以赋予各种类型的值。比如文本值（name="John"）。在 JavaScript 中，类似"John"这样一条文本被称为字符串。

尽管 JavaScript 变量有很多种类型，但是现在，我们只需要关注数字和字符串两种类型。

当向变量分配文本值时，应该用双引号或单引号来包围这个值。

当向变量赋的值是数值时，不要使用引号。如果用引号包围数值，该值会被作为文本来处理。

2.4.3 变量声明赋值

在 JavaScript 中，变量声明用关键词 var，变量赋值用=。变量声明赋值其实是分开的两步操作，比如 var a = 1 这样一条赋值语句实际的步骤是下面这样的：

```
var a;   // 声明变量a
a = 1;   // 给变量a赋值为1
```

如果只是声明了变量 a 而没有给变量 a 赋值，那么变量 a 的值是 undefined。

变量必须声明之后才能使用，否则 JavaScript 会报错：变量未定义。

也可以使用 a = 1 这样省略了关键词 var 声明变量的方式，这样其实也是没错的。但建议总是使用 var 命令声明变量。

【任务 2-2】变量赋值

1. 任务介绍
定义一个名为 mynum 的变量，并赋值为 8。

2. 任务目标
学会 JavaScript 变量的声明赋值方式。

3. 实现思路
用 var 关键字声明变量，用=给变量赋值。

4. 实现代码
```
var mynum = 8;
```

5. 运行结果
该任务没有输出结果，只是定义变量和赋值。

2.4.4 变量作用域

JavaScript 变量分为全局变量和局部变量。

变量在函数内声明即为局部变量。局部变量有局部作用域：只能在函数内访问。

变量在函数外定义，即为全局变量。全局变量有全局作用域：网页中所有脚本和函数均可使用。如果变量在函数内没有使用 var 关键字声明，该变量也为全局变量。

变量生命周期：局部变量在函数开始执行时创建，函数执行完后局部变量会自动销毁；全局变量在页面关闭后销毁。

下面来看一个实例，如脚本 2-8 所示。

脚本 2-8.html

```
<!DOCTYPE html>
<html>
  <head>
    <title>全局变量和局部变量示例</title>
  </head>
  <body>
    <script>
      var a = "global";
      b = "global";
      function testaFunction(){
```

```
        var a = "local";
        return a;
        }
        function testbFunction(){
        b = "local";
        return b;
        }
        console.log(a); // 1
        console.log(testaFunction()); // 2
        console.log(b); // 3
        console.log(testbFunction()); // 4
        console.log(b); // 5
    </script>
  </body>
</html>
```

运行脚本 2-8 显示结果如图 2.8 所示。

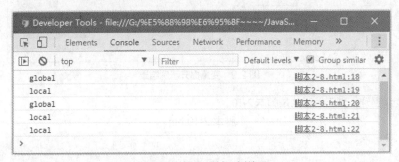

图 2.8　变量作用域示例结果

第 1 步操作 console.log(a)输出 global，因为 var a = "global"在函数外声明是一个全局变量；

第 2 步操作 console.log(testaFunction())输出 local，因为操作调用函数 testaFunction，在函数 testaFunction 内 var a = "local"声明了一个局部变量 a，其作用域仅在 testaFunction 函数内；

第 3 步操作 console.log(b)输出 global，因为我们在代码头部用赋值语句 b = "global"初始化了全局变量 b；

第 4 步操作 console.log(testbFunction())输出 local，因为在 testbFunction 函数内，变量 b 没有用 var 关键词修饰，引用的是全局变量并赋值为 local；

第 5 步操作 console.log(b)输出 local，因为在第 4 步操作中，调用的 testbFunction 函数里修改了全局变量 b 的值。

在 JavaScript 中，代码质量可以用全局变量和函数的数量来考量，全局变量越多或者函数越多，代码质量越糟。因此，应该尽可能避免使用全局变量。

2.4.5　变量提升

JavaScript 引擎工作方式是：先解析代码，获取所有被声明的变量，然后再一行一行地运行代码。这样所有变量声明语句都会被提升到代码头部执行。这就叫作变量提升。

先看一段简单的代码，如脚本 2-9 所示。

脚本 2-9.html

```
<!DOCTYPE html>
```

```html
<html>
  <head>
    <title>变量提升</title>
  </head>
  <body>
    <script>
    console.log(a);
    var a = 1;
    </script>
  </body>
</html>
```

按惯性逻辑来理解，首先在控制台打印出 a 的值，但这个时候 a 还未声明和赋值，所以应该会报错。但实际上并不会报错，运行结果如图 2.9 所示。

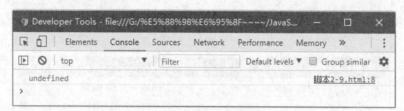

图 2.9　变量提升示例结果

因为存在变量提升，真正运行的是脚本 2-10。

脚本 2-10.html

```html
<!DOCTYPE html>
<html>
  <head>
    <title>变量提升</title>
  </head>
  <body>
    <script>
    var a;
    console.log(a);
    a = 1;
    </script>
  </body>
</html>
```

所以控制台显示的结果是 undefined，表明变量 a 已经声明但未赋值。

（1）变量提升只是提升变量的声明，并不会把变量赋值也提升上来。

（2）变量提升只对 var 声明的变量有效，如果一个变量没有用 var 命令命名，则不会发生变量提升。

（3）console.log(a);a = 1; 这段代码执行会报错，提示 "ReferenceError:a is not defined"，即变量 a 未声明，这是因为 a 不是用 var 命令声明的，JavaScript 引擎不会将其提升，而只是视为对顶层对象的 a 属性的赋值。

（4）大多数程序员并不知道 JavaScript 变量提升。如果程序员不能很好地理解变量提升，他们写的程序就容易出现一些问题。为了避免这些问题，通常在每个作用域开始前声明这些变量，这也是正常的 JavaScript 解析步骤，这样易于理解。

【任务 2-3】运用变量提升

1. 任务介绍

分析脚本 2-11.html 中的代码，判断输出结果。

2. 任务目标

理解 JavaScript 变量作用域概念及变量提升的运用。

3. 实现思路

（1）用 var 声明的变量存在变量提升，且变量提升只是提升变量的声明，变量赋值并不会提升；

（2）在函数外声明的变量为全局变量；在函数体内声明的变量为局部变量，且只能在当前函数体内访问；

（3）声明变量时如果没有使用 var 关键词，直接赋值的变量为全局变量。

4. 实现代码

脚本 2-11.html

```
<html>
  <head>
  </head>
  <body>
    <script type="text/javascript">
        var a,b;
        (function(){
            console.log(a);    // 1
            console.log (b);   // 2
            var a = b = 3;
            console.log (a);   // 3
            console.log (b);   // 4
        })0;
        console.log (a);   // 5
        console.log (b);   // 6
    </script>
  </body>
</html>
```

分析如下：

这里最关键的是理解清楚"var a = b = 3"这条语句，它实质上可以拆解为"var a = b; b = 3;"，那么这段代码可以重写如下：

```
<html>
<head>
</head>
<body>
<script type="text/javascript">
    var a,b;
    (function(){
        console.log(a);    // 1
        console.log (b);   // 2
        b = 3;
        var a = b;
        console.log (a);   // 3
        console.log (b);   // 4
    })0;
        console.log (a);   // 5
        console.log (b);   // 6
```

```
</script>
</body>
</html>
```

代码首先用语句"var a,b"声明了全局变量 a 和 b；然后在匿名函数内声明了局部变量 a 和全局变量 b；所以行 1 和行 2 处的 a 和 b 都声明了但未初始化；b = 3 这里重写了全局变量 b 的值，所以行 3 和行 4 的 a 和 b 值为 3；行 5 打印的是全局变量 a，显然是未初始化的；行 6 打印的是全局变量 b，结果为 3。

5. 运行结果

运行结果如图 2.10 所示。

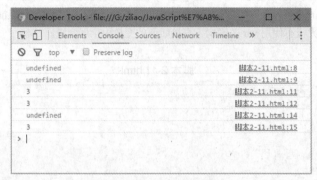

图 2.10　任务 2-3 运行结果

2.5　数据类型

```
var a = 1;
var b = "abcd";
```

如上，变量 a 是数值类型，变量 b 是字符串类型。虽然变量 a、b 是两种不同的数据类型，但在 JavaScript 脚本中对它们声明和进行赋值的语法无任何区别。有些程序设计语言要求程序员在声明变量的同时必须明确地指定其数据类型。像这种要求程序员必须明确地对数据类型做出声明的程序设计语言被称为强类型语言，而像 JavaScript 这样不要求声明数据类型的语言称为弱类型语言。所谓弱类型意味着程序员可随意改变某个变量的数据类型。

在 JavaScript 中数据类型可分为两大类：基本数据类型和引用数据类型。

下面一起来学习最重要的几种数据类型。

2.5.1　基本数据类型

JavaScript 中有 5 种基本数据类型，分别为字符串（String）类型、数值（Number）类型、布尔（Boolean）类型、Undefined 类型、Null 类型。这 5 种数据类型也是在平时编码中经常遇见的，必须熟练掌握。

1. String 类型

String 类型用于表示由零或多个 16 位 Unicode 字符组成的字符序列，即字符串。字符串必须包括在引号之间，单引号和双引号都可以。如下面两种字符串写法都是有效的。

```
var name = "HelloWorld";
var name = 'HelloWorld';
```

如果字符串本身包含单引号，则必须将字符串包含在双引号里；反之如果字符串本身包含双引号，则必须将字符串包含在单引号里，写法如下。

```
var string = " Please read 'HelloWorld' ";
var string = ' Please read "HelloWorld" ';
```

字符串具有可变的大小，因此它不能被直接存储在具有固定大小的变量中。

2. Number 类型

Number 类型用来表示整数、浮点数值和另一种特殊数值 NaN。

JavaScript 为了支持各种数值类型，定义了不同的数值字面量格式。其中最基本的字面量是十进制，十进制可以像下面这样直接在代码中输入：

```
var intnum = 50; // 整数
```

此外还有八进制和十六进制的字面量。八进制在 JavaScript 中表示第一位一定要是 0，后面就是八进制数字序列（0~7），如果字面量值超出了范围，前面的 0 会被忽略，后面的值会被当成十进制解析。请看下面的例子。

```
var intnum = 070; // 八进制的56
var intnum = 048; // 无效的八进制，解析为十进制的48
```

十六进制字面量前两位必须是 0x，后面跟十六进制数字（0~9 及 A~F）。字母 A~F 不区分大小写。

```
var intnum = 0xA; // 十六进制的10
```

在进行数值计算时，不论是八进制还是十六进制最终都会被转化成十进制数值。

浮点数就是带有小数点，并且小数点后至少有一位数字的数。在 JavaScript 中赋值的时候浮点数的小数点的前面可以没有数字，但是不推荐这种写法。下面是浮点数的几个例子。

```
var float num = 1.1
var float num = .1  // 有效，但不推荐使用
```

浮点数值需要的内存空间是整数值的两倍，因此为了减少内存的使用，JavaScript 会将一些浮点数保存为整数，如小数点后没有数字的浮点数、小数点后全是 0 的浮点数。

```
var float num = 1.;   // 小数点后没有数字，直接保存为整数1
var float num = 2.00; // 小数点后全是0，直接保存为整数2
```

对于极小或极大的值，也可以用科学计数法的浮点数表示。默认情况下，JavaScript 会将小数点后面 0 的个数大于等于 6 个的数字用科学计数法表示，例如：

```
var float num = 2.33e7; // 等于23300000
```

浮点数值的最高精度是 17 位小数，但是在进行算术计算时其精度远远不如整数。例如，0.1 加 0.2 的结果不是 0.3，而是 0.30000000000000004。这个舍入误差会导致无法测试特定的浮点数值，例如：

```
var a = 0.2;
var b = 0.1;
alert(a+b);
```

运行这段代码显示结果如图 2.11 所示。

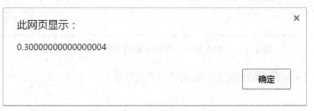

图 2.11　浮点数相加结果

NaN 是非数值（Not a Number），表示一个本来要返回数值的操作数未返回数值的情况（这样就不会抛出错误）。比如：在其他编程语言中，任何数值除以 0 都会导致错误，从而终止代码的执行。但在 JavaScript 中，任何数值除以 0 均会返回 NaN，因此不会影响其他代码的执行。

NaN 本身有两个非同寻常的特点。首先任何涉及 NaN 的操作（如 NaN/10）都会返回 NaN；其次，NaN 与任何值都不相等，包括 NaN 本身。

3. Boolean 类型

Boolean 类型有两个字面值：true 和 false。但这两个值与数字值并不等同，即 true 不一定等于 1，false 不

一定等于 0。Boolean 类型赋值如下：

```
var a = true;
var b = false;
```

Boolean 类型字面值区分大小写，如 True、False 等并非是 Boolean 值，只是标识符。另外 Boolean 值不能包含引号，如 "true" 不是 Boolean 值。

4. Undefined 类型

Undefined 类型只有一个值，即特殊的 undefined。在使用 var 声明变量但未进行初始化的时候，这个变量的值就是 undefined，如下所示。

```
var message;
alert(message);    // 输出 undefined
```

运行显示结果如图 2.12 所示。

图 2.12　Undefined 类型示例结果

但包含 undefined 值的变量与未定义的变量还是不一样的，看下面的例子：

```
var message;
console.log(message);    // message声明但未初始化，输出 undefined
console.log(message1);   // message1未定义报错
```

运行显示结果如图 2.13 所示。

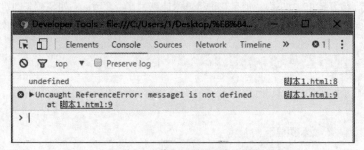

图 2.13　Undefined 类型变量和未定义变量比较结果

这个例子也印证了 2.4.3 节提到的变量必须先声明才能使用。

5. Null 类型

Null 类型是第二个只有一个值的数据类型，即特殊的 null。从逻辑角度来看，null 值表示一个空对象指针。如果定义的变量准备在将来用于保存对象，那么最好将该变量初始化为 null 而不是其他值。这样只要直接检测 null 值就可以知道相应的变量是否已经保存了一个对象的引用了，例如：

```
if(object != null){
// 对object对象执行某些操作
}
```

2.5.2　引用数据类型

引用类型通常叫作类，也就是说，遇到引用值时，所处理的就是对象。本节中主要学习 5 种引用数据类型。

1. Object 类型

Object 类是 JavaScript 中使用最多的一种类型。Object 对象是一组数据和功能的集合。

创建 Object 实例有两种方式。一种是使用 new 操作符后跟 Object 构造函数。代码如下：

```
var person = new Object();
person.name = "John";
person.age = 12;
```

另一种方式是使用对象字面量表示法：

```
var person = {
name: 'John',
age: 12
}
```

另外，使用对象字面量表示法时，如果留空其花括号，则可以定义值包含默认属性和方法的对象。

```
var person = {}; //与new Object()相同
person.name = "John";
person.age = 12;
```

后面第 4 章将会更详细地介绍 Object 对象。

2. Array 类型

JavaScript 中的数组与其他多数语言中的数组有着相当大的区别。虽然 JavaScript 数组与其他语言中的数组都是数据的有序列表，但与其他语言不同的是，JavaScript 数组的每一项都可以是任何类型的数据。也就是说，可以用数组的第 1 个位置来保存字符串，用第 2 个位置来保存数值，用第 3 个位置来保存对象。而且，JavaScript 数组的大小是可以动态调整的，即可以随着数据的添加自动增长以容纳新增数据。

创建数组的方式有两种。第 1 种是使用 Array 构造函数。

```
var fruits1 = new Array();
var fruits2 = new Array(10);
var fruits3 = new Array('apple', 'banana', 'peach');
```

创建数组的第 2 种方式是使用数组字面量表示法。

```
var fruits1 = [];
var fruits2 = ['apple', 'banana', 'peach'];
```

在读取和设置数组的值时，要使用方括号并提供相应值的基于 0 的数字索引。

```
var fruits = ['apple', 'banana', 'peach'];   // 定义一个字符串数组
console.log(fruits[0]);     // 显示第1项
fruits[1] = "grape";        // 修改第2项
fruits[3] = "lemon";        // 新增第4项
console.log(fruits);
```

运行结果如图 2.14 所示。

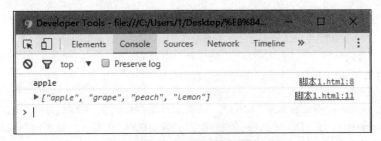

图 2.14　数组读写操作结果

数组长度保存在其 length 属性中，这个属性始终会返回 0 或更大的值。

```
var fruits1 = [];
var fruits2 = ['apple', 'banana', 'peach'];
```

```
console.log(fruits1.length);
console.log (fruits2.length);
```
运行结果如图 2.15 所示。

图 2.15　数组 length 属性操作结果

数组是 JavaScript 语言中非常灵活多用的一种数据类型，随着学习的深入，还会继续介绍更多关于数组的知识及应用。

3. Date 类型

JavaScript 中的 Date 类型是在早期 Java 中的 java.util.Date 类基础上构建的。为此，Date 类型使用自 UTC 1970 年 1 月 1 日零时开始经过的毫秒数来保存日期。在使用这种数据存储格式的条件下，Date 类型保存的日期能够精确到 1970 年 1 月 1 日之前或之后的 285 616 年。

日期对象的创建使用 new 操作符和 Date 构造函数。

```
var now = new Date();
```

在调用 Date 构造函数而不传递参数的情况下，新创建的对象自动获得当前日期和时间。如果想根据特定的日期和时间创建日期对象，必须传入表示该日期的毫秒数。为了简化这一计算过程，JavaScript 提供了两个方法：Date.parse()和 Date.UTC()。

其中，Date.parse()方法接收一个表示日期的字符串参数，然后尝试根据这个字符串返回相应日期的毫秒数。JavaScript 没有定义 Date.parse()应该支持哪种格式，因此这个方法的行为因实现而异，而且通常是因地区而异。将地区设置为美国的浏览器通常都接受下列日期格式。

"月/日/年"，如 6/13/2204。

"英文月 日，年"，如 January 12,2004。

"英文星期几 英文月 日 年 时：分：秒 时区"，如 Tue May 25 2004 00:00:00 GMT-0700。

例如，要为 2004 年 5 月 25 日创建一个日期对象，可以使用如下代码。

```
var someDate = new Date(Date.parse("May 25,2004"));
```

如果传入 Date.parse()方法的字符串不能表示日期，那么它会返回 NaN。实际上，如果直接将表示日期的字符串传递给 Date 构造函数，也会在后台调用 Date.parse()。换句话说，下面的代码与前面的例子是等价的。

```
var someDate = new Date('May 25,2004');
```

Date.UTC()方法同样也返回表示日期的毫秒数，但它与 Date.parse()在构建值时使用不同的信息。Date.UTC()的参数分别是年份、基于 0 的月份（一月是 0，二月是 1，以此类推）。月中的哪一天（1 到 31）、小时数（0 到 23）、分钟、秒以及毫秒数。在这些参数中，只有前两个参数（年和月）是必需的。如果没有提供月中的天数，则假设天数为 1；如果省略其他参数，则统统假设为 0。

```
var y2k = new Date(Date.UTC(2000, 0));              // GMT时间2000年1月1日零时
var allFives = new Date(Date.UTC(2005,4,5,17,55,55));  // GMT时间2005年4月5日下午5:55:55
```

如同模仿 Date.parse()一样，Date 构造函数也会模仿 Date.UTC()，但有一点明显不同：日期和时间都基于本地时区而非 GMT 来创建的。可以将前面的例子重写如下：

```
var y2k = new Date(2000,0);                    // 本地时间2000年1月1日零时
var allFives = new Date(2005,4,5,17,55,55);  // 本地时间2005年4月5日下午5:55:55
```

Date 类型的方法非常多，在 JavaScript 中也经常使用，总结如表 2.2 所示。

表 2.2　Date 类型方法

方法	描述
Date()	返回当日的日期和时间
getDate()	从 Date 对象返回一个月中的某一天（1~31）
getDay()	从 Date 对象返回一周中的某一天（0~6）
getMonth()	从 Date 对象返回月份（0~11）
getFullYear()	从 Date 对象以 4 位数字返回年份
getHours()	返回 Date 对象的小时（0~23）
getMinutes()	返回 Date 对象的分钟（0~59）
getSeconds()	返回 Date 对象的秒数（0~59）
getMilliseconds()	返回 Date 对象的毫秒数（0~999）
getTime()	返回 1970 年 1 月 1 日至今的毫秒数
getTimezoneOffset()	返回本地时间与格林威治标准时间（GMT）的分钟差
getUTCDay()	根据世界时从 Date 对象返回周中的一天（0~6）
getUTCMonth()	根据世界时从 Date 对象返回月份（0~11）
getUTCFullYear()	根据世界时从 Date 对象返回 4 位数的年份
getUTCHours()	根据世界时返回 Date 对象的小时（0~23）
getUTCMinutes()	根据世界时返回 Date 对象的分钟（0~59）
getUTCSeconds()	根据世界时返回 Date 对象的秒数（0~59）
getUTCMilliseconds()	根据世界时返回 Date 对象的毫秒（0~999）
parse()	返回 1970 年 1 月 1 日午夜到指定日期（字符串）毫秒数
setDate()	设置 Date 对象中月的某一天（1~31）
setMonth()	设置 Date 对象中月份（0~11）
setFullYear()	设置 Date 对象中的年份（4 位数字）
setHours()	设置 Date 对象中的小时（0~23）
setMinutes()	设置 Date 对象中的分钟（0~59）
setSeconds()	设置 Date 对象中的秒数（0~59）
setMilliseconds()	设置 Date 对象中的毫秒（0~999）
setTime()	以毫秒设置 Date 对象
setUTCDate()	根据世界时设置 Date 对象中月份的一天（1~31）
setUTCMonth()	根据世界时设置 Date 对象中的月份（0~11）
setUTCFullYear()	根据世界时设置 Date 对象中的年份（4 位数字）
setUTCHours()	根据世界时设置 Date 对象中的小时（0~23）
setUTCMinutes()	根据世界时设置 Date 对象中的分钟（0~59）
setUTCSeconds()	根据世界时设置 Date 对象中的秒数（0~59）

续表

方法	描述
setUTCMilliseconds()	根据世界时设置 Date 对象中的毫秒（0~999）
toSource()	返回该对象的源代码
toString()	把 Date 对象转换为字符串
toTimeString()	把 Date 对象的时间部分转换为字符串
toDateString()	把 Date 对象的日期部分转换为字符串
toUTCString()	根据世界时，把 Date 对象转换为字符串
toLocaleString()	根据本地时间格式，把 Date 对象转换为字符串
toLocaleTimeString()	根据本地时间格式，把 Date 对象的时间部分转换为字符串
toLocaleDateString()	根据本地时间格式，把 Date 对象的日期部分转换为字符串
UTC()	根据世界时返回 1970 年 1 月 1 日到指定日期的毫秒数
valueOf()	返回 Date 对象的原始值

4. RegExp 类型

在 JavaScript 中，RegExp 对象用来表示正则表达式。同前面介绍的 Object 类型和 Array 类型一样，正则表达式的创建也有字面量和构造函数两种方式。

第 1 种，使用字面量形式来定义正则表达式。

```
var express = / pattern / flags ;
```

其中的模式（pattern）部分可以是任何简单或者复杂的正则表达式，可以包含字符类、限定符、分组、向前查找以及反向引用。每一个正则表达式都可以带有一个或者多个标志（flags），用以标明正则表达式的行为。正则表达式匹配模式支持以下 3 个标志。

❑ g：表示全局（global）模式，即模式将被应用于所有字符串，而非在发现第一个匹配项时立即停止；

❑ i：表示不区分大小写（case-insensitive）模式，即在确定匹配项时忽略模式与字符串的大小写；

❑ m：表示多行（multiline）模式，即在到达一行文本末尾时还会继续查找下一行中是否存在与模式匹配的项。

因此，一个正则表达式就是一个模式与上述 3 个标志的组合体。不同的组合产生不同的结果。下面来看一些示例：

```
var pattern1 = /hello/g ;      // 匹配字符串中所有hello
var pattern2 = /[hm]ello/i ;   // 匹配字符串中第一个hello或者第一个mello，不区分大小写
var pattern2 = /.hello/gi ;    // 匹配所有以hello结尾的字符的组合，不区分大小写
```

第 2 种，使用 RegExp 构造函数来定义正则表达式。RegExp 构造函数接收两个参数，一个是要匹配的字符串模式，另一个是可选的标志字符串。

```
var pattern=new RegExp("[bc]at","i")
```

使用构造函数定义正则表达式，传递的两个参数都是字符串。

5. Function 类型

在 JavaScript 中，函数实际是对象。每个函数都是 Function 类型的实例。

函数的声明有 3 种方式，第 1 种：使用函数声明语法定义。

```
function sum(num1,num2) {
return num1 + num2;
}
```

第 2 种：使用函数表达式定义函数。

```
var sum = function(num1,num2) {   // 通过变量sum即可引用函数
return num1 + num2;
};                                // 注意函数末尾有一个分号，就像声明其他变量时一样
var sum1 = sum;                   // 使用不带圆括号的函数名是访问函数指针，而非调用函数
sum1(5,6);
```

第 3 种：使用 Function 构造函数。

```
var sum = new Function("num1", "num2", "return num1+num2");
```

第 3 种方式不推荐，这种语法会导致解析两次代码（第 1 次解析常规 JavaScript 代码，第 2 次解析传入构造函数中的字符串），从而影响性能。

> 通过函数定义的 3 种方式，我们要理解"函数是对象，函数名是指针"的概念。使用不带括号的函数名是访问函数指针，而非调用函数。

2.5.3　基本数据类型和引用数据类型的区别

JavaScript 包含两种不同类型的值：基本类型值和引用类型值。基本类型值指的是简单的数据段；引用类型值指由多个值构成的对象。当把对象赋值给另外一个变量时，解析器首先要做的是确认这个值是基本类型值还是引用类型值。

也许这样的描述还不能够清晰地理解基本类型值和引用类型值。下面通过具体示例来解释。

基本数据类型是按值访问的，因为可以直接操作保存在变量中的实际值。

```
var a = 10;
var b = a;
b = 20;
alert(a);
```

运行显示结果如图 2.16 所示。

图 2.16　基本数据类型操作显示结果

如上，把 a 的值赋给了 b，两个变量的值是相等的，但是两个变量保存两个不同的基本数据类型值。b 只是保存了 a 复制的一个副本。所以，当 b 的值改变时，a 的值依然是 10。

再来看引用数据类型，引用数据类型是保存在堆内存中的对象。但它与其他语言不同的是，不可以直接访问堆内存空间中的位置和操作堆内存空间。只能操作对象在栈内存中的引用地址。所以引用类型的数据，在栈内存中保存的实际上是对象在堆内存中的引用地址。通过这个引用地址可以快速查找到保存在堆内存中的对象。

```
var obj1 = new Object();
var obj2 = obj1;
obj2.name = "你好";
alert(obj1.name);
```

运行显示结果如图 2.17 所示。

图 2.17　引用数据类型操作显示结果

如上，声明了一个引用数据类型对象 obj1，并把它赋值给了另外一个引用数据类型对象 obj2。当我们给 obj2 对象添加属性 name 并赋值 "你好" 时，obj1 同样拥有了和 obj2 一样的 name 属性。说明这两个引用数据类型变量指向同一个堆内存对象。obj1 赋值给 obj2，实际只是把这个堆内存对象在栈内存的引用地址复制了一份给 obj2，但它们本质上共同指向了同一个堆内存对象。给 obj2 添加 name 属性，实际上是给堆内存中的对象添加了 name 属性，obj2 和 obj1 在栈内存中保存的只是堆内存对象的引用地址，虽然也是复制了一份，但指向的对象却是同一个。故而改变 obj2 引起了 obj1 的改变。

综上，总结一下基本数据类型值和引用数据类型值的区别。

1．声明变量时不同的内存分配

（1）基本类型值：存储在栈（stack）中的简单数据段，也就是说，它们的值直接存储在变量访问的位置。这是因为这些原始类型占据的空间是固定的，所以可将它们存储在较小的内存区域——栈中。这样存储便于迅速查寻变量的值。

（2）引用值：存储在堆（heap）中的对象，也就是说，存储在变量处的值是一个指针（point），它指向存储对象的内存地址。这是因为：引用值的大小会改变，所以不能把它放在栈中，否则会降低变量查寻的速度。相反，放在变量的栈空间中的值是该对象存储在堆中的地址。地址的大小是固定的，所以把它存储在栈中对变量性能无任何负面影响。

2．不同的内存分配机制也带来了不同的访问机制

（1）在 JavaScript 中是不允许直接访问保存在堆内存中的对象的，所以在访问一个对象时，首先得到的是这个对象在堆内存中的地址，然后再按照这个地址去获得这个对象中的值，这就是传说中的按引用访问。

（2）而原始类型的值则是可以直接访问到的。

3．复制变量时的不同

（1）基本类型值：在将一个保存着原始值的变量复制给另一个变量时，会将原始值的副本赋值给新变量，此后这两个变量是完全独立的，它们只是拥有相同的 value 而已。

（2）引用类型值：在将一个保存着对象内存地址的变量复制给另一个变量时，会把这个内存地址赋值给新变量，也就是说这两个变量都指向了堆内存中的同一个对象，它们中任何一个做出的改变都会反映在另一个身上。（这里要理解的一点就是，复制对象时并不会在堆内存中新生成一个一模一样的对象，只是多了一个保存指向这个对象指针的变量罢了）。

4．参数传递的不同（把实参复制给形参的过程）

首先应该明确一点：JavaScript 中所有函数的参数都是按值来传递的。

但是为什么涉及基本类型与引用类型的值时仍然有区别呢？还不就是因为内存分配时的差别。

（1）基本类型值：只是把变量里的值传递给参数，之后参数和这个变量互不影响。

（2）引用类型值：对象变量它里面的值是这个对象在堆内存中的内存地址，这一点要时刻铭记在心！

因此它传递的值也就是这个内存地址，这也就是为什么函数内部对这个参数的修改会体现在外部的原因，因为它们都指向同一个对象。

2.5.4　数据类型转换

JavaScript 是一种无类型语言，但同时 JavaScript 提供了一种灵活的自动类型转换的处理方式。基本规则是，如果某个类型的值用于需要其他类型的值的环境中，JavaScript 就自动将这个值转换成所需要的类型。

JavaScript 数据类型转换主要有 3 种方法: 利用转换函数、强制类型转换和利用 JavaScript 变量弱类型转换。

在介绍这 3 种数据类型转换方法之前, 先来了解 typeof 操作符。typeof 操作符是用来查看 JavaScript 变量的数据类型的。请看下面示例:

```
typeof "John";                    // 返回  string
typeof 3.14;                      // 返回  number
typeof NaN;                       // 返回  number
typeof false;                     // 返回  boolean
typeof [1,2,3,4];                 // 返回  object
typeof {name:'John', age:34};     // 返回  object
typeof new Date();                // 返回  object
typeof function () {};            // 返回  function
typeof myCar;                     // 返回  undefined (如果myCar没有声明)
typeof null;                      // 返回  object
```

也可以自己来操作一下, 将代码保存为脚本 2-12.html。

脚本 2-12.html

```html
<!DOCTYPE html>
<html>
  <head>
    <meta charset="utf-8">
    <title>typeof操作符</title>
  </head>
  <body>
    <p> typeof 操作符返回变量、对象、函数、表达式的类型。</p>
    <p id="demo"></p>
    <script>
    document.getElementById("demo").innerHTML =
        typeof "john" + "<br>" +
        typeof 3.14 + "<br>" +
        typeof NaN + "<br>" +
        typeof false + "<br>" +
        typeof [1,2,3,4] + "<br>" +
        typeof {name:'john', age:34} + "<br>" +
        typeof new Date() + "<br>" +
        typeof function () {} + "<br>" +
        typeof myCar + "<br>" +
        typeof null;
    </script>
  </body>
</html>
```

运行脚本 2-12 结果如图 2.18 所示。

通过上面的代码运行结果可以得出: NaN 的数据类型是 number; 数组(Array)的数据类型是 object; 日期(Date)的数据类型为 object; null 的数据类型是 object; 未定义变量的数据类型为 undefined。

typeof 操作符返回变量、对象、函数、表达式的类型。

string
number
number
boolean
object
object
object
function
undefined
object

图 2.18　typeof 操作符显示结果

如果对象是 JavaScript Array 或 JavaScript Date, 就无法通过 typeof 来判断它们的类型, 因为它们都是返回 Object。

下面来学习数据类型转换方法。

1. 转换函数

JavaScript 提供了 parseInt()和 parseFloat()两个转换函数。parseInt()函数把值转换成整数，parseFloat()把值转换成浮点数。但只有对 String 类型调用这些方法，这两个函数才能正确运行；对其他类型返回的都是 NaN。

parseInt()方法类型转换处理过程为：在判断字符串是否是数字值之前，先仔细分析该字符串。parseInt()方法首先查看位置 0 处的字符，判断它是否个有效数字；如果不是，该方法返回 NaN，不再继续执行其他操作。但如果该字符是有效数字，该方法将查看位置 1 处的字符，进行同样的判断。这一过程将持续到发现非有效数字的字符为止，此时 parseInt()将把该字符之前的字符串转换成数字。

```
parseInt("1234blue");    // 返回1234
parseInt("0xA");         // 返回10
parseInt("22.5");        // 返回22
parseInt("blue");        // 返回NaN
```

如上 4 个示例，字符串"1234blue"，parseInt()方法检测到字符 b 时，就会停止检测过程，因此返回 1234；字符串"0xA"转换结果为 10，是因为字符串包含的数字字面量可以被正确转换为数字；字符串"22.5"转换结果为 22，因为对于整数来说，小数点是无效字符；字符串"blue"位置 0 不是有效数字，所以直接返回 NaN。

parseInt()方法还有基模式，可以把二进制、八进制、十六进制或其他任何进制的字符串转换成整数。基是由 parseInt()方法的第二个参数指定的。

```
parseInt("AF",16);       // 返回175
```

如果十进制数包含前导 0，那么最好采用基数 10，这样才不会意外地得到八进制的值，例如：

```
parseInt("010");         // 返回8
parseInt("010",8);       // 返回8
parseInt("010",10);      // 返回10
```

在这段代码中，两行代码都把字符串 "010"解析成了一个数字。第 1 行代码把这个字符串看作八进制的值，解析它的方式与第 2 行代码（声明基数为 8）相同。最后一行代码声明基数为 10，所以转换结果等于 10。

parseFloat()方法与 parseInt()方法的处理方式相似，从位置 0 开始查看每个字符，直到找到第 1 个非有效的字符为止，然后把该字符之前的字符串转换成数字。不过，对于这个方法来说，第 1 个出现的小数点是有效字符。如果有两个小数点，第 2 个小数点将被看作是无效的，parseFloat()方法会把这个小数点之前的字符串转换成数字。这意味着字符串 "22.34.5 "将被解析成 22.34。

使用 parseFloat()方法的另一不同之处在于，字符串必须以十进制形式表示浮点数，而不能用八进制形式或十六进制形式。该方法会忽略前导 0，所以八进制数 0908 将被解析为 908。对于十六进制数 0xA，该方法将返回 NaN，因为在浮点数中，x 不是有效字符。此外，parseFloat()也没有基模式。

下面是使用 parseFloat()方法的示例：

```
parseFloat("1234blue");    // 返回1234.0
parseFloat("0xA");         // 返回NaN
parseFloat("22.5");        // 返回22.5
parseFloat("22.34.5");     // 返回22.34
parseFloat("0908");        // 返回908
parseFloat("blue");        // 返回NaN
```

2. 强制类型转换

JavaScript 提供了 3 个强制类型转换函数：Boolean(value)、Number(value)和 String(value)。

Boolean(value)：把值转换成 Boolean 类型。参数 value 不同将会返回不同的结果。如果 value 为"至少有一个字符的字符串""非 0 的数字"或者"对象"，那么 Boolean(value)将会返回 true；如果 value 为"空字符串""数字 0""undefined""null"，那么 Boolean(value)将会返回 false。可以用下面的脚本 2-13 来测试。

脚本 2-13.html

```
<!DOCTYPE html>
<html>
  <head>
```

```
    <meta charset="utf-8">
    <title>Boolean()强制类型转换</title>
  </head>
  <body>
    <script>
      document.write(Boolean("") + "<br />" )
      document.write(Boolean("s") + "<br />")
      document.write(Boolean(0) + "<br />")
      document.write(Boolean(1) + "<br />")
      document.write(Boolean(-1) + "<br />")
      document.write(Boolean(null) + "<br />")
      document.write(Boolean(undefined) + "<br />")
      document.write(Boolean(new Object()) + "<br />")
    </script>
  </body>
</html>
```

运行结果如图 2.19 所示。

Number(value)：把值转换成数字（整型或浮点数）。Number()与 parseInt()和 parseFloat()类似，它们的区别在于 Number()转换是整个值，而 parseInt()和 parseFloat( )则是转换字符串开头部分数值值。例如：Number("1.2.3")和 Number("123abc")会返回 NaN，而 parseInt("1.2.3")返回 1，parseInt("123abc")返回 123，parseFloat("1.2.3")返回 1.2，parseFloat("123abc")返回 123。Number()会先判断要转换的能否被完整地转换，然后再判断是调用 parseInt()或 parseFloat()。脚本 2-14 列了一些值调用 Number()之后的结果。

false
true
false
true
true
false
false
true

图 2.19　Boolean()强制类型转换显示结果

脚本 2-14.html

```
<!DOCTYPE html>
<html>
  <head>
    <meta charset="utf-8">
    <title>Number()强制类型转换</title>
  </head>
  <body>
    <script>
      document.write(Number(false) + "<br />" )
      document.write(Number(true) + "<br />")
      document.write(Number(undefined) + "<br />")
      document.write(Number(null) + "<br />")
      document.write(Number("1.2") + "<br />")
      document.write(Number("1.2.3") + "<br />")
      document.write(Number(new Object()) + "<br />")
      document.write(Number(123) + "<br />")
    </script>
  </body>
</html>
```

0
1
NaN
0
1.2
NaN
NaN
123

运行结果如图 2.20 所示。

String(value)：把值转换成字符串。可以把所有类型值转换为字符串。

图 2.20　Number()强制类型转换显示结果

```
var str1 = String(null);  // 返回"null"
```

也可以调用作为参数传递进来的值的 toString()方法。

```
var str1 = 123;
var str2 = str1.toString();
```

强制转换成字符串和调用 toString()方法的唯一不同之处在于，对 null 或 undefined 值强制类型转换可以生成字符串而不引发错误，如下：

```
var t1 = null;
var t2 = String(t1);      // 返回"null"
var t3 = t1.toString();   // 这里会报错
var t4;
var t5 = String(t4);      // 返回"undefined"
var t6 = t4.toString();   // 这里会报错
```

3. 利用 JavaScript 变量弱类型转换

通过脚本 2-15 来解析。

脚本 2-15.html

```
<!DOCTYPE html>
<html>
  <head>
    <meta charset="utf-8">
    <title>变量弱类型转换</title>
  </head>
  <body>
    <script>
      console.log(1+"2"+"2");            // 行1
      console.log(1+ +"2" + "2");    // 行2
      console.log("A" - "B" + "2");   // 行3
      console.log("A" - "B" + 2);    // 行4
    </script>
  </body>
</html>
```

运行结果如图 2.21 所示。

图 2.21　变量弱类型转换显示结果

行 1 中，一个操作数+一个字符串会先将操作数转换为字符串再相加；

行 2 中，操作等价于 1 + (+"2") + "2"，"+"一元操作符会将操作数转换为数字；

行 3 中，"A"和"B"都无法转换成数字，Number("A") == NaN，而后面加上一个字符串，同(1)，String(NaN) == "NaN"；

行 4 中，NaN 同任何数字进行加减乘除等操作都是 NaN。

2.6　表达式和运算符

本节来学习 JavaScript 的表达式和运算符。如果已经具备其他编程语言基础如 C、

精讲视频

表达式和运算符

C++、Java 等，那么本章的知识应该会非常简单，因为 JavaScript 的表达式和运算符与这些语言的表达式和运算符是相似的。通过本节的学习，可以很轻松地再去温故一遍这些基础知识。如果没有这些编程语言基础，那也没关系，学完本节，以后再去应对其他语言的表达式和运算符也是很简单的。

2.6.1　表达式和运算符的概念

表达式是各种数值、变量、运算符的综合体，最简单的表达式可以是常量或者变量名称。表达式的值是表达式运算的结果，常量表达式的值就是常量本身，变量表达式的值则是变量引用的值。在实际编程中，可以使用运算数和运算符建立复杂的表达式，运算数是一个表达式内的常量和变量，运算符是变量中用来处理运算数的各种符号。如，常量表达式：'hello'；变量表达式：example；赋值表达式：string="hello world"。

2.6.2　运算符类型

运算符是变量中用来处理运算数的各种符号，JavaScript 提供了 6 种基本运算符，分别为一元运算符、算术运算符、关系运算符、逻辑运算符、位运算符、赋值运算符以及其他运算符。

1.　一元运算符

只能操作一个数的操作符叫作一元操作符。一元操作符是 JavaScript 中最简单的操作符。

（1）递增（++）和递减（--）运算符。

运算符"++"对它唯一的运算数进行递增操作（每次加 1），这个运算数必须是一个变量、数组的一个元素或对象的一个属性。如果该变量、元素或属性不是一个数字，运算符"++"首先会将它转换为数字。

在实际编程中，运算符"++"有两个版本：前置型和后置型。顾名思义，前置型即"++"存在于运算数之前，也叫前递增运算符；后置型即"++"存在于运算数之后，也叫后递增运算符。

前递增运算符先对运算数进行递增，然后用运算数进行增长后的值进行计算；后递增运算符则相反，先用运算数进行表达式计算，再将运算数递增。如下面例子所示。

```
var age = 24;
var age1 = ++age;
console.log(age);
console.log(age1);
```

运行显示结果如图 2.22 所示。

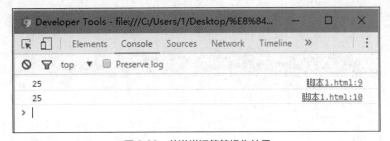

图 2.22　前递增运算符操作结果

在这个例子中，前递增运算符先将 age 的值加 1 变为 25；再将 age 增长后的值 25 赋给 age1。

```
var age = 24;
var age1 = age++;
console.log (age);
console.log (age1);
```

运行显示结果如图 2.23 所示。

在这个例子中，后递增运算符先将 age 的值 24 赋给 age1，再将 age 的值加 1 变为 25。

运算符"--"对它唯一的运算数进行递减操作（每次减 1），这个运算数必须是一个变量、数组的一个元素或对象的一个属性。如果该变量、元素或属性不是一个数字，运算符"--"首先会将它转换为数字。

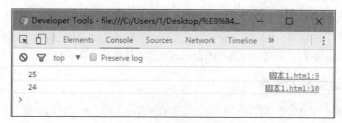

图 2.23　后递增运算符操作结果

同运算符"++"一样，运算符"--"也有两个版本：前置型和后置型。顾名思义，前置型即"--"存在于运算数之前，也叫前递减运算符；后置型即"--"存在于运算数之后，也叫后递减运算符。

前递减运算符先对运算数进行递减，然后用运算数递减后的值进行计算；后递减运算符则相反，先用运算数进行表达式计算，再将运算数递减。如下面两个示例所示。

```
var age = 24;
var age1 = --age;
console.log(age);
console.log(age1);


var age = 24;
var age1 = age--;
console.log(age);
console.log(age1);
```

分别运行这两个示例，显示结果如图 2.24 和图 2.25 所示。

图 2.24　前递减运算符操作结果

图 2.25　后递减运算符操作结果

（2）一元加和减运算符。

一元加运算符以一个"+"表示，放在数值前面，对数值不会产生任何影响，如下面例子所示。

```
var number = 25;
number =   +number ;
alert(number);
```

运行显示结果如图 2.26 所示。

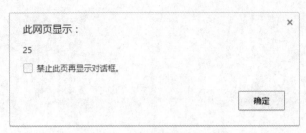

图 2.26　一元加运算符运算结果

如果将一元加运算符应用于非数值时，该运算符会首先对这个值进行转换。即布尔值 false 和 true 将被转换为 0 和 1；字符串会按照一组特殊的规则进行解析；而对象是先调用它们的 valueOf() 或 toString() 方法，再转换得到的值。

下面的例子展示了对不同数据类型应用一元加运算符的结果。

```
var s1 = " 001 ";
var s2 = " 1.1 ";
var s3 = " hello ";
var b = false;
var f = 1.1;
var o = { valueOf: function(){ return -1; } }

s1 = +s1;
s2 = +s2;
s3 = +s3;
b = +b;
f = +f;
o = +o;
console.log("s1为: "+s1);
console.log("s2为: "+s2);
console.log("s3为: "+s3);
console.log("b为: "+b);
console.log("f为: "+f);
console.log("o为: "+o);
```

运行显示结果如图 2.27 所示。

图 2.27　不同数据类型一元加运算符操作结果

一元减运算符以一个 "–" 表示，放在数值前面，执行一元取反操作。简而言之，它将把一个正值转换成相应的负值，反之亦然。但如果运算数是非数值，一元减运算符遵循与一元加运算符相同的规则，最后再对得到的值取反。如下面例子所示。

```
var s1 = " 001 ";
var s2 = " 1.1 ";
var s3 = " hello ";
var b = false;
var f = 1.1;
var o = { valueOf: function(){ return -1; } }

s1 = -s1;
s2 = -s2;
s3 = -s3;
b = -b;
f = -f;
o = -o;
console.log("s1为： "+s1);
console.log("s2为： "+s2);
console.log("s3为： "+s3);
console.log("b为： "+b);
console.log("f为： "+f);
console.log("o为： "+o);
```

运行显示结果如图 2.28 所示。

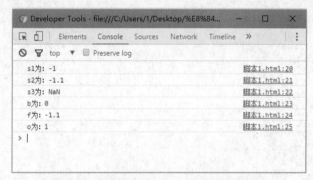

图 2.28　不同数据类型一元减运算符操作结果

 一元运算符用于非数值时，都需要先进行转换再进行运算符操作。

2．算术运算符

JavaScript 算术运算符包括加法（＋）、减法（－）、乘法（＊）、除法（／）和取余（％）。

（1）加法（＋）。

在多数程序设计语言中，加法通常是简单的数字运算符，但在 JavaScript 中，加法运算有大量的特殊行为，不仅可以进行数值加法运算，也可以进行字符串连接。加法运算符用法如下所示。

```
var result = 1 + 2;
```

如果两个操作数都是数值，则执行常规的加法运算，然后根据以下规则返回运算结果。

① 如果有一个操作数为 NaN，则结果是 NaN。

② 如果是 Infinity 加 Infinity，则结果是 Infinity。

③ 如果是-Infinity 加-Infinity，则结果是-Infinity。

④ 如果是 Infinity 加-Infinity，则结果是 NaN。

⑤ 如果是+0 加+0，则结果是+0。

⑥ 如果是-0 加-0，则结果是-0。

⑦ 如果是+0 加-0，则结果是+0。

如果操作数包含字符串，则需应用如下规则。

① 如果两个操作数都是字符串，则将两个操作数拼接起来作为结果返回。

② 如果只有一个操作数是字符串，则另一个操作数需转换为字符串，然后将两个操作数拼接起来作为结果返回。

③ 如果有一个操作数是对象、数组或布尔值，则调用它们的 toString()方法得到相应的字符串，然后再应用前面关于字符串的规则。对于 undifined 和 null，则调用 String()函数并取得 "undifined" 和 "null"。

下面来看几个例子：

```
var result = 1 + 2;     // 两个数值相加
alert(result);          // 输出3
var result = 1 + " 2";  // 数值加字符串
alert(result);          // 输出12
```

上面第一段代码中两个数值 1 和 2 相加，执行简单的加法运算，结果为 3；第二段代码中一个数值 1 加一个字符串 2，首先会将数值 1 转为字符串 "1"，再进行两字符串拼接操作，结果为 12。

对字符串应用加法操作在 JavaScript 编程中应用很多，也经常会出现错误。来看下面的例子：

```
var num1 = 1;
var num2 = 2;
var message = " The result is " + num1 + num2;
alert(message);
```

运行显示结果如图 2.29 所示。

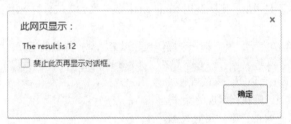

图 2.29　加法操作显示结果

message 的值是执行两个加法操作的结果。对于这样一个例子，有人会认为最后结果是 "The result is 3"。但实际结果却是 "The result is 12"。每个加法的操作都是独立执行的。第一个加法操作将一个字符串 "The result is " 和一个数值 1 相加得到另一个字符串 "The result is 1"，再将这个字符串和另一个数值 2 相加，所以最后得到结果是 "The result is 12"。

（2）减法（-）。

相对于加法而言，减法则简单得多，只涉及数字的减法运算。减法运算符运用如下所示。

```
var result = 2 - 1;
```

同加法运算符一样，减法运算符在实际编程中也需要遵循如下这些规则。

① 如果两个操作数都是数值，则执行常规的减法运算。

② 如果有一个操作数是 NaN，则结果为 NaN。

③ 如果是 Infinity 减 Infinity，则结果是 NaN。

④ 如果是-Infinity 减-Infinity，则结果是 NaN。

⑤ 如果是 Infinity 减-Infinity，则结果是 Infinity。

⑥ 如果是-Infinity 减 Infinity，则结果是-Infinity。

⑦ 如果是+0 减+0，则结果是+0。

⑧ 如果是-0 减-0，则结果是+0。

⑨ 如果是+0 减-0，则结果是-0。

⑩ 如果有一个操作数是字符串、布尔值、null 或 undefined，则先调用 Number()函数将其转换为数值，再使用前面的规则进行减法运算。

⑪ 如果有一个操作数是对象，则调用对象的 valueOf()方法以取得表示该对象的数值。如果对象没有valueOf()方法，则调用其 toString()方法将得到的字符串转换为数值，最后再使用前面的规则进行减法运算。

结合以上规则来看下面的例子。

```
var result1 = 2 - true;      // 布尔值true先转换为1，结果为1
var result2 = NaN - 1;       // 结果为NaN
var result3 = 2 - 1;         // 结果为1
Vvar result4 = 2 - " ";      // 结果为2
var result5 = 2 - " 1 ";     // 结果为1
var result6 = 2 - null;      // null先转换为0，结果为2
```

（3）乘法（*）。

乘法操作符由一个星号(*)表示，用于计算两个数值的乘积。乘法运算符运用如下所示。

```
var result = 2 * 1;
```

乘法运算符遵循以下特殊规则。

① 如果操作数都是数值，则执行常规的乘法操作。

② 如果有一个操作数是 NaN，则结果是 NaN。

③ 如果是 Infinity 和 0 相乘，则结果是 NaN。

④ 如果是 Infinity 和非 0 数值相乘，则结果是 Infinity 或-Infinity，取决于有符号操作数的符号。

⑤ 如果是 Infinity 和 Infinity 相乘，则结果是 Infinity。

⑥ 如果有一个操作数不是数值，则先调用 Number()将其转换为数值，再应用上面的规则计算。

（4）除法（/）。

除法操作符由一个斜线(/)表示，执行第一个操作数除以第二个操作数的运算，如下面例子所示。

```
var result = 10 / 5;
```

除法操作符对特殊的值也有以下特殊的规则。

① 如果操作数都是数值，则执行常规的除法运算。

② 如果有一个操作数是 NaN，则结果为 NaN。

③ 如果是 Infinity 被 Infinity 除，则结果为 NaN。

④ 如果是 0 被 0 除，则结果为 NaN。

⑤ 如果是非 0 的有限数被 0 除，则结果是 Infinity 或-Infinity，取决于有符号操作数的符号。

⑥ 如果是 Infinity 被任何非 0 数值除，则结果是 Infinity 或-Infinity，取决于有符号操作数的符号。

⑦ 如果有一个操作数不是数值，则先调用 Number()方法将其转换为数值，再应用上面的规则进行计算。

（5）取余（%）。

取余操作符是由一个百分号(%)表示，是第一个操作数除以第二个操作数的余数。且取余结果与第一个操作数的符号保持一致。取余操作符用法如下。

```
var result = 3%2;
```

同其他算术运算符类似，取余操作符也有以下特殊的规则。

① 如果操作数都是数值，则执行常规的除法运算，返回余数。

② 如果被除数是无穷大值而除数是有限大值，则结果为 NaN。

③ 如果被除数是有限大的数值而除数是 0，则结果为 NaN。

④ 如果是 Infinity 被 Infinity 除，则结果为 NaN。

⑤ 如果被除数是有限大的数值而除数是无穷大的数值，则结果为被除数。

⑥ 如果被除数是 0，则结果为 0。

⑦ 如果有一个操作数为非数值，则先调用 Number()函数将其转换为数值，再应用上面的规则计算。

3. 关系运算符

关系运算符执行的是比较运算。每个关系运算符都返回一个布尔值。

JavaScript 中的关系运算符：小于（<）、大于（>）、小于等于（<=）、大于等于（>=）、等于（==）、不等于（!=）、全等（===）和不全等（!==）。其中，小于、大于、小于等于和大于等于属于常规的比较运算，比较方式与算术比较运算相同。如下例子。

```
var result = 5 > 3;     // 返回true
var result = 3 > 5;     // 返回false
```

与 JavaScript 中的其他运算符一样，当操作数存在非数值时，需要进行相关的数据类型转换，转换规则如下。

（1）如果两个操作数都是数值，则执行常规的数值比较。

（2）如果两个操作数都是字符串，则比较两个字符串对应的字符编码值。

（3）如果只有一个操作数是数值，则将另一个操作数转换为数值，然后进行常规的数值比较。

（4）如果一个操作数是对象，则调用这个对象的 valueOf() 方法，用得到的结果按照前面的规则执行比较。如果对象没有 valueOf() 方法，则调用 toString() 方法，并用得到的结果根据前面的规则执行比较。

（5）如果一个操作数是布尔值，则先将其转换为数值，然后再执行比较。

不过，对字符串应用关系操作符，许多人认为小于表示"在字母顺序上靠前"，大于表示"在字母顺序上靠后"。但事实并非如此，对于字符串，第 1 个字符串中每个字符的代码都会与第 2 个字符串中对应位置的字符代码进行数值比较。完成这种比较操作后，返回一个 boolean 值。问题在于大写字母的代码都小于小写字母的代码，这意味着可能会遇到下面这种情况。

```
var result = "Blue" < "alpha";     // 返回true
```

在这个例子中，字符串"Blue"小于字符串"alpha"，因为字母 B 的字符代码是 66，字母 a 的字符代码是 97。要强制性得到按照真正的字母顺序比较的结果，必须把两个数转换成相同的大小写形式（全大写或全小写），然后再进行比较。

```
var result = "Blue".toLowerCase() < "alpha".toLowerCase();     // 返回false
```

把两个操作数都转换成小写，确保了正确识别出"alpha"在字母顺序上位于"Blue"之前。

另一种比较容易出错的比较运算是比较两个字符串形式的数字，比如：

```
var result = "23" < "3";     // 返回true
```

很多人会对上面这段代码返回结果感觉不解。其实字符串"23"和字符串"3"比较，实质是比较它们的字符代码（"2"的字符代码是 50，"3"的字符代码是 51）。如果将第 2 个操作数字符串"3"改为数值 3，那么结果又不一样了。

```
var result = "23" < 3;     // 返回fasle
```

这里，字符串与数值进行比较，会先将字符串"23"转换成数值 23 再进行比较运算，结果自然为 false。前面的规则里提到，比较一个字符串和一个数值，会先将字符串转换为数值。但如果字符串不能转换为数值，又该如何处理呢？

```
var result = "a" < 3;     // false
```

当字符串不能被转换成一个合理的数值时，会转换成 NaN，任何操作数与 NaN 进行比较，结果都是 NaN。

JavaScript 另一种关系运算符是判断两个操作数的等性关系，也叫等性运算符。包括相等、不等、全等和非全等。

相等由双等号（==）表示，当且仅当两个运算数相等时返回 true；不等由感叹号加等号表示（!=），当且仅当两个运算数不相等时返回 true。为确定两个运算数是否相等，这两个运算数都会进行类型转换。转换规则如下。

（1）如果有一个操作数是 Boolean 值，则在比较相等性之前先将其转换为数值，false 转换为 0，true 转换为 1，然后再比较相等性。

（2）如果一个操作数是字符串，另一个操作数是数值，则在比较之前先将字符串转换为数值；

（3）如果一个操作数是对象，而另一个操作数不是，则调用对象的 valueOf()方法，用得到的基本类型按照前面的规则进行转换。

在比较时，该运算符还遵守以下几条特殊规则。

（1）值 null 和 undefined 相等。

（2）在检查相等性时，不能把 null 和 undefined 转换为其他值。

（3）如果某个运算数是 null，"=="将返回 false，"!="将返回 true。

（4）如果两个运算数都是对象，那么比较的是它们的引用值。如果两个运算数指向同一个对象，那么 "=="
返回 true，否则两个运算数不等。

即使两个运算数都是 NaN，"=="仍返回 false，因为根据规则，NaN 不等于 NaN。

表 2.3 列出了一些特殊情况及比较结果。

表 2.3　关系运算符特殊值比较结果

表达式	值
null == undefined	true
"NaN" == NaN	false
5 == NaN	false
NaN == NaN	false
NaN != NaN	true
false == 0	true
true == 1	true
true == 2	false
undefined == 0	false
null == 0	false
"5" == 5	true

相等和不等的同类运算是全等和非全等。这两个运算符 "==="" !== " 所做的与 "==""!= " 相同，只是
它们在检查相等性之前，不执行类型转换。

全等，只有在无需类型转换运算数就相等的情况下，才返回 true，例如：

```
var num1 = " 66 ";
var num2 = 66;
alert(num1 == num2);    // 返回true
alert(num1 === num2);   // 返回false
```

在这段代码中，第一个 alert()使用 "=="来比较字符串 "66" 和数值 66 的相等性。如前所述，字符串 "66"
会先被转换成数值 66 再参与比较运算，所以结果自然返回 true；第 2 个 alert()使用 "==="在没有类型转换的
情况下比较字符串和数字，很明显字符串不等于数字，所以结果返回 false。

非全等，只有在无需类型转换运算数就不相等的情况下，才返回 true，例如：

```
var num1 = " 66 ";
var num2 = 66;
alert(num1 != num2);     // 返回false
alert(num1 !== num2);    // 返回true
```

第 1 个 alert()使用 "!= " 来比较字符串 "66" 和数值 66 的相等性。如前所述，字符串 "66" 会先被转换
成数值 66 再参与比较运算，所以结果返回 false；第 2 个 alert()使用 "!== " 在没有类型转换的情况下比较字符
串和数字，很明显字符串不等于数字，所以结果返回 true。

4. 逻辑运算符

逻辑运算符也称布尔运算符，在第 3 章介绍的循环语句中有重要作用。布尔运算符分为 3 种：非（NOT）、与（AND）和或（OR）。

在 JavaScript 中，逻辑非运算符与 C 和 Java 中的逻辑非运算符相同，都由感叹号（!）表示。与逻辑与和逻辑或运算符不同的是，逻辑非运算符返回的一定是 Boolean 值。

逻辑非运算符遵循的规则如下。

（1）如果运算数是对象，返回 false。

（2）如果运算数是数字 0，返回 true。

（3）如果运算数是 0 以外的任何数字，返回 false。

（4）如果运算数是 null，返回 true。

（5）如果运算数是 NaN，返回 true。

（6）如果运算数是 undefined，发生错误。

逻辑非运算符通常用于循环控制，在第 3 章中将会详细介绍。

逻辑非运算符也可以用于将一个值转换为与其对应的布尔值，而同时使用两个逻辑非运算符，实际上就会模拟 Boolean() 函数的转换行为，其中，第一个逻辑非操作会基于无论什么操作数都返回一个布尔值，而第二个逻辑非操作则对该布尔求反，于是就得到了这个值真正对应的布尔值。当然，最终结果与对这个值使用 Boolean() 函数相同，如下面的例子所示。

```
alert(!!"blue");     // 返回true
alert(!!0);          // 返回false
alert(!!NaN);        // 返回false
alert(!!"");         // 返回false
alert(!!12345);      // 返回true
```

逻辑与运算符用双和号（&&）表示，例如：

```
var result1 = true;
var result2 = false;
var result3 = result1 && result2;
```

表 2.4 描述了逻辑与运算符的行为。

表 2.4　逻辑与运算符结果

运算数 1	运算数 2	结果
true	true	true
true	false	false
false	true	false
false	false	false

逻辑与运算符的运算数可以是任何类型的，不止是 Boolean 型。

如果某个运算数不是原始的 Boolean 类型，逻辑与运算并不一定返回 Boolean 值。

（1）如果一个运算数是对象，另一个是布尔值，返回该对象。

（2）如果两个运算数都是对象，返回第二个对象。

（3）如果某个运算数是 null，返回 null。

（4）如果某个运算数是 NaN，返回 NaN。

（5）如果某个运算数是 undefined，发生错误。

与 Java 中的逻辑与运算相似，JavaScript 中的逻辑与运算也是简便运算。即如果第一个运算数已经决定了结果就不再计算第二个运算数。对于逻辑与运算来说，如果第一个运算数是 false，那么不管第二个运算数是什么，结果都不可能返回 true。来看下面的例子。

```
var a = true;
```

```
var b = (a && c);          // 发生错误
alert(b);                  // 这一行不会执行
```

这段代码在进行逻辑与运算时将引发错误，因为变量 c 未定义。变量 a 为 true，所以逻辑与会继续计算变量 c，这样就会引发错误了。如果修改一下这个例子。

```
var a = false;
var b = (a && c);
alert(b);                  // 返回false
```

这里，因为变量 a 为 false，所以逻辑与操作不会继续计算变量 c 的值，结果就返回 false 了。

逻辑或运算符由双竖线（||）表示，例如：

```
var result1 = true;
var result2 = false;
var result3 = result1 || result2;
```

表 2.5 描述了逻辑或运算符的行为。

表 2.5　逻辑或运算符结果

运算数 1	运算数 2	结果
true	true	true
true	false	true
false	true	true
false	false	false

与逻辑与运算符相似，如果某个运算数不是 Boolean 类型，逻辑或运算并不一定返回 Boolean 值。

（1）如果一个运算数是对象，并且该对象左边的运算数值均为 false，则返回该对象。

（2）如果两个运算数都是对象，则返回第一个对象。

（3）如果最后一个运算数是 null，并且其他运算数值为 false，则返回 null。

（4）如果最后一个运算数是 NaN，并且其他运算数值均为 false，则返回 NaN。

（5）如果某个运算数是 undefined，则发生错误。

与逻辑与运算符一样，逻辑或运算符也是简便运算。如果第一个运算数值为 true，就不再计算第二个运算数，例如：

```
var a = true;
var b = (a || c);
alert(b);                  // 返回true
```

与前面例子相同，变量 c 未定义，不过由于变量 a 为 true，逻辑或不会继续计算变量 c 的值，因此返回 true。如果把 a 改为 false，将发生错误。

```
var a = false;
var b = (a || c);          // 发生错误
alert(b);                  // 这一行不会执行
```

5. 位运算符

位运算符是在数字底层（即表示数字的 32 个数位）进行操作的。位运算符不直接操作 64 位的值，而是将 64 位的值转换为 32 位的整数，然后执行操作，最后再将结果转换为 64 位。

在 JavaScript 中，对于有符号的整数，32 位中的前 31 位用于表示整数的值。第 32 位用于表示数值的符号：0 表示正数，1 表示负数。这个表示符号的位叫作符号位，符号位的值决定了其他位数值的格式。其中正数以纯二进制格式存储，31 位中的每一位都表示 2 的幂。第一位（叫作位 0）表示 2^0，第二位表示 2^1，以此类推。没有用到的位以 0 填充。例如数值 18 的二进制表示是 00000000000000000000000000010010，或者更简洁的 10010。这是 5 个有效位，这 5 位本身也决定了实际的值，如下图所示。

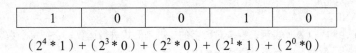

$$(2^4 * 1) + (2^3 * 0) + (2^2 * 0) + (2^1 * 1) + (2^0 * 0)$$

负数也存储为二进制代码，不过采用的是二进制补码。计算数字二进制补码有以下 3 步。

（1）求这个数值绝对值的二进制码（例如，要求-18 的二进制补码，先求 18 的二进制码）。

（2）求二进制反码，即把 0 换为 1，1 换为 0。

（3）在二进制反码上加 1。

例如：要确定-18 的二进制表示，首先得到 18 的二进制表示。

00000000000000000000000000010010

接下来，求二进制反码为：

11111111111111111111111111101101

最后在二进制反码上加 1：

11111111111111111111111111101101

+   1

————————————————————

11111111111111111111111111101110

因此，-18 的二进制表示是 11111111111111111111111111101110。要注意的是，在处理有符号整数时，是不能访问位 31 的。

有趣的是，把负整数转换为二进制字符串时，JavaScript 并不以二进制补码的形式显示，而是用数字绝对值的标准二进制码前面加负号的形式输出，例如：

```
var number = -18;
alert(number.toString(2));    // 输出-10010
```

这段代码输出的是-10010，而非二进制补码，这是为了避免访问位 31。

另一方面，无符号整数把最后一位作为另一个数位处理。在这种模式中，第 32 位不表示数字的符号，而是值 2^{31}。由于这个额外的位，无符号整数的数值范围为 0 到 4294967295。对于小于 2147483647 的整数来说，无符号整数看作与有符号整数一样，而大于 2147483647 的整数则要使用位 31（在有符号整数中，这一位总是 0）。

把无符号整数转换成字符串后，只返回它们的有效位。

下面来介绍几种位运算符。

（1）位运算符 NOT。

位运算 NOT 由否定号（～）表示，它是 JavaScript 中为数不多的与二进制算术有关的运算符之一。位运算符 NOT 有以下 3 步处理过程。

① 把运算数转换成 32 位数字。

② 把二进制数转换成它的二进制反码。

③ 把二进制数转换成浮点数。

例如：

```
var number = 25;
var number2 = ~number;
alert(number2);
```

上面这段代码，第一步把 25 转换成 32 位数字：00000000000000000000000000011001；第二步将二进制数转为它的二进制反码：00000000000000000000000000000110；第三步，转换成浮点数为-26。位运算符 NOT 实质上是对数字求负，然后减 1，见下面这段代码。

```
var number = 25;
var number2 = -number-1;
alert(number2);
```

（2）位运算符 AND。

位运算符 AND 由和号（&）表示，直接对数字的二进制形式进行运算。它把每个数字中的数位对齐，然后用表 2.6 的规则对同一位置上的两个数位进行 AND 运算。

表 2.6 位运算符 AND 运算规则

第一个数字中的数位	第二个数字中的数位	结果
1	1	1
1	0	0
0	1	0
0	0	0

如下例子，对 25 和 3 进行 AND 运算。

```
var result = 25 & 3;
alert(result);        // 输出1
```

实际运算过程是先将 25 和 3 分别转为二进制，25 为 00000000000000000000000000011001，3 为 00000000000000000000000000000011，再将两个二进制同一位置上的数位进行 AND 运算，结果为 00000000000000000000000000000001，即结果为 1。

（3）位运算符 OR。

位运算 OR 由符号（|）表示，也是直接对数字的二进制形式进行计算，OR 运算符采用表 2.7 的规则。

表 2.7 位运算符 OR 运算规则

第一个数字中的数位	第二个数字中的数位	结果
1	1	1
1	0	1
0	1	1
0	0	0

进行 OR 运算的两个数位，只要有一个为 1，结果即为 1。看下面的例子，同样对 25 和 3 进行 OR 运算。

```
var result = 25 | 3;
alert(result);        // 输出27
```

实际运算过程是先将 25 和 3 分别转为二进制，25 为 00000000000000000000000000011001，3 为 00000000000000000000000000000011，再将两个二进制同一位置上数位进行 AND 运算，结果为 00000000000000000000000000011011，即结果为 27。

（4）位运算符 XOR。

位运算 XOR 由符号（^）表示，直接对数字的二进制形式进行计算。XOR 不同于 OR，只有一个数位为 1 时，结果才为 1，见表 2.8 所示的规则。

表 2.8 位运算符 XOR 运算规则

第一个数字中的数位	第二个数字中的数位	结果
1	1	0
1	0	1
0	1	1
0	0	0

同样以 25 和 3 运算为例：

```
var result = 25 ^ 3;
alert(result);        // 输出26
```

实际运算过程是先将 25 和 3 分别转为二进制，25 为 00000000000000000000000000011001，3 为 00000000000000000000000000000011，再将两个二进制同一位置上数位进行 AND 运算，结果为 00000000000000000000000000110110，即结果为 26。

（5）左移运算。

左移运算由两个小于号表示（<<）。它把数字中所有位数向左移动指定的数量。例如：把数字 2 左移 5 位结果为 64，看下面运算解析过程。

```
var result = 2 << 5
alert(result);        // 输出64
```

先将数字 2 转换成二进制形式 00000000000000000000000000000010；再将这个二进制数左移 5 位为 00000000000000000000000001000000，二进制数右边空出的 5 位数用 0 填充，使结果成为完整的 32 位数。

左移不会影响数字的符号，即如果把-2 左移 5 位，结果是-64，而非 64。

（6）有符号右移运算。

有符号右移运算由两个大于号（>>）表示。它把 32 位数字中的所有数位右移，同时保留该数的符号（正号或负号）。有符号右移运算恰好与左移运算相反。例如把 64 右移 5 位则变为 2。

```
var result = 64 >> 5;
alert(result);        // 输出2
```

同样，移动位数后左边会造成空位，空位位于数字左侧符号位右侧，与左移不同的是，这里需要用符号位的值填充空位。64 的二进制数为 00000000000000000000000001000000，右移 5 位变为 00000000000000000000000000000010，即变为 2。

（7）无符号右移。

无符号右移由 3 个大于号（>>>）表示，它将无符号 32 位数的所有数位整体右移。对于正数，无符号右移与有符号右移结果一样。

```
var result = 64 >>>5;
alert(result);        // 输出2
```

对于负数，情况就大不一样了。无符号右移运算用 0 填充所有空位。对于正数，这与有符号右移运算的操作一样，而负数则被作为正数来处理。

由于无符号右移运算的结果是一个 32 位的正数，所以负数的无符号右移运算得到的总是一个非常大的数字。例如，如果把-64 右移 5 位，将得到 134217726。如何得到这种结果的呢？

要实现这一点，需要把这个数字转换成无符号的等价形式（尽管该数字本身还是有符号的），可以通过以下代码获得这种形式：

```
var result = -64 >>>0;
```

然后，用 Number 类型的 toString() 获取它的真正的位表示，采用的基为 2。

```
alert(result.toString(2));
```

这将生成 11111111111111111111111111000000，即有符号整数-64 的二进制补码表示，不过它等于无符号整数 4294967232。出于这种原因，使用无符号右移运算符要小心。

6. 赋值运算符

JavaScript 赋值运算符分为简单赋值运算符和复合赋值运算符。简单的赋值运算符由等号（=）实现，只是把等号右边的值赋予等号左边的变量，例如：

```
var number = 10;  // 将10 赋给变量number
```

复合赋值运算符是由乘性运算符、加性运算符或位移运算符加等号（=）实现的。这些赋值运算符是下列这些常见情况的缩写形式。

```
var number = 10;
```

```
number = number + 10;
```
可以用一个复合赋值运算符改写第二行代码。
```
var number = 10;
number += 10;
```
每种主要的算术运算以及其他几个运算都有复合赋值运算符：

乘法/赋值（*=）

除法/赋值（/=）

取模/赋值（%=）

加法/赋值（+=）

减法/赋值（−=）

左移/赋值（<<=）

有符号右移/赋值（>>=）

无符号右移/赋值（>>>=）

7. 其他运算符

除上面介绍的 6 种运算符之外，JavaScript 还有字符串运算符、逗号运算符、三元运算符等，这些统称为其他运算符。

字符串运算符（+）主要用于连接两个字符串或字符串变量。因此，在对字符串或字符串变量使用该运算符时，并不是对它们做加法运算。
```
var x = "beijing ";
var y = x + "你好！ ";
alert(y);               // 返回字符串"beijing你好！ "
```
要想在两个字符串之间增加空格，需要把空格插入一个字符串之中。
```
var y = x + " 你好！ ";
alert(y);               // 返回字符串" Beijing  你好！ "
```
当对字符串和数字做连接（加法）运算时，会将数字先转换为字符串再连接（相加）。
```
var x = 25;
var y = "我今年" + x + "岁";   // 结果：y = "我今年25岁"
```
使用逗号操作符可以在一条语句中执行多个操作，如下面的例子所示。
```
var num1=1, num2=2, num3=3;
```
逗号操作符多用于声明多个变量；但除此之外，逗号操作符还可以用于赋值。在用于赋值时，逗号操作符总会返回表达式中的最后一项，如下面的例子所示。
```
var num = (5, 1, 4, 8, 0); // num 的值为 0
```
由于 0 是表达式中的最后一项，因此 num 的值就是 0。虽然逗号的这种使用方式并不常见，但这个例子可以帮我们理解逗号的这种行为。

三元运算符可视为特殊的比较运算符：代码如下。
```
(expr1)? (expr2) : (expr3);
```
语法解释：在 expr1 求值为 TRUE 时整个表达式的值为 expr2，否则为 expr3。
```
x = 2;
y = (x == 2) ? x : 1;
alert(y);               // 输出：2
```
该例子判断 x 的值是否等于 2，如果 x 等于 2，那么 y 的值就等于 x（也就是等于 2），反之 y 就等于 1。

为了避免错误，将三元运算符各表达式用括号括起来是个不错的主意。

2.6.3 运算符优先级

运算符优先级控制着运算符的执行顺序，优先级高的运算符的执行总是先于优先级运算符低的运算符。JavaScript 中 46 个运算符总共分为 14 级的优先级，从高到低依次是：

（1）　　++ -- - +~! delete typeof void

（2）　　* / %

（3）　　+ -

（4）　　<< >> >>>

（5）　　< <= > >= instanceof in

（6）　　== != === !==

（7）　　&

（8）　　^

（9）　　|

（10）　　&&

（11）　　||

（12）　　?:

（13）　　= *= /= %= += -= &= ^= |= <<= >>= >>>=

（14）　　,

由这 14 级的运算符优先级等级可以看出：

一元运算符 ＞ 算术运算符 ＞ 比较运算符 ＞ 逻辑运算符 ＞ 三元运算符 ＞ 赋值运算符 ＞ 逗号运算符。

逻辑取反运算符属于一元运算符，其优先级最高。

```
!2<1&&4*3+1;
```
上面这个例子涉及的运算符很多比较复杂，逐步分解其运算步骤如下：

先计算一元运算符!，!2；结果为 false。于是表达式简化为
```
false<1&&4*3+1;
```
再计算算术运算符 4*3+1；结果为 13。于是表达式简化为
```
false<1&&13;
```
再计算比较运算符 false<1；结果为 true。于是表达式再次简化为
```
true&&13;
```
结果为 13。

可以像数学中一样用圆括号来强行指定运算顺序，如：
```
var number = 2+3*5;      // 结果为17
var number = (2+3)*5;     // 结果为25
```

2.7　关键字及保留字

精讲视频

关键字及保留字

JavaScript 描述了一组具有特定用途的关键字，这些关键字可用于表示控制语句的开始或结束，或者用于执行特定操作等。按照规则，关键字也是语言保留的，不能用作标识符。以下就是 JavaScript 的全部关键字。

break do instanceof typeof

case else new var

catch finally return void

continue for switch while

debugger*

function this with

default if throw

delete in try

JavaScript 还描述了另外一组不能用作标识符的保留字。尽管保留字在这门语言中还没有任何特定的用途，但它们有可能在将来被用作关键字。以下是 JavaScript 定义的全部保留字：

abstract enum int short

boolean export interface static

byte extends long super

char final native synchronized

class float package throws

const goto private transient

debugger implements protected volatile

double import public

（1）如果将保留字用作变量名或函数名，那么除非将来的浏览器实现了该保留字，否则很可能收不到任何错误消息。当浏览器将其实现后，该单词将被看作关键字，如此将出现关键字错误。

（2）除了上面列出的保留字和关键字，JavaScript 对 eval 和 arguments 还施加了限制。在严格模式下，这两个名字也不能作为标识符或属性名，否则会抛出错误。

2.8 正则表达式

精讲视频

正则表达式

2.8.1 正则表达式定义及特性

JavaScript 正则表达式即前面讲解的 RegExp 对象。正则表达式是对字符串操作的一种逻辑公式，就是用事先定义好的一些特定字符及这些特定字符的组合，组成一个"规则字符串"，这个"规则字符串"用来表达对字符串的一种过滤逻辑。

给定一个正则表达式和另一个字符串，可以达到如下的目的。

（1）给定的字符串是否符合正则表达式的过滤逻辑（称作"匹配"）。

（2）可以通过正则表达式，从字符串中获取想要的特定部分。

正则表达式的特点是：

（1）灵活性、逻辑性和功能性非常强；

（2）可以迅速地用极简单的方式达到对字符串的复杂控制；

（3）对于刚接触它的人来说，比较晦涩难懂。

由于正则表达式主要应用对象是文本，因此它在各种文本编辑器场合都有应用，小到著名编辑器 EditPlus，大到 Microsoft Word、Visual Studio 等大型编辑器，都可以使用正则表达式来处理文本内容。

正则表达式的创建有两种方式。前面在 2.5.2 节引用数据类型章节已经介绍过，这里再来复习一下。

```
var reg=/abcd/ ;                //这个叫对象直接量方式
var reg=new RegExp('abcd');      //这个叫构造函数方式
```

如果有模式修正符，比如说全文查找 abcd 这个字符串，两种写法分别是（g 是模式修正符，表示在整个字符串里多次查找）：

```
var  reg=/abcd/g;
var reg=new RegExp('abcd', 'g');
```

有一种情况要注意，就是如果正则表达式中出现了反斜杠 "\"，在用构造函数创建正则表达式对象时，要转义，比如：

```
reg = new RegExp("\\w+");    //这里的\要转义
reg = /\w+/ ;                //这样就不需要
```

2.8.2 正则表达式语法

正则表达式是由普通字符（例如字符 a 到 z）以及特殊字符（称为"元字符"）组成的文字模式。模式描述在搜索文本时要匹配一个或多个字符串。正则表达式作为一个模板，将某个字符模式与所搜索的字符串进行匹配。

1. 普通字符

普通字符包括没有显式指定为元字符的所有可打印和不可打印的字符。这包括所有大写和小写字母、所有数字、所有标点符号和一些其他符号。

2. 不可打印字符

不可打印字符也可以是正则表达式的组成部分，表 2.9 列出了表示不可打印字符的转义序列。

表 2.9　不可打印字符转义序列表

字符	描述
\cx	匹配由 x 指明的控制字符。例如，\cM 匹配一个 Control-M 或回车符。x 的值必须为 A-Z 或 a-z 之一。否则，将 c 视为一个原义的'c'字符
\f	匹配一个换页符，等价于\x0c 和\cL
\n	匹配一个换行符，等价于\x0a 和\cJ
\r	匹配一个回车符，等价于\x0d 和\cM
\s	匹配任何空白字符，包括空格、制表符、换页符等，等价于 [\f\n\r\t\v]
\S	匹配任何非空白字符，等价于 [^ \f\n\r\t\v]
\t	匹配一个制表符，等价于 \x09 和\cI
\v	匹配一个垂直制表符，等价于\x0b 和\cK

3. 特殊字符

所谓特殊字符，就是一些有特殊含义的字符，比如"*.txt"中的*，简单地说就是表示任何字符串的意思。如果要查找文件名中有*的文件，则需要对*进行转义，即在其前加一个\，如*.txt。

许多元字符要求在试图匹配它们时特别对待。若要匹配这些特殊字符，必须首先使字符"转义"，即将反斜杠字符 (\) 放在它们前面。表 2.10 列出了正则表达式中的特殊字符。

表 2.10　正则表达式的特殊字符

特殊字符	描述
$	匹配输入字符串的结尾位置。如果设置了 RegExp 对象的 Multiline 属性,则 $ 也匹配 '\n' 或 '\r'。要匹配 $ 字符本身，请使用 \$
( )	标记一个子表达式的开始和结束位置。子表达式可以获取供以后使用。要匹配这些字符，请使用 \(和 \)
*	匹配前面的子表达式零次或多次，要匹配 * 字符，请使用 *
+	匹配前面的子表达式一次或多次，要匹配 + 字符，请使用 \+
.	匹配除换行符 \n 之外的任何单字符，要匹配 .，请使用 \.
[	标记一个中括号表达式的开始，要匹配 [，请使用 \[
?	匹配前面的子表达式零次或一次，或指明一个非贪婪限定符，要匹配 ? 字符，请使用 \?

续表

特殊字符	描述
\	将下一个字符标记为或特殊字符或原义字符或向后引用或八进制转义符。例如，'n' 匹配字符 'n'，'\n' 匹配换行符，序列 '\\' 匹配 "\"，而 '\(' 则匹配 "("
^	匹配输入字符串的开始位置，除非在方括号表达式中使用，此时它表示不接受该字符集合。要匹配 ^ 字符本身，请使用 \^
{	标记限定符表达式的开始，要匹配 {，请使用 \{
|	指明两项之间的一个选择，要匹配 |，请使用 \\|

4. 限定符

限定符用来指定正则表达式的一个给定组件必须要出现多少次才能满足匹配，有*或+或? 或{n}或{n,}或{n,m}共 6 种。正则表达式的限定符如表 2.11 所示。

表 2.11　正则表达式的限定符

字符	描述
*	匹配前面的子表达式零次或多次。例如，zo* 能匹配 "z" 以及 "zoo"。* 等价于{0,}
+	匹配前面的子表达式一次或多次。例如，"zo+" 能匹配 "zo" 以及 "zoo"，但不能匹配 "z"，+ 等价于 {1,}
?	匹配前面的子表达式零次或一次。例如，"do(es)?" 可以匹配 "do" 或 "does" 中的 "does"，? 等价于 {0,1}
{n}	n 是一个非负整数，匹配确定的 n 次。例如，"o{2}" 不能匹配 "Bob" 中的 "o"，但是能匹配 "food" 中的两个 "o"
{n,}	n 是一个非负整数，至少匹配 n 次。例如，"o{2,}" 不能匹配 "Bob" 中的 "o"，但能匹配 "foooood" 中的所有 "o"，"o{1,}" 等价于 "o+"。"o{0,}" 则等价于 "o*"
{n,m}	m 和 n 均为非负整数，其中 n<=m，最少匹配 n 次且最多匹配 m 次。例如，"o{1,3}" 将匹配 "foooooood" 中的前三个 o，"o{0,1}" 等价于 "o?"。请注意在逗号和两个数之间不能有空格

由于章节编号在大的输入文档中会很可能超过 9，所以需要一种方式来处理两位或三位章节编号。限定符给了这种能力。下面的正则表达式匹配编号为任何位数的章节标题。

/Chapter [1-9][0-9]*/

限定符出现在范围表达式之后。因此，它应用于整个范围表达式，在本例中，只指定从 0 到 9 的数字（包括 0 和 9）。

这里不使用 + 限定符，因为在第二个位置或后面的位置不一定需要有一个数字。也不使用? 字符，因为它将章节编号限制到只有两位数。需要至少匹配 Chapter 和空格字符后面的一个数字。

如果知道章节编号被限制为只有 99 章，可以使用下面的表达式来指定至少一位，至多两位数字。

/Chapter [0-9]{1,2}/

上面的表达式的一个缺点是，大于 99 的章节编号仍只匹配开头两位数字。另一个缺点是 Chapter 0 也将匹配。只匹配两位数字的更好的表达式如下。

/Chapter [1-9][0-9]?/

或

/Chapter [1-9][0-9]{0,1}/

*、+和? 限定符都是贪婪的，因为它们会尽可能多地匹配文字，只要在它们的后面加上一个?就可以实现非贪婪或最小匹配。

5. 定位符

定位符用来描述字符串或单词的边界，^和$分别指字符串的开始与结束，\b 描述单词的前或后边界，\B 表示非单词边界。正则表达式的定位符如表 2.12 所示。

表 2.12　正则表达式的定位符

字符	描述
^	匹配输入字符串的开始位置。如果设置了 RegExp 对象的 Multiline 属性，^还会与\n 和\r 之后的位置匹配
$	匹配输入字符串的结尾位置。如果设置了 RegExp 对象的 Multiline 属性，^还会与\n 和\r 之前的位置匹配
\b	匹配一个字边界，即字与空格间的位置
\B	非字边界匹配

不能将限定符与定位符一起使用。由于在紧靠换行或者字边界的前面或后面不能有一个以上位置，因此不允许诸如^*之类的表达式。

若要匹配一行文本开始处的文本，请在正则表达式的开始使用 ^ 字符。不要将 ^ 的这种用法与中括号表达式内的用法混淆。

若要匹配一行文本的结束处的文本，请在正则表达式的结束处使用 $ 字符。

若要在搜索章节标题时使用定位符，下面的正则表达式匹配一个章节标题，该标题只包含两个尾随数字，并且出现在行首。

/^Chapter [1-9][0-9]{0,1}/

真正的章节标题不仅出现在行的开始处，而且它还是该行中仅有的文本。它既出现在行首又出现在同一行的结尾。下面的表达式能确保指定的匹配只匹配章节而不匹配交叉引用。通过创建只匹配一行文本的开始和结尾的正则表达式，就可以做到这一点。

/^Chapter [1-9][0-9]{0,1}$/

匹配字边界稍有不同。字边界是单词和空格之间的位置。非字边界是任何其他位置。下面的表达式匹配单词 Chapter 的开头 3 个字符，因为这 3 个字符出现在字边界后面。

/\bCha/

\b 字符的位置是非常重要的。如果它位于要匹配字符串的开始，它在单词的开始处查找匹配项。如果它位于字符串的结尾，它在单词的结尾处查找匹配项。例如，下面的表达式匹配单词 Chapter 的结尾字符 ter，因为它出现在字边界的前面。

/ter\b/

下面的表达式匹配 Chapter 的 apt，但不匹配 aptitude 中的字符串 apt。

/\Bapt/

字符串 apt 出现在单词 Chapter 的非字边界处，但出现在单词 aptitude 的字边界处。对于非字边界运算符，位置并不重要，因为匹配不关心究竟是单词的开头还是结尾。

6. 选择

用圆括号将所有选择项括起来，相邻的选择项之间用|分割。但用圆括号会有一个副作用，是相关的匹配会被缓存，此时可用?:放在第一个选项前来消除这种副作用。其中?:是非捕获元之一，还有两个非捕获元是?=和?!，这两个还有更多的含义，前者为正向预查，在任何开始匹配圆括号内的正则表达式模式的位置来匹配搜索字符串，后者为负向预查，在任何开始不匹配该正则表达式模式的位置来匹配搜索字符串。

7. 反向引用

对一个正则表达式模式或部分模式两边添加圆括号将导致相关匹配存储到一个临时缓冲区中，所捕获的每个子匹配都按照在正则表达式中从左到右出现的顺序存储。缓冲区编号从 1 开始，最多可存储 99 个捕获的子表达式。每个缓冲区都可以使用\n 访问，其中 n 为一个标识特定缓冲区的一位或两位十进制数。可以使用非捕获元字符'?:'、'?='或'?!'来重写捕获，忽略对相关匹配的保存。

反向引用的最简单的、最有用的应用之一，是提供查找文本中两个相同的相邻单词的匹配项的能力。以下面的句子为例。

Is is the cost of of gasoline going up up?

上面的句子显然有多个重复的单词。如果能设计一种方法定位该句子，而不必查找每个单词的重复出现，那该有多好。下面的正则表达式使用单个子表达式来实现这一点。

/\b([a-z]+) \1\b/gi

捕获的表达式，[a-z]+ 包括一个或多个字母。正则表达式的第二部分是对以前捕获的子匹配项的引用，即，单词的第二个匹配项正好由括号表达式匹配。\1 指定第一个子匹配项。字边界元字符确保只检测整个单词。否则，诸如"is issued"或"this is"之类的词组将不能正确地被此表达式识别。

正则表达式后面的全局标记（g）指示，将该表达式应用到输入字符串中能够查找到的尽可能多的匹配。表达式的结尾处的不区分大小写（i）标记指定不区分大小写。多行标记指定换行符的两边均可能出现潜在的匹配。

8. 元字符

表 2.13 包含了元字符的完整列表以及它们在正则表达式上下文中的行为。

表 2.13　正则表达式的元字符

字符	描述
\	将下一个字符标记为一个特殊字符或一个原义字符或一个向后引用或一个八进制转义符。例如，'n' 匹配字符 "n"，'\n' 匹配一个换行符，序列 '\\' 匹配 "\"，而 "\(" 则匹配 "("
^	匹配输入字符串的开始位置。如果设置了 RegExp 对象的 Multiline 属性，^ 也匹配 '\n' 或 '\r' 之后的位置
$	匹配输入字符串的结束位置。如果设置了 RegExp 对象的 Multiline 属性，$ 也匹配 '\n' 或 '\r' 之前的位置
*	匹配前面的子表达式零次或多次。例如，zo* 能匹配 "z" 以及 "zoo"，* 等价于{0,}
+	匹配前面的子表达式一次或多次。例如，'zo+' 能匹配 "zo" 以及 "zoo"，但不能匹配 "z"，+ 等价于 {1,}
?	匹配前面的子表达式零次或一次。例如，"do(es)?" 可以匹配 "do" 或 "does" 中的 "do"，? 等价于 {0,1}
{n}	n 是一个非负整数，匹配确定的 n 次。例如，'o{2}' 不能匹配 "Bob" 中的 'o'，但是能匹配 "food" 中的两个 o
{n,}	n 是一个非负整数。至少匹配 n 次。例如，'o{2,}' 不能匹配 "Bob" 中的 'o'，但能匹配 "foooood" 中的所有 o。'o{1,}' 等价于 'o+'。'o{0,}' 则等价于 'o*'
{n,m}	m 和 n 均为非负整数，其中 n <= m。最少匹配 n 次且最多匹配 m 次。例如，"o{1,3}" 将匹配 "fooooood" 中的前三个 o。'o{0,1}' 等价于 'o?'。请注意在逗号和两个数之间不能有空格
?	当该字符紧跟在任何一个其他限制符 (*、+、?、{n}、{n,}、{n,m}) 后面时，匹配模式是非贪婪的。非贪婪模式尽可能少地匹配所搜索的字符串，而默认的贪婪模式则尽可能多地匹配所搜索的字符串。例如，对于字符串 "oooo", 'o+?' 将匹配单个 "o"，而 'o+' 将匹配所有 'o'

字符	描述
.	匹配除 "\n" 之外的任何单个字符。要匹配包括 \n' 在内的任何字符，请使用像 "(.|\n)"的模式
(pattern)	匹配 pattern 并获取这一匹配。所获取的匹配可以从产生的 Matches 集合得到，在 VBScript 中使用 SubMatches 集合，在 JScript 中则使用 $0…$9 属性。要匹配圆括号字符，请使用 '\(' 或 '\)'
{?:pattern}	匹配 pattern 但不获取匹配结果，也就是说这是一个非获取匹配，不进行存储供以后使用。这在使用 "或" 字符 (|) 来组合一个模式的各个部分时很有用。例如，'industr(?:y|ies)' 就是一个比 'industry|industries' 更简略的表达式
{?=pattern}	正向预查，在任何匹配 pattern 的字符串开始处匹配查找字符串。这是一个非获取匹配，也就是说，该匹配不需要获取供以后使用。例如，'Windows (?=95|98|NT|2000)' 能匹配 "Windows 2000" 中的 "Windows"，但不能匹配 "Windows 3.1" 中的 "Windows"。预查不消耗字符，也就是说，在一个匹配发生后，在最后一次匹配之后立即开始下一次匹配的搜索，而不是从包含预查的字符之后开始
{?!pattern}	负向预查，在任何不匹配 pattern 的字符串开始处匹配查找字符串。这是一个非获取匹配，也就是说，该匹配不需要获取供以后使用。例如'Windows (?!95|98|NT|2000)' 能匹配 "Windows 3.1" 中的 "Windows"，但不能匹配 "Windows 2000" 中的 "Windows"。预查不消耗字符，也就是说，在一个匹配发生后，在最后一次匹配之后立即开始下一次匹配的搜索，而不是从包含预查的字符之后开始
x|y	匹配 x 或 y。例如，'z|food' 能匹配 "z" 或 "food"，'(z|f)ood' 则匹配 "zood" 或 "food"
[xyz]	字符集合，匹配所包含的任意一个字符。例如，'[abc]' 可以匹配 "plain" 中的 'a'
[^xyz]	负值字符集合，匹配未包含的任意字符。例如，'[^abc]' 可以匹配 "plain" 中的'p'、'l'、'i'、'n'
[a-z]	字符范围，匹配指定范围内的任意字符。例如，'[a-z]' 可以匹配 'a' 到 'z' 范围内的任意小写字母字符
[^a-z]	负值字符范围，匹配任何不在指定范围内的任意字符。例如，'[^a-z]' 可以匹配任何不在 'a' 到 'z' 范围内的任意字符
\b	匹配一个单词边界，也就是指单词和空格间的位置。例如，'er\b' 可以匹配"never" 中的 'er'，但不能匹配 "verb" 中的 'er'
\B	匹配非单词边界。'er\B' 能匹配 "verb" 中的 'er'，但不能匹配 "never" 中的 'er'
\cx	匹配由 x 指明的控制字符。例如，\cM 匹配一个 Control-M 或回车符。x 的值必须为 A-Z 或 a-z 之一。否则，将 c 视为一个原义的'c'字符
\d	匹配一个数字字符，等价于[0-9]
\D	匹配一个非数字字符，等价于 [^0-9]
\f	匹配一个换页符，等价于 \x0c 和 \cL
\n	匹配一个换行符，等价于 \x0a 和 \cJ
\r	匹配一个回车符，等价于 \x0d 和 \cM
\s	匹配任何空白字符，包括空格、制表符、换页符等，等价于 [\f\n\r\t\v]
\S	匹配任何非空白字符，等价于 [^ \f\n\r\t\v]
\t	匹配一个制表符，等价于 \x09 和 \cI
\v	匹配一个垂直制表符，等价于 \x0b 和 \cK

字符	描述
\w	匹配包括下划线的任何单词字符，等价于'[A-Za-z0-9_]'
\W	匹配任何非单词字符，等价于 '[^A-Za-z0-9_]'
\xn	匹配 n，其中 n 为十六进制转义值。十六进制转义值必须为确定的两个数字长。例如，'\x41' 匹配 "A"。'\x041' 则等价于 '\x04' & "1"。正则表达式中可以使用 ASCII 编码
\num	匹配 num，其中 num 是一个正整数。表示对所获取的匹配的引用。例如，'(.)\1' 匹配两个连续的相同字符
\n	标识一个八进制转义值或一个向后引用。如果\n 之前至少有 n 个获取的子表达式，则 n 为向后引用。否则，如果 n 为八进制数字（0-7），则 n 为一个八进制转义值
\nm	标识一个八进制转义值或一个向后引用。如果\nm 之前至少有 nm 个获得子表达式，则 nm 为向后引用。如果\nm 之前至少有 n 个获取，则 n 为一个后跟文字 m 的向后引用。如果前面的条件都不满足，若 n 和 m 均为八进制数字（0-7），则\nm 将匹配八进制转义值 nm
\nml	如果 n 为八进制数字（0-3），且 m 和 l 均为八进制数字（0-7），则匹配八进制转义值 nml
\un	匹配 n，其中 n 是一个用 4 个十六进制数字表示的 Unicode 字符。例如，\u00A9 匹配版权符号（?）

2.8.3 正则表达式在 JavaScript 中的使用

一个正则表达式可以认为是对一种字符片段的特征描述，而它的作用就是从一堆字符串中找出满足条件的子字符串。比如在 JavaScript 中定义一个正则表达式。

```
var reg = /hello/  或者 var reg = new RegExp("hello")
```

那么这个正则表达式可以用来从一堆字符串中找出 hello 这个单词。而"找出"这个动作，其结果可能是找出第一个 hello 的位置、用别的字符串替换 hello、找出所有 hello 等。下面列举一下在 JavaScript 中可以使用的正则表达式函数。

1. String.prototype.search 方法
此方法用来找出原字符串中某个子字符串首次出现的 index，没有则返回-1。

```
"abchello".search(/hello/);   // 输出3
"abchello".search(/world/);   // 输出-1
```

2. String.prototype.replace 方法
此方法用来替换字符串中的子串。

```
"abchello".replace(/hello/,"hi");   // 输出abchi
```

3. String.prototype.split 方法
此方法用来分割字符串。

```
"abchelloasdasdhelloasd".split(/hello/);   // 输出 ["abc", "asdasd", "asd"]
```

4. String.prototype.match 方法
此方法用来捕获字符串中的子字符串到一个数组。默认情况下只捕获一个结果到数组中，正则表达式有"全局捕获"的属性时（定义正则表达式的时候添加参数 g），会捕获所有结果到数组中。

```
"abchelloasdasdhelloasd".match(/hello/);    // 输出["hello"]
"abchelloasdasdhelloasd".match(/hello/g);   // 输出["hello","hello"]
```

作为 match 参数的正则表达式，在是否拥有全局属性的情况下，match 方法的表现不一样，这一点会在后边的正则表达式分组中讲到。

5. RegExp.prototype.test 方法

此方法用来测试字符串中是否含有子字符串。

```
/hello/.test("abchello");   // 输出true
```

6. RegExp.prototype.exec 方法

此方法和字符串的 match 方法类似，这个方法也是从字符串中捕获满足条件的字符串到数组中，但是也有两个区别。

（1）exec 方法一次只能捕获一份子字符串到数组中，无论正则表达式是否有全局属性。

```
var reg=/hello/g;
reg.exec("abchelloasdasdhelloasd");   // 输出["hello"]
```

（2）正则表达式对象（也就是 JavaScript 中的 RegExp 对象）有一个 lastIndex 属性，用来表示下一次从哪个位置开始捕获，每一次执行 exec 方法后，lastIndex 都会往后推，直到找不到匹配的字符返回 null，然后又从头开始捕获。这个属性可以用来遍历捕获字符串中的子串。

```
var reg=/hello/g;
reg.lastIndex; //0
reg.exec("abchelloasdasdhelloasd"); // 输出["hello"]
reg.lastIndex; //8
reg.exec("abchelloasdasdhelloasd"); // 输出["hello"]
reg.lastIndex; //19
reg.exec("abchelloasdasdhelloasd"); // 输出null
reg.lastIndex;       // 输出0
```

2.8.4 常见实例

上面介绍了 JavaScript 正则表达式的语法及使用，下面来列举一些 JavaScript 的正则表达式常用示例。
JavaScript 表单验证 email，判断一个输入变量是否为邮箱 email。

```
function isEmail(str){
var reg = /^([a-zA-Z0-9_-])+@([a-zA-Z0-9_-])+((\.[a-zA-Z0-9_-]{2,3}){1,2})$/;
    return reg.test(str);
}
```

JavaScript 表单验证中文大写字母，判断一个输入量是否为中文或大写的英文字母。

```
function isValidTrueName(strName){
    var str = Trim(strName);   //判断是否为全英文大写或全中文，可以包含空格
    var reg = /^[A-Z u4E00-u9FA5]+$/;
    if(reg.test(str)){
     return false;
    }
    return true;
}
```

JavaScript 表单验证是否为中文，判断一个输入量是否为中文。

```
function isChn(str){
    var reg = /^[u4E00-u9FA5]+$/;
    if(!reg.test(str)){
     return false;
    }
    return true;
}
```

JavaScript 正则比较两个字符串，就是利用正则表达式快速比较两个字符串的不同字符。

```
<script language="JavaScript">
var str1 = "求一个比较字符串处理功能";
```

```
var str2 = "求两或三个比较字符串处理";
var re = new RegExp("(?=.*?)['" + str1 +"](?=.*?)|(?=.*?)['" + str2 + "](?=.*?)", "g");
var arr;
while ((arr = re.exec(str1 + str2)) != null)
{
  document.write(arr);
}
</script>
```

　　JavaScript 表单验证密码是检查输入框是否为有效的密码，密码只允许由 ascii 组成，此函数只在修改或注册密码时使用。也就是说一切不是 ascii 组成的字符串都不能通过验证。具体函数 checkValidPasswd 请看下面的演示代码。

```
function checkValidPasswd(str){
    var reg = /^[\x00-\x7f]+$/;
    if (! reg.test(str)){
     return false;
    }
    if (str.length < 6 || str.length > 16){
     return false;
    }
    return true;
}
```

　　JavaScript 正则验证检查输入对象的值是否符合整数格式，输入量是 str 输入的字符串。如果输入量字符串 str 通过验证则返回 true，否则返回 false。

```
function isInteger( str ){
var regu = /^[-]{0,1}[0-9]{1,}$/;
return regu.test(str);
}
```

　　JavaScript 正则验证字符串是否为空，如果输入量全是空返回 true，否则返回 false。

```
function isNull( str ){
if ( str == "" ) return true;
var regu = "^[ ]+$";
var re = new RegExp(regu);
return re.test(str);
}
```

　　JavaScript 正则验证 IP，如果 JavaScript 通过验证 IP 返回 true，否则返回 false。

```
function isIP(strIP) {
if (isNull(strIP)) return false;
var re=/^(\d+)\.(\d+)\.(\d+)\.(\d+)$/g //匹配IP地址的正则表达式
if(re.test(strIP))
{
if( RegExp.$1 <256 && RegExp.$2<256 && RegExp.$3<256 && RegExp.$4<256) return true;
}
return false;
}
```

　　JavaScript 表单验证自定义内容，可以自由定制输入项的内容来用 JavaScript 进行验证，下面 demo 中是表单项只能为数字和 "_"，同样可以进行扩展来达到想要的目的。如用于电话/银行账号验证上，可扩展到域名注册等。

```
<script  language="javascript">
function  isNumber(String)
```

```
{
var  Letters  =  "1234567890-";  //可以自己增加可输入值
var  i;
var  c;
if(String.charAt(  0  )=='-')
return  false;
if(  String.charAt(  String.length  -  1  )  ==  '-'  )
return  false;
for(  i  =  0;  i  <  String.length;  i  ++  )
{
c  =  String.charAt(  i  );
if  (Letters.indexOf(  c  )  <  0)
return  false;
}
return  true;
}
function  CheckForm()
{
if(!  isNumber(document.form.TEL.value))  {
alert("您的电话号码不合法！");
document.form.TEL.focus();
return  false;
}
return  true;
}
</script>
```

JavaScript 验证表单项不能为空，比如在验证表单里面的用户名不能为空等，代码如下。

```
<script  language="javascript">
function  CheckForm()
{
if  (document.form.name.value.length  ==  0)  {
alert("请输入您姓名!");
document.form.name.focus();
return  false;
}
return  true;
}
</script>
```

JavaScript 屏蔽【F5】键

```
<script language="javascript">
function document.onkeydown()
{
    if ( event.keyCode==116)
    {
        event.keyCode = 0;
        event.cancelBubble = true;
        return false;
    }
}
</script>
```

【任务 2-4】用正则表达式判断字符串中中文和英文的个数

1. 任务介绍

给定一个字符串 str = "Hello 世界，I am happy to learn JavaScript!"，用正则表达式判断字符串中中文和英文的个数。

2. 任务目标

学会使用 JavaScript 正则表达式来判断中文、英文及 JavaScript 正则的一些常用函数。

3. 实现思路

匹配中文字符的正则表达式：　[u4e00-u9fa5]；

匹配英文字母的正则表达式：　[A-Za-z]。

4. 实现代码

完整代码如脚本 2-16 所示。

脚本 2-16.html

```html
<html>
  <head>
  </head>
  <body>
    <script type="text/javascript">
        function cLength(str,reg){
        var temp = str.replace(reg,");
        return temp.length;
        }
        var str = "Hello 世界,I am happy to learn JavaScript!";
        var reg1=/[^\u4E00-\u9FA5\uf900-\ufa2d]/g;
        var reg2=/[^\a-zA-Z]/g;
        document.write("字符串str中中文字符个数为: "+cLength(str,reg1)+'<br />');
        document.write("字符串str中英文字符个数为: "+cLength(str,reg2)+'<br />');
    </script>
  </body>
</html>
```

5. 运行结果

运行结果如图 2.30 所示。

字符串str中中文字符个数为：2
字符串str中英文字符个数为：30

图 2.30　任务 2-4 运行结果

2.9　注释

注释是指在程序编写过程中，对程序文件或者代码片段额外添加的一个备注说明。通过注释可以提高代码可读性，让自己或其他开发人员更快速地理解程序。

JavaScript 注释不属于 JavaScript 程序的一部分，其内容也不参与程序中的任何功能计算，在编辑器中以特殊颜色（如绿色）显示。

注释

JavaScript 注释分为单行注释和多行注释两种。

单行注释即只注释一行，注释符号为//，该符号后面都属于注释的内容，直到该行结束，下面是一个注释的例子。

```javascript
// 下面是一个弹出提示信息框
alert("我是提示文字");
```

多行注释即一次可以注释多行代码，多行注释符号以/*开始，以*/结束，下面是一个多行注释的例子。

```
/*
下面是一个弹出提示信息框
在该行代码中，无需任何变量或参数
*/
alert("我是提示文字");
```

注释内容不仅是一些解释性的文字，也可以是一些暂时不用的代码片段等，以禁止这些代码的执行。显然，对跨度是一行或几行的少量注释使用双斜线单行注释方法更便捷。对于大量的注释，尤其是某些暂时不需要的大段代码，使用多行注释更容易。

【任务 2-5】使用注释

1. 任务介绍

选择合适的注释符分别将脚本 2-17 中的 document.write()语句和<script></script>脚本中的文字内容变为注释。

脚本 2-17.html

```
<!DOCTYPE HTML>
<html>
  <head>
    <meta http-equiv="Content-Type" content="text/html; charset=utf-8" />
    <title>隐藏的注释</title>
    <script type="text/javascript">
        document.write("神奇的JS,快把我们隐藏了!");
        知道吗
        JS可以实现很多动态效果
        快来学习吧 ;
    </script>
  </head>
  <body>
  </body>
</html>
```

2. 任务目标

学会使用 JavaScript 的单行注释和多行注释。

3. 实现思路

JavaScript 单行注释也即只注释一行，注释符号为//，该符号后面都属于注释的内容，直到该行结束；多行注释即一次可以注释多行代码，多行注释符号以/*开始，以*/结束。

4. 实现代码

完整代码如脚本 2-18 所示。

脚本 2-18.html

```
<!DOCTYPE HTML>
<html>
  <head>
    <meta http-equiv="Content-Type" content="text/html; charset=utf-8" />
    <title>隐藏的注释</title>
    <script type="text/javascript">
        // document.write("神奇的JS,快把我们隐藏了!");
        /* 知道吗
        JS可以实现很多动态效果
        快来学习吧 ; */
    </script>
```

```
    </head>
    <body>
    </body>
</html>
```

2.10 实战

【案例 2-1】——用位运算符实现加减运算

1. 案例描述

用位运算符实现加减运算。a = 287，b=102，计算 a+b 和 a-b 的值。

2. 实现思路

JavaScript 常见的位操作实现如下。

（1）常用的一个等式：-n = ~(n-1) = ~n+1。

（2）获取整数的二进制的最右边的 1：n & (-n) 或 n & ~(n-1)，例如 n = 010100，-n = 101100，那么 n & (-n) = 000100。

精讲视频

实战：加减运算

（3）去除整数的二进制的最右边的 1：n & (n-1)，例如 n = 010100，n-1 = 010011，n&(n-1) = 010000。

加法操作：

实现加法可以使用"异或"和"与"操作来实现。操作数对应位的异或操作，可以得到该位的值，操作数对应位的与操作，可以产生该位对高位的进位值，如 a=010010，b=100111。a+b 的计算步骤如下。

第 1 轮：a^b = 110101，(a&b)<<1 = 000100，由于进位 000100 大于 0；那么进入下一轮计算，这时 a=110101，b=000100。

第 2 轮：a^b = 110001，(a&b)<<1 = 001000，由于进位 001000 大于 0；那么进入下一轮计算，这时 a=110001，b=001000。

第 3 轮：a^b = 111001，(a&b)<<1 = 000000，由于进位 000000 等于 0；那么计算终止，最终 a+b=111001。

代码如下。

```
function BinaryAdd(a,b) {
    do {
        var add = a ^ b;            //该操作得到本位的加法结果
        var carry = (a & b) << 1;   //该操作得到该位对高位的进位值
        a = add;
        b = carry;
    } while (carry != 0);           //循环直到某次运算没有进位，运算结束
    return add;
}
```

减法操作：

减法操作可以很容易地转换为加法操作，a-b = a+(-b) = a+(~b+1)，所以减法操作的实现代码如下。

```
function BinarySub(a,b) {
    return BinaryAdd(a, BinaryAdd(~b, 1));
}
```

3. 实现代码

完整代码如脚本 2-19 所示。

脚本 2-19.html

```
<!DOCTYPE html>
<html lang="en">
  <head>
    <title>JavaScript加减运算</title>
  </head>
```

```
<body>
  <script>
            var a = 287;
            var b = 102;
            function BinaryAdd(a, b) {
                do {
                    var add = a ^ b;
                    var carry = (a & b) << 1;
                    a = add;
                    b = carry;
                } while (carry != 0);
                return add;
            }
            function BinarySub(a, b) {
                return BinaryAdd(a, BinaryAdd(~b, 1));
            }
            console.log("a+b的结果为：" + BinaryAdd(a, b));
            console.log("a-b的结果为：" + BinarySub(a, b));
  </script>
 </body>
</html>
```

运行结果如图 2.31 所示。

图 2.31 案例 2-1 运行结果

2.11 小结

本章主要介绍了 JavaScript 的基础知识，包括变量、数据类型、表达式运算符以及正则等。在本书的后续章节，会很频繁地运用到这里的概念和术语。如果对本章介绍的基础知识还不能很好地消化和理解，那么在后续章节通过具体的实例一定可以加深对这些知识的领悟。

第3章

JavaScript程序构成

■ JavaScript 的程序由控制语句、函数、事件驱动即事件处理等构成。

3.1 程序控制流

精讲视频

程序控制流

程序是算法的实现，在实现算法时，经常会出现重复、选择分支等操作。这些操作控制着程序的流程向正确的方向进行。

JavaScript 提供了丰富的流程控制语句。

3.1.1 if 条件语句

if 条件语句是绝大多数编程语言都使用的一个语句。if 语句的语法如下。

```
if (condition) statement1 else statement2;
```

其中 condition 可以是任何表达式，计算的结果甚至不必是真正的 boolean 值，JavaScript 会自动调用 Boolean() 转换函数把它转换成 boolean 值。如果条件计算结果为 true，则执行 statement1；如果条件计算结果为 false，则执行 statement2。每个语句都可以是单行代码，也可以是代码块，如：

```
if ( i > 30)
    { alert("i大于30"); }
else
    { alert("i小于等于30"); }
```

使用代码块是一种最佳编程实践，即使要执行的代码只有一行。这样用起来可以使每个条件要执行什么一目了然，还可以串联多个 if 语句。

```
if (condition1) statement1 else if (condition2) statement2 else statement3
```

像这样将多个判断条件写在一行代码中，容易引起混淆。推荐使用如下的代码块：

```
if ( i > 30)
    { alert("i大于30"); }
else if ( i < 0 )
    { alert("i小于0"); }
else
    { alert("i在0到30之间"); }
```

3.1.2 for 循环语句

for 循环语句属于前测试循环语句，它具有在执行循环之前初始化变量和定义循环后要执行代码的能力。for 循环语句的语法如下。

```
for ( initialization; expression; post-loop-expression ) statement;
```

实现条件循环，当条件成立时，执行语句集，否则跳出循环体。初始化参数 initialization 告诉循环的开始位置；条件表达式 expression 告诉循环何时停止，若条件满足，则执行循环体 statement；增量 post-loop-expression 定义循环控制变量在每次循环时按什么方式变化。

下面是一个示例。

```
var count = 10;
for ( var i = 0; i < count; i ++) {
    alert(i);
}
```

代码定义了变量 i 的初始值为 0。只有当条件表达式（i < count）返回 true 的情况下，才会进入 for 循环执行循环体中的代码，然后循环变量 i 加 1。

在 for 循环的变量初始化表达式中，也可以不使用 var 关键字。将变量的初始化移至循环外部执行，如下代码：

```
var count = 10;
var i ;
```

```
for ( i = 0; i < count; i ++) {
    alert(i);
}
```

这与在循环初始化表达式中声明变量的效果是一样的。

3.1.3 for...in 循环语句

for...in 语句是一种精准的迭代语句，可以用来枚举对象的属性，for...in 语句语法如下。

```
for ( property in expression ) statement;
```

下面是一个示例。

```
for ( var propName in window ) {
    document.write(propName);
}
```

在这个例子中，使用 for...in 语句循环显示 BOM 中 Window 对象的所有属性。每次执行循环时，都会将 Window 对象中存在的一个属性名赋值给变量 propName。这个过程会一直持续到对象中的所有属性都被枚举一遍为止。与 for 语句类似，这里控制语句中的 var 操作符也不是必需的。但是，为了保证使用局部变量，推荐上例中的这种写法。

如果要迭代的对象的变量值为 null 或 undefined，for...in 语句会抛出错误。因此建议在使用 for...in 循环之前，先检测确认该对象的值不是 null 或 undefined。

3.1.4 while 循环语句

while 语句同样是前测试循环语句，在循环体内的代码被执行之前，就会对出口条件求值。循环体内的代码有可能永远不会被执行。while 语句语法如下。

```
while ( expression ) statement;
```

下面是一个示例。

```
var i = 0;
while (i < 10) {
    alert(i);
    i += 2;
}
```

这段代码定义了 i 初始变量为 0，只有当条件表达式 i < 10 为 true 时，才执行循环体内的代码，用 for 循环也可以实现同样的效果。

```
for ( var i = 0; i < 10; i += 2){
    alert(i);
}
```

3.1.5 label 语句

label 语句用来给代码中加入标签，以便以后调用，label 语句语法如下。

```
label : statement
```

下面是一个示例。

```
start i : 5
```

在这个例子中，标签 start 可以被之后的 break 或 continue 语句引用。

3.1.6 break 和 continue 语句

break 和 continue 语句用于循环中精确地控制代码的执行。break 语句可以立即退出循环，阻止再次反复执行任何代码。而 continue 语句只是退出当前循环，根据控制表达式还允许继续进行下一次循环。看下面的示例。

```
var m = 0;
```

```
for ( var i = 1; i < 10; i++) {
    if ( i % 5 == 0) {
        break;
    }
m ++;
}
alert(m);
```

运行显示结果如图 3.1 所示。

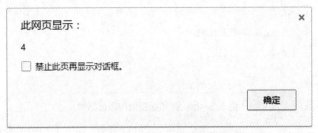

图 3.1 break 语句运行结果

上面代码中，for 循环从 1 到 10 迭代变量 i。在循环体内，运用取模运算计算 i 是否能够被 5 整除。如果能则执行 break 语句跳出循环体，执行 alert(m)，显示结果为 4。

如果用 continue 语句代替例子中的 break 语句，则结果大不相同。

```
var m = 0;
for ( var i = 1; i < 10; i++) {
    if ( i % 5 == 0) {
        continue;
    }
m ++;
}
alert(m);
```

运行显示结果如图 3.2 所示。

图 3.2 continue 语句运行结果

这里 alert() 输出 8。当 i 的值为 5 时，将执行 continue 语句跳过表达式 m++，返回循环开头，此时 m 值为 4；当 i 为 9 时，m 值为 8；当 i 为 10 时，不满足循环条件 i<10，退出循环；所以最终 m 值为 8。

break 和 continue 语句都可以与有标签的语句联合使用，返回代码中的特定位置。看下面的示例。

```
var m = 0;
outermost:
for ( var i = 0; i < 10; i ++) {
    for ( var j = 0; j < 10; j ++) {
        if ( i == 5 && j == 5) {
            break outermost;
```

```
}
m ++;
}
}
alert(m);
```
运行显示结果如图 3.3 所示。

图 3.3　break 和标签语句运行结果

这段代码中，标签 outermost 表示第一个 for 语句。正常情况下，每个 for 语句迭代变量从 0 到 9 共 10 次，每迭代一次 m 加 1，m 最后结果应该为 100。但是这里 break 语句有一个参数，即停止循环后需跳转到语句的标签。这样 break 语句不仅能跳出内部 for 语句（即变量 j 的循环），还能跳出外部 for 语句（即变量 i 的语句）。因此，m 最后的值为 55。

可以以相同的方式使用 continue 语句。

```
var m = 0;
outermost :
for ( var i = 0; i < 10; i ++) {
    for ( var j = 0; j < 10; j ++) {
        if ( i == 5 && j == 5) {
                continue outermost;
}
    m ++;
}
}
alert(m);
```
运行显示结果如图 3.4 所示。

图 3.4　continue 和标签语句运行结果

在上例中，continue 语句会迫使循环继续，退出内部循环执行外部循环。当 j 等于 5 时出现这种情况，意味着内部循环将减少 5 次迭代，所以 iNum 的值为 95。

　与 break 和 continue 联合使用的标签语句非常强大，不过过度使用它们会给调试代码带来麻烦。要确保使用的标签具有说明性，同时不要嵌套太多层循环。

3.1.7　do...while 语句

do...while 循环是 while 循环的变体。该循环会在检查条件是否为真之前执行一次代码块，如果条件为真，就会重复这个循环。do...while 语句的语法如下。

```
do
{
    statements;
}
while (condition)
```

使用 do...while 循环语句，循环体至少会执行一次，即使条件为 false 它也会执行一次，因为代码块会在条件被测试前执行。

```
do
{ x=x + "The number is " + i + "<br>";
i++;
}
while (i<5);
```

别忘记增加条件中所用变量的值，否则循环永远不会结束!

3.1.8　switch 语句

switch 语句是 if 语句的兄弟语句。可以使用 switch 语句为表达式提供一系列的情况（case）。switch 语句的语法如下：

```
switch (expression)
  case value: statement;
    break;
  case value: statement;
    break;
  case value: statement;
    break;
  case value: statement;
    break;
  ...
  case value: statement;
    break;
  default: statement;
```

首先设置表达式 expression（通常是一个变量）。随后将表达式的值与结构中的每个 case 的值做比较，如果存在匹配，则与该 case 关联的代码块会被执行。关键字 break 会使代码跳出 switch 语句。如果没有关键字 break，代码执行就会继续进入下一个 case。关键字 default 说明了表达式的结果不等于任何一种情况时执行的操作。switch 主要是为了避免开发者编写下面的语句代码：

```
if ( i == 10 )
    alert("10");
else if ( i == 20 )
    alert("20");
else if ( i == 30 )
    alert("30");
else
    alert("other");
```

与这段代码等价的 switch 语句如下：

```
switch (i) {
  case 20: alert("20");
    break;
  case 30: alert("30");
    break;
  case 40: alert("40");
    break;
  default: alert("other");
}
```

【任务 3-1】使用条件语句

1. 任务介绍

假设学生 A 数学考试成绩为 78 分，请选择合适的条件语句判断学生 A 的成绩等级。（60 分以下为不及格；60 分到 70 分为及格；70 分到 80 分为良好；80 分到 100 分为优秀）

2. 任务目标

学会 JavaScript 各种条件语句的使用场景。

3. 实现思路

这里要判断的是学生 A 的成绩属于哪个等级，很明显不能用循环语句来实现；switch 语句也并不太合适，因为要比较的是几个区间值；那么只有用 if...else...条件语句才是最恰当的。

4. 实现代码

完整代码如脚本 3-1 所示。

脚本 3-1.html

```
<!DOCTYPEHTML>
<html>
  <head>
    <metahttp-equivmetahttp-equiv="Content-Type" content="text/html;charset=utf-8" />
      <title>if...else</title>
      <script type="text/JavaScript">
        var score =78;        //score变量存储成绩，初值为80
        if(score<60){
        document.write("成绩不及格。");
        }else if(score>=60 && score<=70){
        document.write("成绩及格。");
        }else if(score>70 && score<=80){
        document.write("成绩良好。");
        }else{
        document.write("成绩优秀。");
        }
      </script>
  </head>
  <body>
  </body>
</html>
```

5. 运行结果

运行结果如图 3.5 所示。

```
成绩良好。
```

图 3.5　任务 3-1 运行结果

3.2　函数

如果在实际编程中，需要重复使用同一组语句，则可以把这组语句打包为一段函数并命名。然后在需要使用这组语句的地方调用函数名称即可。所谓函数，通俗地理解就是一组允许人们在代码里随时调用的语句。函数的使用不仅使代码看起来简洁，而且也方便了代码的维护。

3.2.1　函数表达式及语法

函数表达式是 JavaScript 中的一个既强大又容易使人产生困惑的特性。在 2.5.2 节引用数据类型章节已经介绍了两种常用的定义函数方式：第 1 种为使用函数声明语法；第 2 种为使用函数表达式定义。函数声明语法如下：

```
function sum(num1,num2) {
    // 函数体
}
```

这种方式，函数声明后不会立即执行，会在程序中需要的时候通过调用函数名称来执行。

函数声明的一个重要特征是函数声明提升，这同前面介绍的变量声明提升类似。意思是在执行代码之前会先读取函数声明。这就意味着可以把函数声明放在调用它的语句后面。如下示例：

```
sum(1,2);
function sum(num1,num2) {
    // 函数体
}
```

这个例子不会抛出错误，因为在代码执行之前会先读取函数声明。

第 2 种定义函数的方式使用函数表达式，语法如下：

```
var sum = function(num1,num2) {
    // 函数体
};
```

这种形式看起来像是常规的变量赋值语句，即创建一个函数并将它赋值给变量 sum。这种情况下创建的函数也称为匿名函数，函数关键字 function 后面没有标注函数名称。这种方式创建的函数不同于函数声明，没有函数声明提升。

```
sum(1,2);
var sum = function(num1,num2) {
    // 函数体
};
```

这段代码会抛出错误，函数位于一个初始化语句中，而不是一个函数声明。换句话说，在执行到函数所在的语句之前，变量 sum 中不会保存有对函数的引用；而且由于第 1 行代码就会导致 "unexpected identifier"（意外标识符）错误，实际上也不会执行到下一行。

3.2.2　函数参数

JavaScript 函数的参数与大多数其他语言的函数参数有所不同。函数不介意传递进来多少个参数，也不在乎传递进来的参数是什么数据类型，甚至可以不传参数，看下面的脚本 3-2。

脚本 3-2.html

```
<!DOCTYPE html>
<html>
```

```
    <head>
      <title> JavaScript函数参数</title>
    </head>
    <body>
      <script>
        function sum(x){
        return x+1;
        }
        console.log(sum(1));
        console.log(sum("1"));
        console.log(sum());
        console.log(sum(1,2));
      </script>
    </body>
</html>
```

运行脚本 3-2 显示结果如图 3.6 所示。

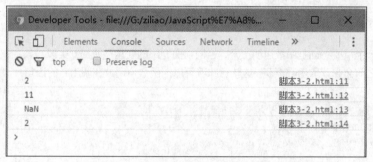

图 3.6 JavaScript 函数不同实参显示结果

由此可以看出，JavaScript 中的函数定义并未指定函数形参的类型，函数调用也未对传入的实参值做任何类型检查，甚至不检查传入的实参个数。

一般情况下，JavaScript 函数调用时可以接收的参数个数为 25 个，当然不同的浏览器可能会有差异。当实参比函数声明指定的形参个数要少时，剩下的形参都将设置为 undefined。

```
function sum(x,y){
console.log(x,y);
}
sum(1);
```

运行显示结果如图 3.7 所示。

图 3.7 JavaScript 函数实参少于形参示例结果

当实参比形参个数要多时，剩下的实参没有办法直接获得，可以使用函数的 arguments 对象。JavaScript 中的函数参数在内部是用一个数组来表示的。函数接收到的始终都是这个数组，而不关心数组中包含哪些参数。在函数体内可以通过 arguments 对象来访问这个参数数组，从而获取传递给函数的每一个参数及传入参数的个数。

```
function sum(x){
console.log(arguments[0],arguments[1],arguments[2]);
console.log(arguments.length);
}
sum(1,2,3);
```
运行显示结果如图 3.8 所示。

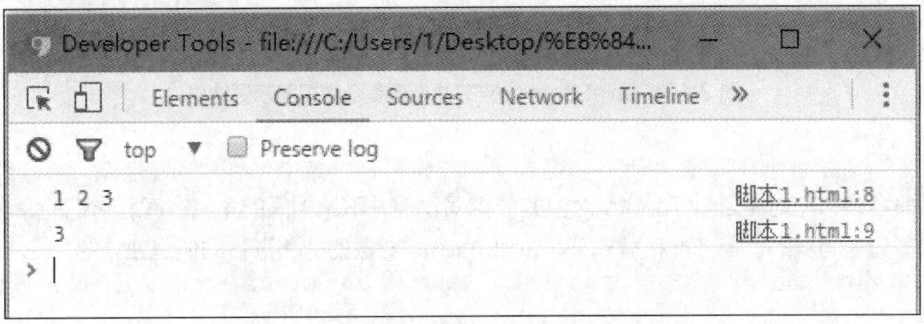

图 3.8　JavaScript 函数实参多于形参示例结果

arguments 对象的 length 属性显示的是实参的个数，而函数的 length 属性显示的是形参的个数。

```
function sum(x){
console.log(arguments.length);
}
sum(1,2,3);
console.log(sum.length);
```
运行显示结果如图 3.9 所示。

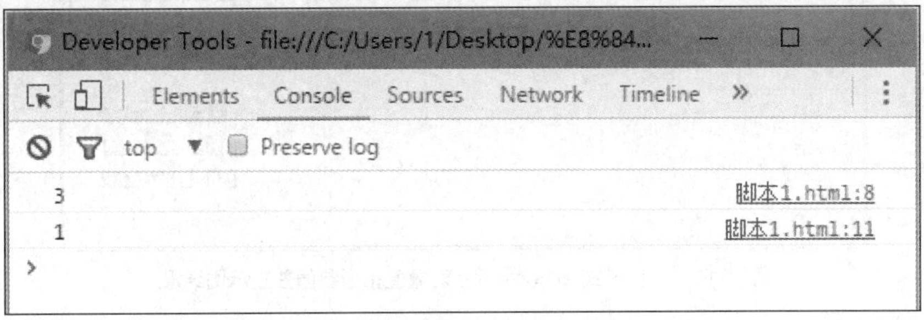

图 3.9　JavaScript 函数和对象 length 属性示例结果

当形参与实参个数相同时，arguments 对象的值和对应形参的值保持同步。

```
function sum(x,y){
console.log(x,arguments[0]);
arguments[0] = 2;
console.log(x,arguments[0]);
x = 10;
console.log(x,arguments[0]);
}
sum(1);
```
运行显示结果如图 3.10 所示。

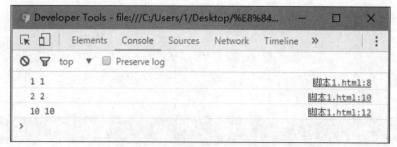

图 3.10　JavaScript 函数实参与形参个数相同示例结果

虽然命名参数和对应 arguments 对象的值相同，但并不是相同的命名空间。它们的命名空间是独立的，值是同步的。但在严格模式下，arguments 对象的值和形参的值是独立的。

严格模式下：

```
function sum(x,y){
'use strict';
console.log(x,arguments[0]);   // 输出1 1
arguments[0] = 2;
console.log(x,arguments[0]);   // 输出1 2
x = 10;
console.log(x,arguments[0]);   // 输出10 2
}
sum(1);
```

运行结果显示如图 3.11 所示。

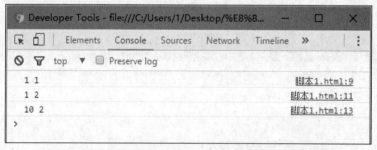

图 3.11　严格模式 arguments 对象值和形参值独立示例结果

函数 arguments 对象的另一个常用属性是 callee，该属性是一个指针，指向拥有这个 arguments 对象的函数。下面是经典的阶乘函数。

```
function factorial(num){
if(num <= 1){
return 1;
}else{
return num*factorial(num-1);
}
}
console.log(factorial(5));
```

但是这个函数的执行与函数名紧紧耦合在了一起，使用 arguments.callee 可以消除函数解耦。

```
function factorial(num){
```

```
if(num <= 1){
return 1;
}else{
return num*arguments.callee(num-1);
}
}
console.log(factorial(5));
```

运行显示结果如图 3.12 所示。

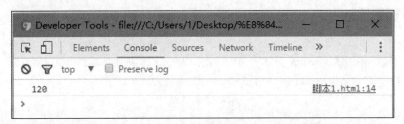

图 3.12　arguments.callee 消除函数解耦示例结果

但在严格模式下，访问这个属性会抛出 TypeError 错误。这时可以使用函数表达式如下。

```
var factorial = function fn(num){
if(num <= 1){
return 1;
}else{
return num*fn(num-1);
}
}
console.log(factorial(5));   // 输出  120
```

JavaScript 中的参数传递都是按值传递的。也就是说，把函数外部的值复制到函数内部的参数，就和把值从一个变量复制到另一个变量一样。

在向参数传递基本数据类型的值时，被传递的值会被复制给另一个局部变量（命名参数或者 arguments 对象的一个元素）。

```
function sum(num){
num += 10;
return num;
}
var count = 20;
var result = sum(count);
console.log(count);        // 输出  20
console.log(result);       // 输出30
```

在向参数传递引用数据类型的值时，会把这个值在内存中的地址复制给一个局部变量，因此这个局部变量的变化会反映在函数的外部。

```
function setName(obj){
obj.name = 'test';
}
var person = new Object();
setName(person);
console.log(person.name);   // 输出'test'
```

当在函数内部重写引用类型的形参时，这个变量引用的就是一个局部对象了。而这个局部对象会在函数执行完毕后立即被销毁。

```
function setName(obj){
```

```
    obj.name = 'test';
console.log(person.name);//'test'
    obj = new Object();
    obj.name = 'white';
    console.log(person.name);//'test'
}
var person = new Object();
setName(person);
```

3.2.3 函数返回值

JavaScript 函数返回值关键字是 return。一个函数内处理的结果可以使用 return 返回，这样在调用函数的地方就可以用变量接收返回结果。return 关键字内任何类型的变量数据或表达式都可以进行返回，甚至什么都不返回也可以。脚本 3-3 和脚本 3-4 的例子比较了 return 返回和不返回的区别。

脚本 3-3.html

```html
<html>
  <head>
    <title>不加return验证测试</title>
    <script language="javascript">
    function Login_Click()
    {
    if(document.form1.UsName.value=="")
    {
    alert('用户名为空');
    }
    if(document.form1.UsPwd.value=="")
    {
    alert('密码为空');
    }
    alert('登录成功');
    }
    </script>
  </head>
  <body>
    <form name="form1">
    <input type="text" name="UsName" >用户名
    <input type="password" name="UsPwd">密码
    <input type="button" name="Login" onClick="Login_Click();" >登录
    </form>
  </body>
</html>
```

脚本 3-4.html

```html
<html>
  <head>
    <title>return验证测试</title>
    <script language="javascript">
    function Login_Click()
    {
    if(document.form1.UsName.value=="")
    {
    alert('用户名为空');
```

```
    return;
    }
    if(document.form1.UsPwd.value=="")
    {
    alert('密码为空');
    return;
    }
    alert('登录成功');
    }
  </script>
 </head>
 <body>
  <form name="form1">
   <input type="text" name="UsName" >用户名
   <input type="password" name="UsPwd">密码
   <input type="button" name="Login" onClick="Login_Click();" >登录
  </form>
 </body>
</html>
```

运行脚本 3-3，不输入用户名和密码直接单击登录显示结果如图 3.13、图 3.14 和图 3.15 所示，分别弹出 3 个警告框。

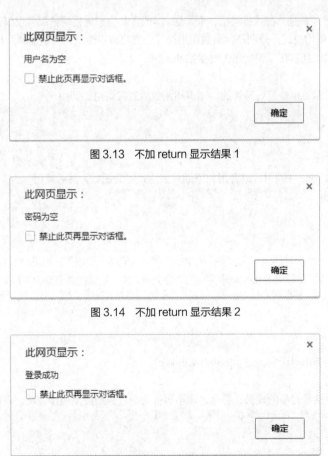

图 3.13 不加 return 显示结果 1

图 3.14 不加 return 显示结果 2

图 3.15 不加 return 显示结果 3

而运行脚本 3-4，不输入用户名和密码直接单击登录显示结果如图 3.16 所示，只弹出一个警告框。

此网页显示：

用户名为空

☐ 禁止此页再显示对话框。

确定

图 3.16　return 显示结果

由此可见，不加 return 的现象是先提示用户名没输入，然后提示密码没输入；加了 return 之后遇到一个没输入之后就不再继续检测。

return false 表示返回一个 false 值，也就是说提交是不成功的，就是不会提交上去。return true 表示返回一个 true 值，也就是提交了，不管有没有输入值，都会提交到 action 指定页面。

JavaScript 在事件中调用函数时用 return 返回值实际上是对 window.event.returnvalue 进行设置。而该值决定了当前操作是否继续。当返回的是 true 时，将继续操作；当返回的是 false 时，将中断操作。而直接执行时（不用 return）将不会对 window.event.returnvalue 进行设置，所以会默认地继续执行操作。

3.2.4　函数调用模式

在 JavaScript 中，函数是一种数据类型，而非像 C#或者其他描述性语言那样仅仅作为一个模块来使用。JavaScript 函数有 4 种调用模式，分别是：函数调用模式、方法调用模式、构造器调用模式以及 Apply 调用模式。这 4 种调用模式的区别就在于初始化关键参数 this。

1. 函数调用模式

函数调用模式是最常见也是最好理解的，即声明函数后直接调用，例如：

```
function func(){
alert("Hello World! ");
}
func();
```

这里声明一个函数 func 并调用。或者用如下函数表达式定义函数，然后调用。

```
var func = function(){
alert("Hello World! ");
}
func();
```

这两段代码都会弹出一个对话框，显示字符串中的文字，这就是函数调用。可见函数调用非常简单。这里的关键是，在函数调用模式中，函数里的 this 关键字指代的是全局对象，如果在浏览器中就是 window 对象，例如：

```
var func = function(){
alert(this);
}
func();
```

运行这段代码，会弹出对话框，显示[object Window]。

2. 方法调用模式

如果将一个函数赋值给对象的成员，那么这里不再称为函数，而应该叫作方法，例如：

```
var func = function(){        // 定义一个函数func
alert("Hello World! ");
}
var obj = {};
```

```
obj.fn = func;      // 将函数func赋值给一个对象obj，注意这里不加()
obj.fn();           // 调用
```

此时，**obj.fn** 则是方法而不是函数了，实际上 **fn** 的方法体与 **func** 是一模一样的，但是这里有个微妙的不同，看下面代码。

```
alert(obj.fn === func);
```

打印结果为 true，表明 **obj.fn** 和 **func** 是一样的。但是再来修改一下函数 **func** 的代码。

```
var func = function(){
alert(this);
}
var obj = {};
obj.fn = func;
alert(obj.fn === func);
func();
obj.fn();
```

这里运行的结果是，alert()弹窗仍然为 true。但是两个函数的调用却是不一样的，func 的调用打印结果为 [object Window]，而 obj.fn 调用结果是[object Object]。这便是函数调用和方法调用的区别，在函数调用中，this 专指全局对象 window，而在方法调用中，this 专指当前对象，即 obj.fn 中的 this 指的就是对象 obj。

3. 构造器调用模式

使用构造器调用函数的模式即在函数调用前面加上一个 new 关键字，代码如下。

```
var Person = function(){        // 定义一个构造函数
this.name = "World";
this.sayHello = function(){
alert("Hello "+this.name);
}
}
var p = new Person();           // 调用构造器，创建对象
p.sayHello();                   // 使用对象
```

在这个示例中，首先会创建一个构造函数 Person，然后使用构造函数创建对象 p，最后使用 p 对象调用 sayHello()方法。此时 this 指的是对象本身，分析如下。

首先定义函数 Person，程序执行到这里并不会执行函数体，因此 JavaScript 解释器并不知道这个函数的内容；接下来执行 new 关键字创建对象，JavaScript 解释器开辟内存，得到对象的引用，将新对象的引用交给函数；紧接着执行函数，将传递过来的对象引用交给 this。也就是说，在构造方法中，this 就是刚刚被 new 创建出来的对象；然后为 this 添加成员，也就是为对象添加成员；最后函数结束，返回 this，将 this 交给左边的变量。所以构造函数中的 this 就是当前对象本身。

4. Apply 调用模式

Apply 调用模式既可以像函数一样使用，也可以像方法一样使用，其语法如下。

```
函数名.apply(对象,参数数组);
```

Apply 方法接受两个参数，第 1 个是将被绑定给 this 的值，第 2 个是一个参数数组。

```
var fun1 = function(){
this.name = "Hello";
}
fun1.apply(null);
alert(name);

var fun2 = function(){
this.name = "World";
}
var obj = {};
fun2.apply(obj);
```

alert(obj.name);

分析上面两段代码，可以发现第 1 段代码中的 name 属性已经加载到全局对象 window 中；而第 2 段代码中的 name 属性是在传入的对象 obj 中。即第 1 个相当于函数调用，第 2 个相当于方法调用。所以在 Apply 模式下可以任意操作控制 this 的意义。

> 在 JavaScript 中的函数 4 种调用模式中，this 的含义各不相同。在函数中 this 是全局对象 window，在方法中 this 指当前对象，在构造函数中 this 是被创建的对象，在 Apply 模式中 this 可以随意地指定。在 Apply 模式中如果使用 null，就是函数模式，如果使用对象，就是方法模式。

【任务 3-2】定义及调用函数

1. 任务介绍
网页中有一按钮（名字"点击我"），当单击按钮后调用函数 contxt()，弹出对话框"调用函数成功！"。

2. 任务目标
学会 function 函数定义以及函数的调用。

3. 实现思路
首先编写一个函数 contxt，函数内容为弹出 alert 警告框，然后用函数调用的方式在单击按钮时调用即可。

4. 实现代码
完整代码脚本如脚本 3-5 所示。

脚本 3-5.html

```
<!DOCTYPE HTML>
<html>
  <head>
   <metahttp-equivmetahttp-equiv="Content-Type" content="text/html;charset=utf-8" />
    <title>函数调用</title>
    <script type="text/javascript">
    function contxt(){
    alert("调用函数成功!");
    }
    </script>
  </head>
  <body>
    <form>
      <input type="button" value="点击我" onclick="contxt()">
    </form>
  </body>
</html>
```

5. 运行结果
运行结果如图 3.17 所示。

图 3.17 任务 3-2 运行结果

3.2.5　call 和 apply 的区别

call 和 apply 都是为了改变某个函数运行时的 context（即上下文）而存在的，换句话说，就是为了改变函数体内部 this 的指向。call 和 apply 二者的作用完全一样，只是接受参数的方式不太一样。

1. call 方法

语法定义为：call([thisObj[,arg1[,arg2[,[,.argN]]]]])

参数 thisObj 为可选项，是将被用作当前对象的对象。arg1，arg2，…，argN 也为可选项，是传递的参数序列。

call 方法可以用来代替另一个对象调用一个方法。call 方法可将一个函数的对象上下文从初始的上下文改变为由 thisObj 指定的新对象。如果没有提供 thisObj 参数，那么 Global 对象被用作 thisObj。说明白一点其实就是更改对象的内部指针，即改变对象的 this 指向的内容。

2. apply 方法

语法定义为：apply([thisObj[,argArray]])

应用某一对象的一个方法，用另一个对象替换当前对象。

如果 argArray 不是一个有效的数组或者不是 arguments 对象，那么将导致一个 TypeError。如果没有提供 argArray 和 thisObj 任何一个参数，那么 Global 对象将被用作 thisObj，并且无法被传递任何参数。

3.2.6　递归调用

所谓递归函数，就是在函数体内调用函数本身。JavaScript 递归函数最常用的实例就是递归阶乘函数，如下所示。

```
function factorial(num){
if(num <= 1){
return 1;
}else{
return num * factorial(num-1);
}
}
```

JavaScript 函数有很大的灵活性，这也导致在递归时使用函数名遇到困难，对于上面变量声明式，factorial 是一个变量，所以它的值很容易被替换。

```
var fn = factorial;
factorial = null;
```

函数是个值，它被赋给 fn，那么 fn(5) 理应可以计算出一个数值，但是由于函数内部依然引用的是变量 factorial，所以它并不能正常计算出结果。这里可以使用函数内部对象 arguments 的 callee 属性来解决这个问题。arguments.callee 是一个指向正在执行的函数的指针，因此可以使用此属性来实现对函数的递归调用。

```
function factorial(num){
if(num <= 1){
return 1;
}else{
return num * arguments.callee(num-1);
}
}
```

通过使用 arguments.callee 代替函数名，可以确保无论怎样调用函数都不会出现问题。因此，在编写递归函数时，使用 argumens.callee 总比使用函数名更保险。

但在严格模式下，不能通过脚本访问 arguments.callee，访问这个属性会导致错误。不过，可以使用命名函数表达式来实现相同的效果。

```
var factorial = (function f(num){
```

```
if(num <= 1){
return 1;
}else{
return   num * f(num−1);
}
});
```

这段代码创建了一个名为 f()的命名函数表达式。然后将它赋值给变量 factorial。即便把函数赋值给另一个变量，函数的名字 f 仍然有效，所以递归调用依然能完成。这种方式在严格和非严格模式下都行得通。

【任务 3-3】使用递归函数

1. 任务介绍

编写程序求 100+99+⋯+2+1 的结果。

2. 任务目标

学会 JavaScript 递归函数的使用。

3. 实现思路

定义一个函数，设置循环变量在函数内部调用自身。

4. 实现代码

完整代码如脚本 3-6 所示。

脚本 3-6.html

```
<!DOCTYPE html>
<html lang="en">
  <head>
      </head>
  <body>
    <script>
                var recursion = function(i){
                if(i < 1) return 0;
                return i + recursion(i−1);
                }
                console.log(recursion(100));
    </script>
  </body>
</html>
```

5. 运行结果

运行显示结果如图 3.18 所示。

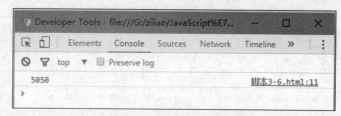

图 3.18   任务 3-3 运行结果

3.2.7 作用域

任何程序设计语言都有作用域的概念。作用域就是变量和函数的可访问范围，即作用域控制着变量与函数的可见性和周期性。

在 JavaScript 中函数作用域即变量在声明它们的函数体以及这个函数体嵌套的任意函数体内都是有定义

的，先来看一小段代码。

```
var scope = "global";
function fun(){
console.log(scope);
var scope = "local";
console.log(scope);
}
fun();
```

运行显示结果如图 3.19 所示。

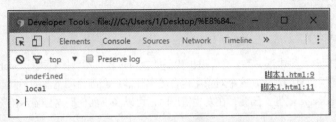

图 3.19　JavaScript 作用域运行结果 1

这段代码，分别输出"undefined"和"local"。这应该与大多数人的预期结果是不一样的，第 1 个 consloe.log 语句为什么会输出"undefined"呢？

JavaScript 的函数作用域与 C 等其他语言不同。JavaScript 没有块级作用域，而是函数作用域。根据函数作用域的含义可以将上段代码重写如下。

```
var scope = "global";
function fun(){
    var scope;
console.log(scope);
var scope = "local";
console.log(scope);
}
fun();
```

由于函数作用域的特性，局部变量在整个函数体内是有定义的，可以将变量声明提升到函数体顶部，同时变量初始化还在原来位置。

那么 JavaScript 为什么没有块级作用域呢？有以下代码为证：

```
var name = "global";
if(true){
var name = "local";
console.log(name);
}
console.log(name);
```

运行显示结果如图 3.20 所示。

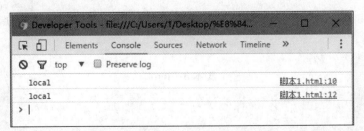

图 3.20　JavaScript 作用域运行结果 2

这段代码输出全是"local"。如果有块级作用域，那么 if 语句内部将创建局部变量 name，这并不会修改全局变量 name 的值，结果却相反，所以 JavaScript 没有块级作用域。这样也很好理解上面示例中为什么输出"undefined"了。变量 scope 声明覆盖了全局的 scope，但是还没有赋值，所以输出："undefined"。

3.2.8　异常处理

JavaScript 异常，即 JavaScript 引擎执行 JavaScript 代码时，发生错误，会导致程序立即停止。JavaScript 引入 try-catch 语句，作为 JavaScript 中处理异常的一种标准方式，其语法结构如下。

```
try{
    // 可能发生错误的代码
}catch(error){
    // 发生错误时的处理方式
}
```

如果 try 块中任何代码发生错误，都会立即退出代码的执行过程，然后接着执行 catch 块内容。此时，catch 块会接收到一个包含错误信息的对象。这个对象中包含的实际信息会因为浏览器的不同而不同，但共同的是有一个保存错误消息的 message 属性。因此，在发生错误时，可以像下面代码这样显示浏览器给出的信息。

```
try{
window.someNonexistentFunction();
}catch(error){
alert(error.message);
}
```

finally 子句也是 JavaScript 异常处理中常用的，finally 子句一经使用，其代码无论如何都会执行。如果 try 语句中的代码全部正常执行，最终 finally 子句也会执行；如果因为出错而执行了 catch 子句中的代码，finally 子句照样还是会执行。只要代码中包含 finally 子句，则无论是 try 或 catch 语句块中的代码，还是 return 语句，都不会阻止 finally 子句的执行。

```
function testFinally(){
try{
return 2;
}catch(error){
return 1
}finally{
return 0;
}
}
```

【任务 3-4】异常捕获与处理

1. 任务介绍
制造一个引用错误并用异常语句进行捕获。
2. 任务目标
学会 JavaScript 异常捕获处理。
3. 实现思路
设置一个变量引用错误示例，用 JavaScript 异常捕获语句 try…catch…来捕获代码中的错误。
4. 实现代码
完整代码如脚本 3-7 所示。

脚本 3-7.html

```
<!DOCTYPE HTML>
<html>
  <head>
    <meta http-equiv="Content-Type" content="text/html; charset=utf-8" />
```

```
        <title>JavaScript异常捕获</title>
        <script type="text/javascript">
            function fun(){
            try{
            t;
            }catch(error){
            console.log(error.message);
            console.log(error.name);
            }
            }
            fun();
        </script>
    </head>
    <body>
    </body>
</html>
```

5. 运行结果

运行显示结果如图 3.21 所示。

图 3.21　任务 3-4 运行结果

3.2.9　闭包

前面章节已经学习了 JavaScript 变量作用域有全局和局部变量两种，在函数内部可以直接读取全局变量，而在函数外部自然无法读取函数内的局部变量。

然而在实际中，有时候需要得到函数内的局部变量。正常情况下，这无法办到，只有通过变通的方法才能实现。即在函数内部再定义一个函数，如下代码所示。

```
function fun1(){
    var n=999;
    function fun2(){
        alert(n);    // 输出999
    }
}
```

在这段代码中，函数 fun2 被包括在函数 fun1 内部，这时 fun1 内部的所有局部变量，对 fun2 都是可见的。但是反过来，fun2 内部的局部变量，对 fun1 是不可见的。这就是 JavaScript 语言特有的"链式作用域"结构（chain scope），子对象会一级一级地向上寻找所有父对象的变量。所以，父对象的所有变量，对子对象都是可见的，反之则不成立。

既然 fun2 可以读取 fun1 中的局部变量，那么只要把 fun2 作为返回值，就可以在 fun1 外部读取它的内部变量了，来试一下。

```
function fun1(){
    var n=999;
    function fun2(){
```

```
        alert(n);
    }
    return fun2;
}
var result=fun1();
result();
```

运行结果如图 3.22 所示。

图 3.22　闭包示例结果 1

这里的 fun2 函数就是闭包。那么闭包就是能够读取其他函数内部变量的函数。由于在 JavaScript 语言中，只有函数内部的子函数才能读取局部变量，因此可以把闭包简单理解成"定义在一个函数内部的函数"。所以，在本质上，闭包就是将函数内部和函数外部连接起来的一座桥梁。

闭包可以用在许多地方。最常用的是可以读取函数内部的变量，而且可以让这些变量的值始终保持在内存中。

```
function fun1(){
var n=999;
nAdd=function(){n+=1}
function fun2(){
console.log(n);
}
return fun2;
}
var result=fun1();
result();
nAdd();
result();
```

运行结果如图 3.23 所示。

图 3.23　闭包示例结果 2

这里，result 实际上就是闭包 fun2 函数。它一共运行了两次，第 1 次的值是 999，第 2 次的值是 1000。这证明了，函数 fun1 中的局部变量 n 一直保存在内存中，并没有在 fun1 调用后被自动清除。因为 fun1 是 fun2 的父函数，而 fun2 被赋给了一个全局变量，这导致 fun2 始终在内存中，而 fun2 的存在依赖于 fun1，因此 fun1

也始终在内存中，不会在调用结束后，被垃圾回收机制（garbage collection）回收。

（1）由于闭包会使得函数中的变量都被保存在内存中，内存消耗很大，所以不能滥用闭包，否则会造成网页的性能问题，在 IE 中可能导致内存泄露。解决方法是，在退出函数之前，将不使用的局部变量全部删除。

（2）闭包会在父函数外部，改变父函数内部变量的值。所以，如果把父函数当作对象（object）使用，把闭包当作它的公用方法（Public Method），把内部变量当作它的私有属性（private value），这时一定要小心，不要随便改变父函数内部变量的值。

3.3 事件及事件处理

3.3.1 什么是 JavaScript 事件

JavaScript 与 HTML 之间的交互是通过事件来实现的。事件，就是文档或浏览器窗口中发生的一些特定的交互瞬间。可以用侦听器来预订事件，以便事件发生的时候执行相应的代码。当浏览器检测到一个事件时，比如用鼠标单击或者敲击键盘，它可以触发与这个事件相关联的 JavaScript 对象，这些对象称为 JavaScript 事件处理程序。

精讲视频

事件及事件处理 1

3.3.2 JavaScript 事件处理程序方式

JavaScript 响应事件的函数叫作事件处理程序或者事件侦听器。事件处理程序的名字以"on"开头，如 click 事件的事件处理程序就是 onclick，load 事件的事件处理程序就是 onload。为事件指定处理程序的方式有好几种。

精讲视频

事件及事件处理 2

1. HTML 事件处理程序

某个元素支持的每种事件都可以使用一个与相应事件处理程序同名的 HTML 特性来指定。这个特性的值应该是能够执行的 JavaScript 代码。例如要在鼠标单击按钮时执行一些 JavaScript 代码，可以编写代码如下。

```
<input type="button" value="click me" onclick="alert('clicked') ">
```

运行后单击按钮显示结果如图 3.24 所示。

图 3.24 HTML 事件处理程序示例结果 1

当鼠标单击按钮时会弹出一个警告框。这个操作是通过指定 onclick 特性并将一些 JavaScript 代码作为它的值来定义的。

在 HTML 中定义的事件处理程序通常包含要执行的具体动作，也可以调用在页面其他地方定义的脚本，如下面例子所示。

```
<script type="text/javascript">
function show(){
alert("Hello World");
```

```
}
</script>
<input type="button" value="click me" onclick="show()">
```

运行后单击按钮显示结果如图 3.25 所示。

图 3.25　HTML 事件处理程序示例结果 2

在这个例子中，鼠标单击按钮触发 onclick 事件调用函数 show()，这个函数是定义在一个独立的 script 脚本中，当然也可以被包含在一个外部文件中。事件处理程序的代码在执行时，有权访问全局作用域中的任何代码。

这样指定事件处理程序具有一些独到之处。首先，这样会创建一个封装着元素属性值的函数。这个函数中有一个局部变量 event，也就是事件对象。

```
<input type="button" value="click me" onclick="alert(event.type) ">
```

运行后鼠标单击按钮显示结果如图 3.26 所示。

图 3.26　HTML 事件处理程序示例结果 3

通过 event 变量，可以直接访问事件对象，不需要自己定义或者从函数的参数列表中读取。在这个函数内部，this 指向事件的目标元素，例如：

```
<input type="button" value="click me" onclick="alert(this.value) ">
```

运行后鼠标单击按钮显示结果如图 3.27 所示。

图 3.27　HTML 事件处理程序示例结果 4

关于这个动态创建的函数，另一个有意思的地方是它扩展作用域的方式，在这个函数内部，可以向访问全局变量一样访问 document 以及该元素本身的成员。这个函数使用 with 可以像下面这样扩展作用域。

```
function(){
with(document){
with(this){
// 元素属性值
}
}
}
```

如此一来，事件处理程序要访问自己的属性就简单多了。下面这行代码与前面的例子效果相同。

```
<input type="button" value="click me" onclick="alert(value) ">   // 输出 'click me'
```

如果当前元素是个表单输入元素，则作用域中还会包含访问表单元素（父元素）的入口，这个函数就变成了如下所示。

```
function(){
with(document){
with(this.form){
with(this){
// 元素属性值
}
}
}
}
<form action="bg.php">
    <input type="text" name="username">
    <input type="password" name="password">
    <input type="button" value="Click Me" onclick="alert(username.value)">
</form>   // 输出 username中的值
```

在运用 HTML 事件处理程序时，必须得了解使用 HTML 事件处理程序的三大缺点。

（1）时差问题：用户可能会在 HTML 元素一出现在页面上就触发相应的事件，但是当时事件处理程序可能不具备执行条件。譬如：

```
<input type="button" value="click me" onclick="clickFun();">
```

假设 clickFun 函数是在页面最底部定义的，那么在页面解析该函数之前单击都会引发错误。因此，很多 HTML 事件处理程序都会被封装到 try-catch 之中。

```
<input type="button" value="click me" onclick="try{clickFun();}catch(ex){}">
```

（2）浏览器兼容问题：这样扩展事件处理程序的作用域链在不同浏览器中会导致不同的结果。不同 JavaScript 引擎遵循的标识符解析规则略有差异，很可能会在访问非限定对象成员时出错。

（3）代码耦合：HTML 事件处理程序会导致 HTML 代码和 JavaScript 代码紧密耦合。如果要更改事件处理程序需要同时修改 HTML 代码和 JavaScript 代码。

2. DOM0 级事件处理程序

通过 JavaScript 指定事件处理程序的传统方式，就是将一个函数赋值给一个事件处理程序属性。这样的优势有两个：一是简单，二是可以跨浏览器使用。要使用 JavaScript 指定事件处理程序，首先必须要取得一个要操作的对象的引用。

每个元素都有自己的事件处理程序属性，这些属性通常全部小写，例如 onclick。将这种属性的值设置为一个函数，就可以指定事件处理程序，如下所示。

```
var btn = document.getElementById('btn');
btn.onclick = function(){
alert('clicked');
}
```

这段代码中，通过文档对象取得了一个按钮的引用，然后为它指定了 onclick 事件处理程序。但要注意，在这些代码运行之前不会指定事件处理程序，因此如果这些代码在页面中位于按钮后面，就有可能在一段时间内怎么单击都没有反应。

通过 DOM0 级方式指定的事件处理程序被认为是元素的方法。因此，这时候的事件处理程序是在元素的作用域中运行的；换句话说，程序中的 this 引用的是当前元素。

```
var btn = document.getElementById('btn');
btn.onclick = function(){
alert(this.id);      // 输出 'btn'
}
```

鼠标单击按钮弹出警告框显示 id，这个 id 是通过 this.id 获取的。不仅仅是 id，我们还可以在事件处理程序中，通过 this 访问元素的任何属性和方法。我们也可以删除通过 DOM0 级方法指定的事件处理程序。

```
btn.onclick = null;
```

这样再单击按钮将不会有任何动作发生。

3. DOM2 级事件处理程序

"DOM2 级事件"定义了两个方法，用于处理指定和删除事件处理程序的操作：addEventListener 和 removeEventListener。所有 DOM 节点中都包含这两个方法，并且都接收 3 个参数：要处理的事件名、作为事件处理程序的函数和一个布尔值。如果这个布尔值参数为 true，表示在捕获阶段调用事件处理函数；如果是 false，表示在冒泡阶段调用事件处理函数。

```
var btn = document.getElementById('btn');
btn.addEventListener('click',function(){
alert(this.id);
},false);
```

这段代码是在按钮上为 click 事件添加事件处理程序。与 DOM0 级方法一样，添加的事件处理程序也是在其依附的元素的作用域中运行，另外，通过这种方式可以添加多个事件处理程序，添加的事件处理程序会按照添加它们的顺序出发。

```
var btn = document.getElementById('btn');
btn.addEventListener('click',function(){
alert(this.id);
},false);
btn.addEventListener('click',function(){
alert(this.type);
},false);
```

这里为按钮添加两个事件处理程序。这两个事件处理程序会按照添加它们的顺序触发，因此首先会显示元素的 id，接着显示元素的 type。

通过 addEventListener()添加的事件处理程序只能使用 removeEventListener()来移除；移除时传入的参数与添加处理程序时使用的参数相同。

```
var btn = document.getElementById('btn');
btn.addEventListener('click',function(){
alert(this.id);
},false);
btn.removeEventListener('click',function(){
alert(this.id);
},false);
```

在上面这个例子中，使用 addEventListener()添加了一个事件处理程序，然后使用 removeEventListener()移除事件处理程序。看似 addEventListener()和 removeEventListener()传递了完全相同的参数，实际上并不是。传入 removeEventListener()中的事件处理程序函数必须与 addEventListener()中的相同，如下例子所示。

```
var btn = document.getElementById('btn');
var handler = function(){
alert(this.id);
```

```
        }
        btn.addEventListener('click',handler,false);
        btn.removeEventListener('click',handler,false);
```

这里传入 addEventListener() 和 removeEventListener() 的才是完全相同的参数。

┌───┐
│ **【任务 3-5】使用 JavaScript 事件处理程序**   │
└───┘

1. 任务介绍

给一个 dom 同时绑定两个单击事件，一个用捕获，一个用冒泡，那么事件的执行顺序是怎么样的？编写代码并分析。

2. 任务目标

学会使用 JavaScript 事件处理程序，理解捕获事件和冒泡事件执行顺序。

3. 实现思路

定义 4 个嵌套的 div 元素，给这 4 个元素绑定捕获和冒泡事件。

JavaScript 所有事件的顺序是：其他元素捕获阶段事件 > 本元素代码顺序事件 > 其他元素冒泡阶段事件。所以无论是冒泡事件还是捕获事件，元素都会先执行捕获阶段事件。从上往下，如有捕获事件，则先执行捕获事件；一直向下到目标元素后，从目标元素开始向上执行冒泡元素（在向上执行过程中，已经执行过的捕获事件不再执行，只执行冒泡事件）。

addEventListener 函数的第 3 个参数设置为 false，说明不为捕获事件，即为冒泡事件。

4. 实现代码

代码实现过程如脚本 3-8 所示。

脚本 3-8.html

```html
<!DOCTYPE html>
<html lang="en">
  <head>
  </head>
  <body>
    <div id='one'>
      <div id='two'>
        <div id='three'>
          <div id='four'>
                            </div>
        </div>
      </div>
    </div>
    <script type='text/javascript'>
            var one = document.getElementById('one');
            var two = document.getElementById('two');
            var three = document.getElementById('three');
            var four = document.getElementById('four');
            one.addEventListener('click',function(){console.log('one');},true);
            two.addEventListener('click',function(){console.log ('two');},false);
            three.addEventListener('click',function(){console.log ('three');},true);
            four.addEventListener('click',function(){console.log ('four');},false);
    </script>
  </body>
</html>
```

5. 运行结果

单击 four 元素，four 元素为目标元素，one 为根元素祖先，所以从 one 开始向下判断执行。

one 为捕获事件，输出 one；two 为冒泡事件，忽略；three 为捕获事件，输出 three；
four 为目标元素，开始向上冒泡执行，输出 four。

three 为捕获已执行，忽略；two 为冒泡事件，输出 two；one 为捕获已执行，忽略。

最终执行结果为：one three four two，如图 3.28 所示。

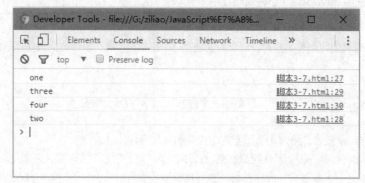

图 3.28　任务 3-5 运行结果

3.3.3　常用窗口事件

当用户执行某些会影响整个浏览器窗口的操作时，就会发生窗口事件。最常见的窗口事件是通过打开某个网页来加载窗口。还有在窗口关闭、移动或转到后台时触发事件处理程序的事件。下面将具体介绍常用的窗口事件。

1. onload 事件

onload 事件即页面所有元素都完成加载后触发的事件。

在实际项目开发过程中，onload 事件有 3 种常用的使用方式。第 1 种在 body 标签上执行 onload 事件，如下所示。

```
<body onload = "alert(123) "></body>
```

第 2 种方式先定义好函数，在页面加载完成后调用，如下所示。

```
<script type="text/javascript">
function test(){
alert(123);
}
window.onload = test;
</script>
```

第 3 种方式使用匿名函数，如下所示。

```
<script>window.onload = function(){alert(123);}</script>
```

这 3 种触发 onload 事件的方式都会在页面完成加载后，弹出警告框 123。但这里介绍的都是在页面完成加载后执行单个操作。事实上，经常会需要在加载页面时执行多个操作，而在 JavaScript 中有效执行的 onload 事件有且只有一个，声明多次没有意义，否则后面的会将前面的覆盖。那么该怎么解决加载页面完成后执行多个操作呢？下面介绍 3 种解决方法。

方法 1：同时调用多个函数（采用 body 标签方式）。

```
<body onload = "function1();function2();function3();"></body>
```

方法 2：在 JavaScript 语句中同时调用多个函数（适用于函数少的情况）。

```
<script type="text/javascript">
function f1(){alert(123);}
function f2(){alert(234);}
function f3(){alert(345);}
window.onload = function(){
```

```
f1();
f2();
f3();
};
</script>
```

方法 3：自定义函数式多次调用（函数多时，推荐使用）。

```
addLoadEvent(testOnload);
addLoadEvent(testOnload2);
function addLoadEvent(func) {
var oldonload = window.onload;
if(typeof oldonload != "function") {
window.onload = func;
} else {
window.onload = function() {
oldonload();
func();
}
}
}
function testOnload() {
alert("hello");
};
function testOnload2() {
alert("world");
```

比较一下这 3 种在页面完成加载后执行多个操作的方法，显然第 1 种和第 2 种比较类似，都是同时调用多个函数的方式，这两种方式比较容易理解，都比较适合函数比较少的情况。下面着重来讲解第 3 种方法。

在这个脚本中，首次加载页面完成后，需要发生完全不同的多种操作。设置 window.onload 是不行的，因为后面设置总是会将前面的设置覆盖掉。这里调用一个新函数 addLoadEvent()，由它代替处理 onload 事件。对于每次调用，均传递一个参数：在触发 onload 事件时希望运行的函数名称。

addLoadEvent(testOnload)调用函数 addLoadEvent()并传入参数为 testOnload(函数名)。

var oldonload = window.onload;这一行声明一个新变量 oldonload，如果已经设置了 window.onload，则将它的值赋给变量 oldonload；如果还没有设置，那也无妨。

if(typeof oldonload != "function") {window.onload = func;}这一行检查 oldonload 变量的类型。如果已经设置了 window.onload，那么它应该是一个函数调用（否则，为空）。如果类型不为函数，即未定义，就在页面加载时执行新函数。

else {window.onload = function() {oldonload(); func(); }如果 oldonload 为函数调用，则先执行 window.onload 原本应该完成的操作，再执行传入进来的新函数。

这样，多次调用 addLoadEvent()，第一次将自己的函数赋值给 window.onload；后面就会创建匿名函数，让 JavaScript 执行以前设置的操作和新添加的函数。

（1）window.onload 事件在 JavaScript 中有效执行的有且只有一个（声明多次没有意义），否则后面的会将前面的覆盖。

（2）如果想让一个 onload 处理程序执行多个操作，最简单的方法是创建一个执行所有操作的函数，然后让 onload 处理程序调用这个函数。但是，要确保每个函数都有返回。

（3）当 onload 在标签上声明时，仅仅声明在 body 标签上时有效，如：在 div 上声明一个 onload 事件，虽然不报错，但是该 onload 事件无效。

2. onunload 事件

onunload 事件称为卸载事件。当用户退出页面时（页面关闭、页面刷新等），触发 onunload 事件，同时执行被调用的程序。

如脚本 3-9 所示，当退出页面时，弹出对话框"您确定离开该网页吗？"。

<div align="center">脚本 3-9.html</div>

```html
<!DOCTYPE HTML>
<html>
  <head>
    <meta http-equiv="Content-Type" content="text/html; charset=utf-8">
    <title> 卸载事件 </title>
    <script type="text/javascript">
        window.onunload = onunload_message();
        function onunload_message(){
            alert("您确定离开该网页吗？");
        }
    </script>
  </head>
  <body>
    欢迎学习JavaScript。
  </body>
</html>
```

运行后退出页面显示结果如图 3.29 所示。

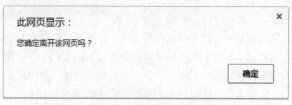

<div align="center">图 3.29　onunload 事件执行结果</div>

不同的浏览器对 onunload 支持区别很大，建议了解下就行，一般 Web 开发中用不到。

3. onresize 事件

当浏览器窗口（显示 web 文档的窗口）或 HTML 对象被改变大小时会触发 onresize 事件。

支持 onresize 事件的 HTML 标签有：<a>, <address>, <b>, <big>, <blockquote>, <body>, <button>, <cite>, <code>, <dd>, <dfn>, <div>, <dl>,<dt>, <em>, <fieldset>, <form>, <frame>, <h1> to <h6>, <hr>, <i>, <img>, <input>, <kbd>, <label>,<legend>, <li>, <object>, <ol>, <p>, <pre>, <samp>, <select>, <small>, <span>, <strong>, <sub>, <sup>,<table>, <textarea>, <tt>, <ul>, <var>。

支持 onresize 事件的 JavaScript 对象即为 window 对象。

脚本 3-10 演示了当浏览器窗口被调整大小时，弹出一个消息框。

<div align="center">脚本 3-10.html</div>

```html
<html>
  <body onresize="alert('浏览器窗口已被改变！')">
  </body>
</html>
```

运行后调整浏览器窗口大小，显示结果如图 3.30 所示。

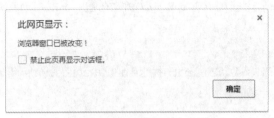

图 3.30　改变浏览器窗口大小弹窗

在 IE 和 Opera 浏览器中，只要窗口的边框被改变一个像素，onresize 事件就会被触发；而在 Mozilla Firefox 等其他浏览器中，只有在停止对窗口的大小改变时才触发 onresize 事件。显然后者比较接近实际想要的效果。

脚本 3-11 利用 setTimeout() 方法，在 IE 浏览器中模拟 onresize 事件的触发。

脚本 3-11.html

```
<!DOCTYPE html PUBLIC "-//W3C//DTD XHTML 1.0 Transitional//EN" "http://www.w3.org/TR/xhtml1/
DTD/xhtml1-transitional.dtd">
<html>
    <script type="text/javascript">
    var resizeTimer = null;
    alert("宽度："+document.documentElement.clientWidth+
    "高度："+document.documentElement.clientHeight);

    function doResize(){
    alert("新宽度："+document.documentElement.clientWidth+
    "新高度："+document.documentElement.clientHeight);
    resizeTimer = null;
    }
    window.onresize = function(){
    if( resizeTimer == null) {
    resizeTimer = setTimeout("doResize()",1000);
    }
    }
    </script>
  <body>
  </body>
</html>
```

在 IE 浏览器上运行这段代码显示结果如图 3.31 所示。
改变浏览器窗口大小时，显示如图 3.32 所示。

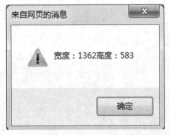

图 3.31　IE 浏览器中模拟 onresize 事件结果 1

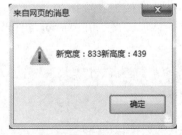

图 3.32　IE 浏览器中模拟 onresize 事件结果 2

这段代码的页面加载完毕弹出浏览器窗口的宽度和高度，但改变浏览器窗口大小时立即触发 onresize 事件，onresize 事件通过 setTimeout()方法延缓 1s 对 doResize()函数的调用，doResize()函数弹出浏览器窗口的新宽度和高度。

必须设定 DOCTYPE 类型，才能在 IE 中利用 document.documentElement 来取得窗口的宽度和高度。

4. onmove 事件
onmove 事件称为移动事件，是当浏览器的窗口发生移动时触发的事件，支持 IE、N4 和 Opera 浏览器。

5. onabort 事件
onabort 事件可理解为中断触发事件，会在图像加载被中断时发生。

当用户在图像完成载入之前放弃图像的装载（如单击了 stop 按钮）时，就会调用该事件。

支持该事件的 HTML 标签为<img>标签；支持该事件的 JavaScript 对象为 image 对象。

在下面的例子中，如果图像的加载被中断，则会显示一个对话框。

```
<img src="image_w3default.gif"
onabort="alert('Error: Loading of the image was aborted')" />
```

在本例中，如果图像的加载中断，我们将调用一个函数。代码如脚本 3-12 所示。

脚本 3-12.html

```
<html>
  <head>
    <script type="text/javascript">
    function abortImage(){
    alert('Error: Loading of the image was aborted')
    }
    </script>
  </head>
  <body>
    <img src="image_default.gif" onabort="abortImage()" />
  </body>
</html>
```

6. onerror 事件
onerror 事件是一种老式的标准的在网页中捕获 JavaScript 错误的方法。

前面讲到可以使用 try...catch 声明来捕获网页中的错误。这里介绍如何使用 onerror 事件来达到相同的目的。只要页面中出现脚本错误，就会触发 onerror 事件。

如果需要使用 onerror 事件来捕获网页错误，就必须创建一个处理错误的函数。这个函数叫作 onerror 事件处理器（onerror event handler）。这个事件处理器使用 3 个参数来调用：msg（错误消息）、url（发生错误的页面的 url）、line（发生错误的代码行）。浏览器是否显示标准的错误消息，取决于 onerror 的返回值。如果返回值为 false，则在控制台（JavaScript console）中显示错误消息，反之则不会。

脚本 3-13 展示如何使用 onerror 事件来捕获错误。

脚本 3-13.html

```
<html>
  <head>
    <script type="text/javascript">
    onerror=handleErr
    var txt=""
    function handleErr(msg,url,l){
```

```
        txt="There was an error on this page.\n\n"
        txt+="Error: " + msg + "\n"
        txt+="URL: " + url + "\n"
        txt+="Line: " + l + "\n\n"
        txt+="Click OK to continue.\n\n"
        alert(txt)
        return true
        }
        function message(){
        adddlert("Welcome guest!")
        }
    </script>
  </head>
  <body>
    <input type="button" value="View message" onclick="message()" />
  </body>
</html>
```

运行上面这段代码浏览器显示如图 3.33 所示。

图 3.33 onerror 事件执行结果

 在 Web 上的复杂页面中，设置 onerror = null 会比较好。这样某些错误消息将不会向用户显示，用户就会少受干扰。但是，究竟隐藏哪些错误取决于浏览器。

7. onfocus 事件

onfocus 为获得焦点事件。页面元素获得焦点时会触发此事件，该事件与 onblur 事件刚好相反。下面的脚本演示了当文本输入域获得输入焦点时，自动清除文本框的内容，获得焦点的标志是该文本框内将出现输入光标。代码如脚本 3-14 所示。

脚本 3-14.html

```
<html>
  <body>
    手机号码：<input type="text" value="请输入登录账号" onfocus="this.value='';" />
  </body>
</html>
```

input 文本框获得焦点后显示结果如图 3.34 所示。

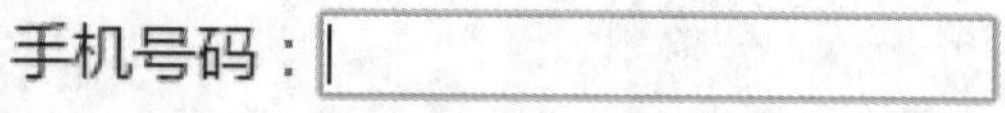

手机号码：[   ]

图 3.34　onfocus 事件获得焦点显示结果

8. onblur 事件

onblur 为失去焦点事件。

在实际项目中经常会检测文本框是否已经被正确输入，检测工作通常在用户单击了提交按钮之后进行，事实上，利用控件失去焦点的时候，就可以实时进行这个检测工作，这样的话，onblur 事件就派上用场了。

以下例子有 4 个文本框，如果还没有任何单击它们当中的任意一个的操作，那么什么事情也不会发生，但是，当单击了其中的任何一个使其拥有了焦点（输入光标在里面），如果什么都没有输入并且单击了别的地方令其失去焦点，就会弹出一个警告。代码如脚本 3-15 所示。

脚本 3-15.html

```
<form name="blur_test">
  <p>姓名 <input type="text" name="name" value="" size="30" onblur="chkvalue(this)"><br>
     性别 <input type="text" name="sex" value="" size="30" onblur="chkvalue(this)"><br>
     年龄 <input type="text" name="age" value="" size="30" onblur="chkvalue(this)"><br>
     住址 <input type="text" name="addr" value="" size="30" onblur="chkvalue(this)"></p>
</form>
<script language="JavaScript">
function chkvalue(txt) {
    if(txt.value=="") alert("文本框里必须填写内容!");
}
</script>
```

单击姓名文本框显示结果如图 3.35 所示。

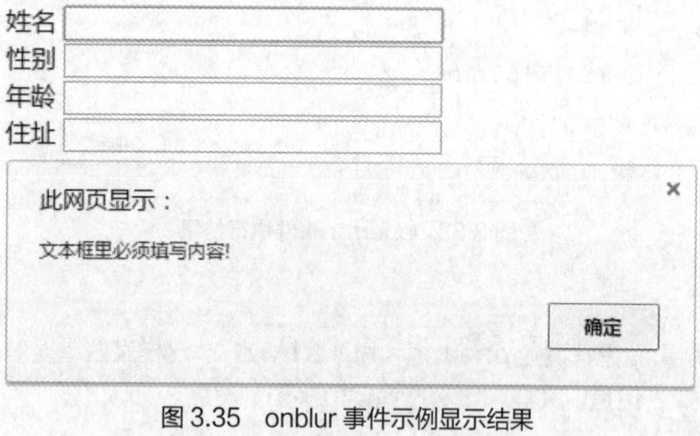

姓名 [   ]
性别 [   ]
年龄 [   ]
住址 [   ]

此网页显示：　　　　　　　　　　　　　　　　　　×

文本框里必须填写内容!

[确定]

图 3.35　onblur 事件示例显示结果

表单代码里，每一个方框的代码都触发一个 onblur 事件，它们都调用后面的 JavaScript 代码中的自定义函数 chkvalue(this)，意思是，当文本框失去焦点时就调用 chkvalue() 函数；chkvalue() 函数检测文本框是否为空，如果是就弹出警告窗口。该函数有一个参数（txt），对应于前面文本框调用该函数的参数（this）即自身。

3.3.4　常用鼠标事件

用户与页面的许多交互都是通过鼠标移动或者鼠标单击进行的。JavaScript 为这类事件提供了一组强健的处理程序。

1. onclick 事件

onclick 是鼠标单击事件，当在网页上单击鼠标时，就会触发该事件。同时 onclick 事件调用的程序块就会被执行，onclick 事件通常与按钮一起配合使用实现一些单击效果。

比如，单击按钮时，触发 onclick 事件，并调用两个数的求和函数。完整代码如脚本 3-16 所示。

脚本 3-16.html

```html
<html>
  <head>
    <script type="text/javascript">
        function add(){
            var numa,numb,sum;
            numa=6;
            numb=8;
            sum=numa+numb;
            document.write("两数和为:"+sum);  }
    </script>
  </head>
  <body>
    <form>
      <input name="button" type="button" value="单击提交" onclick="add()" />
    </form>
  </body>
</html>
```

单击按钮"单击提交"，显示结果如图 3.36 所示。

两数和为:14

图 3.36　onclick 事件示例结果

 在网页中如果要使用 onclick 事件，可以直接在对应元素上设置事件属性。

2. ondbclick 事件

当鼠标双击页面上某个对象时，会触发 ondbclick 事件，如脚本 3-17 所示。

脚本 3-17.html

```html
<html>
  <body>
    Field1: <input type="text" id="field1" value="Hello World!"><br />
    Field2: <input type="text" id="field2" ondblclick="this.value=""><br /><br />
    双击下面的按钮，把 Field1 的内容拷贝到 Field2 中: <br />
    <button ondblclick="document.getElementById('field2').value=
    document.getElementById('field1').value">Copy Text</button>
  </body>
</html>
```

鼠标双击按钮显示结果如图 3.37 所示。

Field1: | Hello World! |

Field2: | Hello World! |

双击下面的按钮，把 Field1 的内容拷贝到 Field2 中:

| Copy Text |

图 3.37　ondbclick 事件示例结果

这段代码中分别对 Field2 文本域和 button 按钮设置了 ondbclick 事件属性。当鼠标双击 Field2 文本域时，清空文本域内容；双击 button 按钮时，将 Field1 文本内容复制至 Field2 文本域中。

一般只是对特定或刻意要强调的操作设定 ondbclick 鼠标双击事件，普通的操作设定 onclick 事件即可完成。

3. onmousedown 事件

当鼠标按键（任何一个键）被按下时，会触发 onmousedown 事件，如脚本 3-18 所示。

脚本 3-18.html

```
<html>
  <body>
    <p>
      <img
      src="http://img14.3lian.com/201604/15/bdc5b6a5d7d552bf6d396a1468a4ab0a.jpg"
      onmousedown="alert('您点击了这幅图片！')" />
    </p>
  </body>
</html>
```

将鼠标放在图片上，当按下鼠标任何一个键时，就会弹出提示窗口"您点击了这幅图片！"，如图 3.38 所示。

图 3.38 onmousedown 事件示例结果

比较一下 onmousedown 事件与 onclick 事件的区别：

onmousedown 事件与 onclick 事件看起来非常相似，其实 onclick 事件实际是由 onmousedown 事件（确切是鼠标 0 键被按下）和下面即将介绍的 onmouseup 事件组成的。onclick 事件通常要求按下鼠标按钮并松开才能触发。而我们在按下鼠标键触发 onmousedown 事件之后，会不自觉地将鼠标键松开，因此感觉 onmousedown 事件与 onclick 事件非常相似。

4. onmouseup 事件

当鼠标按键（任何一个键）被松开时，会触发 onmouseup 事件，如脚本 3-19 所示。

脚本 3-19.html

```
<html>
  <body>
    <p>
      <img src="http://img14.3lian.com/201604/15/bdc5b6a5d7d552bf6d396a1468a4ab0a.jpg"
      onmouseup="alert('您点击了这幅图片！')" />
    </p>
```

```
    </body>
  </html>
```

在这个例子中，将鼠标放在图片上，当按下任何一个鼠标键后松开时，就会弹出提示窗口"您点击了这幅图片！"，如图 3.39 所示。

图 3.39　onmouseup 事件示例结果

与 onmousedown 事件非常类似，但不同的是，onmousedown 事件只需要按下鼠标按键即可触发，而 onmouseup 事件则需要按下鼠标按键并松开时才能触发。适当延长按下鼠标键后释放鼠标键的事件，能感觉得到 onmouseup 事件是在鼠标按键释放的时候触发的。

5．onmouseover 事件和 onmouseout 事件

Onmouseover 事件为用户鼠标移入元素时触发的事件，并执行 onmouseover 调用的函数。

Onmouseout 事件为用户鼠标移开元素时触发的事件，并执行 onmouseout 调用的函数。二者非常相似，只是具体的触发动作正好相反。

看下面的脚本 3-20，将鼠标指针移动到图片上时，图片放大，鼠标移开图片恢复原尺寸。

脚本 3-20.html

```html
<!DOCTYPE html>
<html>
  <head>
    <script>
      function bigImg(x){
      x.style.height="180px";
      x.style.width="180px";
      }
      function normalImg(x){
      x.style.height="128px";
      x.style.width="128px";
      }
    </script>
  </head>
  <body>
    <img onmousemove="bigImg(this)" onmouseout="normalImg(this)"
    border="0" src="image_default.jpg" alt="Smiley" >
    <p>函数 bigImg() 在鼠标指针移动到图像上时触发。此函数放大图像。</p>
    <p>函数 normalImg() 在鼠标指针移出图像时触发。此函数把图像的高度和宽度重置为原始尺寸。</p>

  </body>
</html>
```

将鼠标移动到图片和移开图片显示结果如图 3.40 和图 3.41 所示。

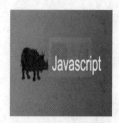

Javascript
函数 bigImg() 在鼠标指针移动到图像上时触发。此函数放大图像。
函数 normalImg() 在鼠标指针移出图像时触发。此函数把图像的高度和宽度重置为原始尺寸。

图 3.40　鼠标移入图片显示结果

Javascript
函数 bigImg() 在鼠标指针移动到图像上时触发。此函数放大图像。
函数 normalImg() 在鼠标指针移出图像时触发。此函数把图像的高度和宽度重置为原始尺寸。

图 3.41　鼠标移开图片显示结果

6. onmousemove 事件

onmousemove 事件会在鼠标指针移动时发生。

下面的例子中，当用户把鼠标移动到图像上时，将显示一个对话框。

```
<img src="/i/eg_mouse2.jpg" alt="mouse"onmousemove="alert('您的鼠标刚才经过了图片！')" />
```

注意：每当用户把鼠标移动一个像素，就会发生一个 onmousemove 事件。这会耗费系统资源去处理所有这些 onmousemove 事件。因此请审慎地使用该事件。

3.3.5　常用表单事件

1. onblur 事件

页面元素失去焦点时会触发 onblur 事件。

onblur 事件可以用于浏览器窗口（如前面所示），也经常用于表单上。

下面验证用户输入的内容是否为符合要求的 11 位手机号码。示例代码如脚本 3-21 所示。

脚本 3-21.html

```
<html>
  <head>
    <script language="JavaScript">
      function checkMobile(input) {
          var mobile_number = input.value;
          var mobile_rule = /^(((13[0-9]{1})|(15[0-9]{1})|(18[0-9]{1}))+\d{8})$/;
          var tip = document.getElementById("tip");
          if(mobile_number.match(mobile_rule) == null){
              tip.innerHTML = "请输入11位正确的手机号码！";
```

```
                    return false;
            } else {
                    tip.innerHTML = "输入正确";
            }
        }
    </script>
  </head>
  <body>
    手机号码：<input type="text" onblur="checkMobile(this)" />
    <span id="tip"></span>
  </body>
</html>
```

input 文本框获得焦点后不输入任何值，鼠标离开文本框显示结果如图 3.42 所示。

手机号码：<input /> 请输入11位正确的手机号码！

图 3.42　onblur 表单事件示例结果 1

input 文本框输入一个正确的手机号码，鼠标离开文本框显示结果如图 3.43 所示。

手机号码：1871509 输入正确

图 3.43　onblur 表单事件示例结果 2

在这段代码中在文本框输入手机号后，鼠标失去焦点，即鼠标光标离开文本框时，会触发 onblur 事件调用 checkMobile 函数检验输入的手机号是否正确。

JavaScript 的 onblur 事件常用于表单的验证，上面的例子仅仅演示了 onblur 最简单的实现原理。更复杂的情况是结合表单提交按钮以及 Ajax 数据验证（如上例中除了验证手机号是否输入正确外，还要通过 Ajax 验证是否已被使用）等。

2.　onchange 事件

表单文本域或选择域发生改变时会触发 onchange 事件，常用于下拉框联动操作中。下面演示 select 下拉选择列表，当列表内无合适选择项而让用户自定义选择项的效果。完整代码如脚本 3-22 所示。

脚本 3-22.html

```
<html>
  <head>
    <script type="text/javascript">
      function checkArea(x){
          var other_area = document.getElementById( "other_area" );
          if(x.value == "other"){
              other_area.style.display = "inline";
          } else {
              other_area.style.display = "none";
          }
      }
    </script>
  </head>
  <body>
    <form>
      <p>
```

```
            请选择所在地区：<select name="area" onchange="checkArea(this);">
                <option value="bj"> 北京 </option>
                <option value="tj"> 天津 </option>
                <option value="sh"> 上海 </option>
                <option value="other"> 其他 </option>
            </select>
        </p>
        <p id="other_area" style="display:none;">
            请填写地区：<input type="text" />
        </p>
    </form>
  </body>
</html>
```

选择地区为"其他"，显示结果如图 3.44 所示。

图 3.44　onchange 表单事件示例结果

3. onfocus 事件

当表单元素获得焦点时会触发 onfocus 事件，该事件与 onblur 事件刚好相反。示例代码如脚本 3-23 所示。

脚本 3-23.html

```
<html>
  <head>
    <title>对KKKKK的评论</title>
    <script type="text/JavaScript" language="javascript">
    var gFlag=true;//全局变量，用于判断是否允许清除文本框内容
    //用于清除输入框中提示信息的方法
    function clearTip(){
    var oTxt=document.getElementById("textfield");
                if(gFlag==true){
                    oTxt.value="";
                    gFlag=false;
                }
    }
    </script>
  </head>
  <body>
    <form>
      <label>
        <textarea id="textfield" cols="40" rows="5" onfocus="clearTip()">请输入评论......</textarea>
      </label>
      <p>
        <label>
          <input type="submit" name="Submit" value="提交">
        </label>
      </p>
    </form>
  </body>
```

```
</html>
```

运行上面的示例，鼠标光标在文本框内时显示结果如图 3.45 所示。

图 3.45 onfocus 表单事件示例结果

可以看到当焦点定位在文本框时，提示信息"请输入评论的内容……"将会自动消失，这里需要注意的是用户可能中途去做其他事情，使得文本框失去焦点，当他重新回来输入的时候，又获得了焦点，这时会再次触发 onfocus 事件，调用 clearTip 方法，把前面输入的内容清除了，这不是期望的结果。所以可以设置一个全局变量 gFlag 作为标志位，当清除过一次文本框的内容之后就改变标志位，不再允许通过 clearTip()方法清除文本框的内容。

4. onreset 事件

表单被重置（重置按钮被单击）时会触发 onreset 事件。如果表单具有在加载页面时设置的默认值，那么用户单击重置按钮时，就会动态地重新设置默认值。

下面的例子演示了在用户单击重置按钮时，弹出消息确认框进行确认，如果单击"否"，则不重置表单。示例代码如脚本 3-24 所示。

脚本 3-24.html

```html
<html>
  <head>
    <script type="text/javascript">
    function checkReset(){
        if ( !confirm("确认重置表单吗？")){
            return false;
        }
    }
    </script>
  </head>
  <body>
    <form name="testform" onreset="return checkReset();">
      <p>
        您的名字：<input type="text" name="your_name" value="输入您的姓名" onfocus="this.value='' " />
        <input type="reset" value="重置表单" />
      </p>
    </form>
  </body>
</html>
```

文本框获得焦点和确定重置表单显示结果如图 3.46 和图 3.47 所示。

您的名字：[   ] 重置表单

图 3.46 onreset 表单事件文本框获得焦点显示结果

您的名字：输入您的姓名 重置表单

图 3.47 onreset 表单事件文本框重置显示结果

在这段代码中，input 文本域默认值是"输入您的姓名"，当鼠标单击 input 文本域时获得焦点触发 onfocus 事件将文本域置空。当单击重置表单时，input 文本域内容恢复默认值。

5. onsubmit 事件

表单被提交时会触发 onsubmit 事件。单击 submit 提交按钮后，onsubmit 事件是先于表单提交发生的，因此可以利用 onsubmit 事件执行一些代码，如表单内容检测等。

下面的例子演示了在提交表单时，弹出消息确认框进行确认，如果单击"否"，就不提交表单。示例代码如脚本 3-25 所示。

脚本 3-25.html

```html
<html>
  <head>
    <script type="text/javascript">
      function checkSubmit(){
          if ( confirm("确认提交表单吗？")){
            var your_name = testform.your_name.value;
            if( your_name == "" ){
              alert("请填写您的名字！");
            testform.your_name.focus();
              return false;
            }
            alert("您好" + your_name + "！");
          } else {
            return false;
          }
      }
    </script>
  </head>
  <body>
    <form name="testform" onsubmit="return checkSubmit();">
      <p>
        您的名字：<input type="text" name="your_name" />
        <input type="submit" value=" 提交 " />
      </p>
    </form>
  </body>
</html>
```

单击提交表单显示结果如图 3.48 所示。

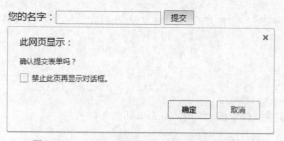

图 3.48 onsubmit 表单事件提交表单显示结果

3.3.6 常用键盘事件

1. onkeypress 事件

用户按下或按住一个键盘按键时会触发 onkeypress 事件。onkeypress 事件在不同的浏览器上使用会有点差异：Internet Explorer 使用 event.keyCode 取回被按下的字符，而 Netscape/Firefox/Opera 使用 event.which。

下面是一个利用 onkeypress 事件只允许用户在表单域输入数字的例子。示例代码如脚本 3-26 所示。

脚本 3-26.html

```html
<html>
  <head>
    <script>
      function checkNumber(e){
        var keynum = window.event ? e.keyCode : e.which;
        //alert(keynum);
        var tip = document.getElementById("tip");
        if( (48<=keynum && keynum<=57) || keynum == 8 ){
          tip.innerHTML = "";
          return true;
        }else {
          tip.innerHTML = "提示：只能输入数字！";
          return false;
        }
      }
    </script>
  </head>
  <body>
    <div>请输入数字：<input type="text" onkeypress="return checkNumber(event);" />
      <span id="tip"></span>
    </div>
  </body>
</html>
```

试着在文本框中输入英文字符，按 Enter 键显示结果，如图 3.49 所示。

请输入数字：[   ] 提示：只能输入数字！

图 3.49　onkeypress 键盘事件示例结果

event.keyCode/event.which 得到的是一个按键对应的数字值（Unicode 编码），常用键值列于 onkeydown 事件一节中。本例对 8 的值做特殊处理，是为了在文本域中支持退格（Backspace）键。

2. onkeydown 事件

用户按下一个键盘按键时会触发 onkeydown 事件。与 onkeypress 事件不同的是，onkeydown 事件是响应任意键按下的处理（包括功能键），onkeypress 事件只响应字符键按下后的处理。与 onkeypress 事件一样，使用 onkeydown 事件时，Internet Explorer/Chrome 浏览器使用 event.keyCode 取回被按下的字符，而 Netscape/Firefox/Opera 等浏览器使用 event.which。

下面的脚本 3-27 就是一个利用 onkeydown 事件获取用户按下键盘按键信息的例子。

脚本 3-27.html

```html
<html>
  <body>
    <script type="text/javascript">
      function noNumbers(e){
        var keynum;
        var keychar;
        keynum = window.event ? e.keyCode : e.which;
        keychar = String.fromCharCode(keynum);
```

```
                    alert(keynum+':'+keychar);
            }
        </script>
        <input type="text" onkeydown="return noNumbers(event)" />
    </body>
</html>
```

鼠标在文本框内获得焦点后，在键盘按 Enter 键显示结果如图 3.50 所示。

图 3.50　onkeydown 键盘事件示例结果

如上面例子所示，event.keyCode/event.which 得到的是一个按键对应的数字值（Unicode 编码），常用键值对应如下。

数字值	实际键值
48～57	0～9
65～90	a～z（A～Z）
112～135	F1～F24
8	BackSpace（退格）
9	Tab
13	Enter（回车）
20	Caps_Lock（大写锁定）
32	Space（空格键）
37	Left（左箭头）
38	Up（上箭头）
39	Right（右箭头）
40	Down（下箭头）

在 Web 应用中，常常可以看到利用 onkeydown 事件的 event.keyCode/event.which 来获取用户的一些键盘操作，从而运行某些运用的例子。如在用户登录时，如果按下了大写锁定键（20），则加以提示大写锁定；在有翻页的时候，如果用户按下左右箭头，触发上下翻页等。

获得 Unicode 编码值之后，如果需要得到实际对应的按键值，可以通过 Srting 对象的 fromCharCode 方法（String.fromCharCode()）获得。注意，字符获得的始终是大写字符，而其他一些功能按键，得到的字符可能不太易阅读。

3. onkeyup 事件

键盘按键被松开时会触发 onkeyup 事件。

下面的例子演示了在文本输入域中输入文字，将输入的文字同时显示在其他标签中（如本例中的<p>标签）。示例代码如脚本 3-28 所示。

脚本 3-28.html

```
<html>
```

```
  <head>
    <script language="JavaScript">
      function copy(input) {
          document.getElementById("display").innerHTML = input.value;
      }
    </script>
  </head>
  <body>
    <input type="text" onkeyup="copy(this)" />
    <p id="display"></p>
  </body>
</html>
```

在文本框里输入文字然后松开键盘按键显示结果如图 3.51 所示。

JavaScript

JavaScript

图 3.51　onkeyup 键盘事件示例结果

 onkeyup 事件是在按键被松开时触发的，因此在输入字符时如果按住按键不放，那么输入的字符不会立即显示在下面。

3.4　实战

精讲视频

实战：Bingo 卡片
游戏 1

【案例 3-1】——用循环实现 Bingo 卡片游戏

1. 案例描述

Bingo 卡片是 5*5 的方形，5 个列上标着 B-I-N-G-O，格子里包含 1～75 的数字。正中间通常是一个空的格子，印着单词 free。每列可以包含的数字的范围是：B 列包含数字 1～15；I 列包含数字 16～30；N 列包含数字 31～45；G 列包含数字 46～60；O 列包含数字 61～75。

2. 实现思路

精讲视频

实战：Bingo 卡片
游戏 2

Bingo 卡片总共有 24 个空格需要填充数字，且每个数字互不重复；每列数字有固定的取值范围。这样首先需要创建一个 for 循环，用 i 作循环变量，循环 24 次；每次循环调用函数依次往 Bingo 卡片中的空格插入数字。

3. 实现代码

完整代码如脚本 3-29 所示。

脚本 3-29.html

```
<!DOCTYPE html>
<html>
  <head>
    <title>Make Your Own Bingo Card</title>
    <link rel="stylesheet" href="css01.css">
    <script src="script01.js"></script>
  </head>
  <body>
```

```html
    <h1>Create A Bingo Card</h1>
    <table>
        <tr>
            <th>B</th>
            <th>I</th>
            <th>N</th>
            <th>G</th>
            <th>O</th>
        </tr>
        <tr>
            <td id="square0"> </td>
            <td id="square5"> </td>
            <td id="square10"> </td>
            <td id="square14"> </td>
            <td id="square19"> </td>
        </tr>
        <tr>
            <td id="square1"> </td>
            <td id="square6"> </td>
            <td id="square11"> </td>
            <td id="square15"> </td>
            <td id="square20"> </td>
        </tr>
        <tr>
            <td id="square2"> </td>
            <td id="square7"> </td>
            <td id="free">Free</td>
            <td id="square16"> </td>
            <td id="square21"> </td>
        </tr>
        <tr>
            <td id="square3"> </td>
            <td id="square8"> </td>
            <td id="square12"> </td>
            <td id="square17"> </td>
            <td id="square22"> </td>
        </tr>
        <tr>
            <td id="square4"> </td>
            <td id="square9"> </td>
            <td id="square13"> </td>
            <td id="square18"> </td>
            <td id="square23"> </td>
        </tr>
    </table>
    <p><a href="脚本3-29.html" id="reload">Click here</a> to create a new card</p>
  </body>
</html>
```

css01.css

```css
body{
    background-color:white;
```

```css
        color:black;
        font-size:20px;
        font-family:"Lucida Grande",Verdana,Arial,Helvetica,sans-serif;
}
h1,th{
        font-family:Georgia,"Times New Roman",Times,serif;
}
h1{
        font-size:28px;
}
table{
        border-collapse:collapse;
}
th,td{
        padding:10px;
        border:2px #666b solid;
        text-align:center;
        width:20%;
}
#free{
        background-color:#f66;
}
```

script01.js

```javascript
window.onload = bingocard;
var nums = new Array(76);

function bingocard(){
        if(document.getElementById){
                for(var i=0; i<24; i++){
                        setSquare(i);
                }
        }else{
                alert("Sorry,your browser doesn't support this script");
        }
}
function setSquare(thisSquare){
        var currSquare = "square" + thisSquare;
        var colPlace = new Array(0,0,0,0,0,1,1,1,1,1,2,2,2,2,2,3,3,3,3,3,4,4,4,4,4);
        var colBasis = colPlace[thisSquare] * 15;
        var newnum;

        do{
                newnum = colBasis + getNewNum() + 1;
        }
        while(nums[newnum]);

        nums[newnum] = true;
        document.getElementById(currSquare).innerHTML = newnum;
}
function getNewNum(){
        return Math.floor(Math.random() * 15);
}
```

运行结果如图 3.52 所示。

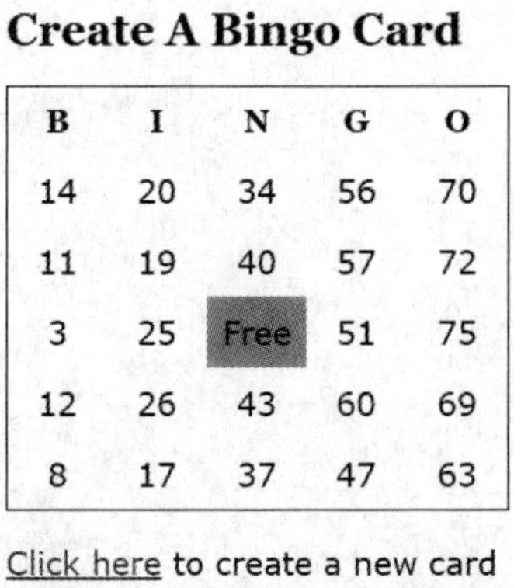

从运行结果看出，最终 B 列的数值范围为 1～15；I 列的数值范围为 16～30；N 列的数值范围为 31～45；G 列的数值范围为 46～60；O 列的数值范围为 61～75。脚本 3-29.html 和 css01.css 搭建 Bingo 卡片的框架，脚本 script01.js 最终实现 Bingo 卡片填充数值。

window.onload = bingocard; 即当窗口完成加载时调用 bingocard 函数。var nums = new Array(76); 即将变量 nums 声明为一个包含 76 个对象的数组。在函数 bingocard 中，先用 if 条件语句 if(document.getElementById)判断对象是否存在，如果存在则继续脚本的执行。这里定义一个 for 循环，用 i 作为循环变量循环 24 次，目的是调用函数 setSquare 生成随机数填充 Bingo 卡片的 24 个空格。setSquare 函数中定义数组 colPlace，用来限制哪些随机数可以放在哪一列，定义 BINGO 列编号分别为 01234，这样每一列数字可以这样来计算：（列号*15）+（1～15 的随机数）。setSquare 函数中 do…while 循环用来判断生成的随机数是否已经在 Bingo 卡片中使用过，以避免生成的 Bingo 卡片出现重复数字。

Create A Bingo Card

B	I	N	G	O
14	20	34	56	70
11	19	40	57	72
3	25	Free	51	75
12	26	43	60	69
8	17	37	47	63

Click here to create a new card

图 3.52 案例 3-1 运行结果

【案例 3-2】——利用递归函数求阶乘相加

1. 案例描述

利用递归函数编写求 s=1!+2!+3!+…+9!+10!结果的程序。

2. 实现思路

s=1!+2!+3!+…+9!+10!，这里可以用两个递归函数来实现，递归函数一用来计算每个数的阶乘，递归函数二用来将每个数的阶乘相加起来。

3. 实现代码

完整代码如脚本 3-30 所示。

脚本 3-30.html

```html
<!DOCTYPE html>
<html lang="en">
  <head>
  </head>
  <body>
    <script>
        var recursion = function(num){
            if(num <= 1){
            return 1;
            }else{
            return num * recursion(num-1);
            }
        };
        var addsion = function(i){
            if(i <= 1){
            return 1;
            }else{
            return recursion(i)+addsion(i-1);
            }
        };
        var result = addsion(10);
        console.log("10!+9!+…+1!运算结果为："+result);
    </script>
  </body>
</html>
```

运行结果如图 3.53 所示。

图 3.53　案例 3-2 运行结果

在脚本 3-30.html 中，函数 recursion 用来递归求每个数的阶乘。函数 addsion 用来调用递归函数 recursion 和自身。当 addsion 函数传入参数为 10 时，返回 recursion(10)+addsion(9)，而 addsion(9) 返回 recursion(9)+addsion(8)，这样依次调用下去最终变为求 recursion(10)+ recursion(9)+ recursion(8)+…+ recursion(1)，即实现了求 10!+9!+8!+…+1!。

3.5　小结

本章介绍了 JavaScript 程序构成的相关内容：程序控制流、函数以及事件。程序控制流为实际应用中重复、选择分支等操作提供了很好的解决方案，控制着程序的流程向正确的方向进行。函数的存在使代码看起来更加简洁，大大地方便了代码的维护。而 JavaScript 事件则使创建的 html 页面动态性更强，用户体验和交互性更好。这些知识将会在接下来各章节的学习中频繁地使用到。

PART04

第4章

JavaScript对象

■ 对象（object）是 JavaScript 的核心
概念，也是最重要的数据类型。JavaScript
的所有数据都可以被视为对象。本章将会
详细讲解 JavaScript 中的对象。

4.1　对象简介

所谓对象，就是一种无序的数据集合，由若干个"键值对"（key-value）构成，例如：

```
var o = {
    p: "Hello World"
};
```

上面代码中，大括号就定义了一个对象，它被赋值给变量 o。这个对象内部包含一个键值对（又称为"成员"），p 是"键名"（成员的名称），字符串"Hello World"是"键值"（成员的值）。键名与键值之间用冒号分隔。如果对象内部包含多个键值对，每个键值对之间均用逗号分隔。

可以从以下两个层次来理解对象。

（1）"对象"是单个实物的抽象。

一本书、一辆汽车、一个人都可以是"对象"，一个数据库、一张网页、一个与远程服务器的连接也可以是"对象"。当实物被抽象成"对象"，实物之间的关系就变成了"对象"之间的关系，从而就可以模拟现实情况，针对"对象"进行编程。

（2）"对象"是一个容器，封装了"属性"和"方法"。

所谓"属性"，就是对象的状态；所谓"方法"，就是对象的行为（完成某种任务）。比如，我们可以把动物抽象为 animal 对象，"属性"记录具体是哪一种动物，"方法"表示动物的某种行为（奔跑、捕猎、休息等）。

对象属性可以是任何类型的值，甚至包括其他对象或者函数，当函数作为对象属性时也被叫作"方法"。在 JavaScript 中，每个属性都可以没有或者拥有多种不同的特性，如表 4.1 所示。

表 4.1　属性的特性

特性	描述
只读	属性为只读。无法改变属性值
无法枚举	不能使用 for...in 循环枚举属性，即使属性值为对象类型
无法删除	无法使用 delete 删除

JavaScript 为对象定义了很多内部属性，虽然这些属性只是针对语言的开发者定义的，它们无法通过代码访问到，只能被运行代码的系统来访问，但了解这些属性可以更清晰地明白代码的含义，如表 4.2 所示。

表 4.2　对象的属性

属性	属性类型	描述
Prototype	对象	对象的原型，用来实现继承功能的关键对象
Class	字符串	描述对象类型的字符串值，使用 typeof 操作符返回结果
Get	函数	返回属性值。获取指定属性名的值
Put	函数	设置指定的属性值。为指定的属性赋值
CanPut	函数	返回指定属性是否可通过 Put 操作设置值
HasProperty	函数	返回对象是否有指定的属性
Delete	函数	从对象中删除指定属性
DefaultValue	函数	返回对象的默认值，只能是原始值，不能是引用类型
Construct	函数	通过 new 操作符创建一个对象。实现了这个内部属性的对象叫作构造函数（可以理解为类）

续表

属性	属性类型	描述
Call	函数	执行关联在对象上的代码，通过函数表达式调用（也就是通过函数名调用函数），实现了这个内部方法的对象叫作函数
HasInstance	函数	返回给定的值是否扩展了当前对象的属性和行为（可以理解为给定的对象是否为本类创建的对象），在 JavaScript 本地对象中，只有 Function 对象实现了这个属性
Scope	对象	作用域链定义了一个函数的执行环境

4.2 创建对象

精讲视频

创建对象

JavaScript 是一门面向对象的语言，但 JavaScript 没有类的概念，一切都是对象。任意一个对象都是某种引用类型的实例，都是通过已有的引用类型创建。引用类型可以是原生的，也可以是自定义的。JavaScript 提供了 6 种创建对象模式。

1. 对象字面量模式

```
var person = {
    name : 'Nicholas';
    age : '22';
    job :"software Engineer";
    sayName: function() {
        alter(this.name);
    }
}
```

这里的代码创建了一个名为 person 的对象，并为它添加了 3 个属性(name,age,job)和一个方法(sayName())，其中，sayName()方法用于显示 this.name（被解析为 person.name）的值。

对象字面量可以用来创建单个对象，但这个方法有个明显的缺点：使用同一个接口创建很多对象，会产生大量重复的代码。

2. 工厂模式

工厂模式是软件工程领域中一种广为人知的设计模式，工厂模式抽象了创建具体对象的过程，用函数来封装以特定的接口创建对象的细节。

```
function createPerson(name,age,job){
    var o = new Object();
    o.name = name;
    o.age = age;
    o.job = job;
    o.sayName = function(){
        alert(this.name);
    };
    return o;
}
var person1 = createPerson("Nicholas",22,"software Engineer");
var person2 = createPerson("Greg",24,"student");
```

函数 createPerson()根据接受的参数构建一个包含所有必要信息的 Person 对象。可以无数次地调用这个函数，每次都会返回一个包含三个属性（name，age，job）和一个方法 sayName ()的对象。

工厂模式虽然解决了创建多个相似对象的问题，却没有解决对象识别的问题（即怎么知道一个对象的类型），因为创建对象都是使用 Object 的原生构造函数来完成的。就如上面代码里调用函数 createPerson()得到的

o 对象，对象的类型都是 Object。

（1）在函数中定义对象，并定义对象的各种属性，虽然属性可以为方法，但是建议将属性为方法的属性定义到函数之外，这样可以避免重复创建该方法。将上面代码改写如下所示。

```
var sayName = function(){
    return this.name;
}
function createPerson(name,age,job){
    var o = new Object();
    o.name = name;
    o.age = age;
    o.job = job;
    o.sayName = sayName;
    return o;
}
var person1 = createPerson("Nicholas",22,"software Engineer");
alert(person1.sayName());
var person2 = createPerson("Greg",24,"student");
alert(person2.sayName());
```

（2）引用该对象的时候，这里使用的是 var person1 = createPerson()而不是 var person1 = new createPerson()；因为后者可能会出现很多问题（前者也称为工厂经典方式，后者称之为混合工厂方式），不推荐使用 new 的方式使用该对象。

（3）工厂模式在函数的最后返回该对象。

3. 构造函数模式

所谓"构造函数"，其实就是一个普通函数，但是内部使用了 this 变量。对构造函数使用 new 运算符，就能生成实例，并且 this 变量会绑定在实例对象上，例如：

```
function Person(name,age,job) {
    this.name = name;
    this.age = age;
    this.job = job;
    this.sayName = function() {
        alert(this.name);
    }
}
//通过new操作符创建Person的实例
var person1 = new Person("Nicholas",22,"software Engineer");
var person2 = new Person("Greg",24,"student");
person1.sayName();
person2.sayName();
```

与工厂模式相比，使用构造函数模式创建对象，无需在函数内部重新创建对象，而使用 this 指代，没有 return 语句。构造函数模式创建对象的新实例，必须使用 new 操作符。

调用构造函数有 4 个步骤：

创建一个新对象；将构造函数的作用域赋给新对象（this 指向了这个新对象）；执行构造函数中的代码；返回新对象。

这个例子中创建的所有对象既是 Object 的实例，也是 Person 实例。可以通过 instanceof 操作符验证。

```
alert(person1 instanceof Object);    // 输出true
```

构造函数模式也有自己的问题，实际上，sayName 方法在每个实例上都会被重新创建一次，需要注意的是，通过实例化创建的方法并不相等，以下代码可以证明。

```
alert(person1.sayName == person2.sayName);    // 输出false
```

可以将方法移到构造器的外部作为全局函数来解决这个问题。

```
function Person(name, age, job) {
    this.name = name;
    this.age = age;
    this.job = job;
}
function sayName() {
    alert(this.name);
}
```

在全局下创建的全局函数实际上只能被经由 Person 创建的实例调用，这就有点名不副实了；如果对象需要定义很多方法，那么就要定义很多个全局函数，缺少封装性。

4. 原型模式

JavaScript 中创建的每个函数都有一个 prototype（原型）属性，它是一个指针，指向一个对象，包含了可以由特定类型的所有实例共享的属性和方法（让所有的对象实例共享它的属性和方法）。

```
function Person() {}
Person.prototype.name = "Nicholas";
Person.prototype.age = 22;
Person.prototype.job = "software Engineer";
Person.prototype.sayName(){
    alert(this.name);
};
var person1 = new Person();
person1.sayName();      //Nicholas
alert(person1.sayName == person2.sayName);//true
```

这里定义了一个构造函数 Person，Person 函数自动获得一个 prototype 属性，该属性默认只包含一个指向 Person 的 constructor 属性。通过 Person.prototype 添加三个属性和一个方法。创建一个 Person 的实例，随后在实例上调用了 sayName()方法 。

sayName()方法的调用过程：

在 person1 实例上查找 sayName ()方法，发现没有这个方法，于是追溯到 person1 的原型；

在 person1 的原型上查找 sayName()方法，有这个方法，于是调用该方法。

基于这样一个查找过程，我们可以通过在实例上定义原型中的同名属性，来阻止该实例访问原型上的同名属性，需要注意的是，这样做并不会删除原型上的同名属性，仅仅是阻止实例访问。

```
function Person() {}
Person.prototype.name = "Nicholas";
Person.prototype.age = 22;
Person.prototype.job = "software Engineer";
Person.prototype.sayName(){
    alert(this.name);
};
var person1 = new Person();
var person2 = new Person();
person1.name="Greg";
alert(person1.name) //Greg 来自实例
alert(person2.name) //Nicholas 来自原型
```

原型模式实际上也是混合构造函数模式。与构造函数模式区别在于：构造函数模式将所有属性不是方法的属性定义在函数中；而原型模式将所有属性值为方法的属性利用 prototype 在函数之外定义。

5. 组合使用构造函数模式和原型模式

组合使用构造函数模式和原型模式中，构造函数用于定义实例属性，原型模式用于定义方法和共享的属性。这样每个实例都会有自己的一份实例属性的副本，同时也可以共享对方法的引用，最大限度地节省了内存。

```javascript
function Person(name,age,job) {
    this.name = name;
    this.age = age;
    this.job = job;
    this.friends = ["Shelby","Court"];
}
Person.prototype = {
    constructor：Person,
    sayName：function(){
        alert(this.name);
    }
}
var person1 = new Person("Nicholas",22,"software Engineer");
var person2 = new Person("Greg",24,"student");
person1.friend.push("Van");
alert(person1.friends);              //"Shelby,Court,Van"
alert(person2.friends);              //"Shelby,Court"
alert(person1.friends == person2.friends);        //false
alert(person1.sayName == person2.sayName);     //true 共享原型中定义的sayName()方法
```

6. 动态原型模式

动态原型模式将需要的所有信息都封装到构造函数中，通过 if 语句判断原型中的某个属性是否存在，若不存在（在第一次调用这个构造函数的时候），执行 if 语句内部的原型初始化代码。

```javascript
function Person(name,age) {
    this.name = name;
    this.age = age;
    this.job =job;
    //方法
    if(typeof this.sayName != 'function') {
        Person.prototype.sayName = function() {
            alert(this.name);
        };
    }
}
var friend = new Person('Nicholas','22','Software Engineer');    //初次调用构造函数，此时修改了原型
var person2 = new Person('amy','21');                            //此时sayName()方法已经存在，不会再修改原型
```

【任务 4-1】创建对象，理解存执机制

1. 任务介绍

定义一个 Person 对象，对象包括属性姓名，并获取实例化对象 Person 的姓名信息。

2. 任务目标

学会 JavaScript 几种创建对象模式及全局变量的存储机制。

3. 实现思路

（1）选用构造函数模式创建对象，并且将属性为方法的属性定义到函数之外。

（2）全局变量是绑定在 window 对象上的，是 window 对象的属性。

4. 实现代码

完整代码如脚本 4-1 所示。

脚本 4-1.html

```html
<html>
  <head><title>JavaScript对象创建</title></head>
  <script>
      var myName = function(){
          for (var name in this.global) {
              if (this.global[name] === this) {
                  return name;
              }
          }
      }
      function Person() {
          this.myName = myName;
      }
      Person.prototype.global = this;
      var nick = new Person();
      console.log(nick.myName());
  </script>
</html>
```

分析如下：

Person.prototype.global = this; 这里，将 window 对象的引用，存到 Person 原型的 global 中；var nick = new Person();实例化对象 Person；Person 包含属性 myName，这个属性为方法定义在函数 Person 外；myName 方法中运用 for 循环查找 window 对象中的姓名属性，然后判断是否为 Person 类，如果是则返回姓名信息。

5. 运行结果

运行结果如图 4.1 所示。

图 4.1　任务 4-1 运行结果

4.3　对象特性

精讲视频

对象特性

同 C++、Java 等大多数面向对象语言一样，JavaScript 存在抽象、封装、继承和多态四大特性。

1. 抽象性

面向对象的分析首先会"抽象"问题，找出问题的本质属性，即最不容易发生改变的特性。比如，要设计一款汽车展示软件，软件中应该会有很多种类的汽车，它们拥有各种外形和性能。怎样设计出既能满足需求又能减少修改量的软件呢？

不管这些汽车是什么样子的、什么牌子、多大排量，它们都有一些通性，例如有 4 个轮子、1 台发动机这些属性，还有换挡、刹车这些行为（也就是方法）。在最初的需求未明确之前，我们能做的就是创建一个"类"，用来描述具有相似性的一类事物。即使需求变了，通性也不会变，这就是抽象。

2. 封装性

封装就是把抽象出来的数据和对数据的操作封装在一起，数据被保护在内部，程序的其他部分只有通过被授权的操作（成员方法），才能对数据进行操作。

3. 继承性

继承也可以理解为扩展性。汽车有 4 轮的，当然还有比 4 轮多的，在描述多轮汽车时，我们就可以派生出一个新的类（子类）来描述这一类汽车，新类继承了原有类（父类）的其他特性。当然，派生什么类取决于设计人员对需求的分析，可以按用途分类，也可以按其他方面分类。继承可以解决代码复用，让编程更加靠近人类思维。当多个类存在相同的属性（变量）和方法时，可以从这些类中抽象出父类，在父类中定义这些相同的属性和方法，所有的子类均不需要重新定义这些属性和方法，只需要继承父类中的属性和方法。

JavaScript 中实现继承的方式有两种。第一种实现继承的方法是对象冒充，如脚本 4-2 所示。

脚本 4-2.html

```html
<html>
  <head>
    <script type="text/javascript">
            function Stu(name, age){
                this.name = name;
                this.age = age;
                this.show = function(){
                    window.alert(this.name + " " + this.age);
                }
            }
            function MidStu(name, age) {
                this.stu = Stu;
                this.stu(name, age);
            }
            var midStu = new MidStu("王先生", 28);
            midStu.show();
    </script>
  </head>
  <body>
  </body>
</html>
```

函数 MidStu 中 this.stu = Stu；通过对象冒充将函数 Stu 赋值给 this.stu；这样 MidStu 函数的成员 stu 就拥有了函数 Stu 的所有成员。脚本运行结果显示如图 4.2 所示。

图 4.2 对象冒充示例结果

第二种实现继承的方法是通过 call 或者 apply 来实现，见脚本 4-3。

脚本 4-3.html

```html
<html>
  <head>
```

```
<script type="text/javascript">
    function Stu(name,age){
        this.name=name;
        this.age=age;
        this.show=function(){
            window.alert(this.name+" "+this.age);
        }
    }
    function MidStu(name,age){
        Stu.call(this,name,age);
    }
    var midstu=new MidStu("王先生",28);
    midstu.show();
</script>
</html>
```

函数 MidStu 中使用语句 Stu.call(this,name,age)，通过 call 方法修改了 Stu 构造函数的 this 指向，使它指向了调用者本身。如果这里使用 apply 方法，则可以这样更改代码：Stu.apply(this,[name,age])。使用这种方式实现继承可获得同样的结果，如图 4.3 所示。

图 4.3　call 方法实现继承示例结果

4．多态性

多态性是指相同操作方式带来不同的结果。从形式上来说，有两种多态。分别为重载和覆盖。覆盖是指子类对父类的行为做了修改，虽然行为相同，但结果不同。例如改进性能的同系列车就比原先的某些方面的性能更优越。重载是指某一对象的相同行为导致了不同的结果。多态一方面加强了程序的灵活性和适应性，另一方面也可以减少编码的工作量。

JavaScript 实现重载的方式与 Java 等其他面向对象语言不同。JavaScript 需要利用 arguments 属性来实现方法重载，如脚本 4-4 所示。

脚本 4-4.html

```
<html>
  <head></head>
    <script type="text/javascript">
        function Person(){
            this.test1=function (){
                if(arguments.length==1){
                    this.show1(arguments[0]);
                }else if(arguments.length==2){
                    this.show2(arguments[0],arguments[1]);
                }else if(arguments.length ==3){
                    this.show3(arguments[0],arguments[1],arguments[2]);
                }
            }
```

```
            this.show1=function(a){
                console.log("show1()被调用");
            }
            this.show2=function(a,b){
                console.log("show2()被调用");
            }
            this.show3=function(a,b,c){
                console.log("show3()被调用");
            }
        }
        var p1=new Person();
        p1.test1("a","b","c");
        p1.test1("a","b");
        p1.test1("a");
    </script>
</html>
```

这里实例化对象 Person，随后依次调用 Person 的 test1 方法。第 1 次调用传入 3 个参数 "a" "b" "c"，运用 arguments 属性判断 arguments.length 为 3，则调用 show3 方法；同理第 2 次调用会跳转到 show2 方法中；第 3 次调用会跳转到 show1 方法中。最终浏览器控制台依次打印出 "show3()被调用" "show2()被调用" 和 "show1()被调用"，运行结果如图 4.4 所示。

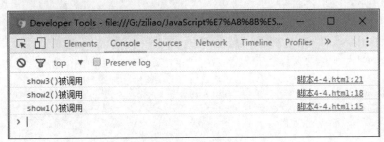

图 4.4 多态性示例运行结果

【任务 4-2】理解 JavaScript 面向对象特性

1. 任务介绍

定义一个 Student 类作为 Person 类的子类，在 Student 类中继承父类的 walk()方法、重新定义父类的 sayHello()方法并添加 Student 类自己的 sayGoodBye()方法。

2. 任务目标

理解 JavaScript 面向对象的四大特性并掌握创建对象的方法。

3. 实现思路

（1）选用构造函数模式创建对象，并且将属性为方法的属性定义到函数之外。

（2）全局变量是绑定在 window 对象上的，是 window 对象的属性。

4. 实现代码

完整代码如脚本 4-5 所示。

脚本 4-5.html

```html
<html>
  <head><title>JavaScript面向对象特性</title></head>
    <script>
        function Person(firstName) {
            this.firstName = firstName;
```

```
        }
        Person.prototype.walk = function(){
             console.log("I am walking!");
        };
        Person.prototype.sayHello = function(){
             console.log("Hello, I'm " + this.firstName);
        };

        function Student(firstName, subject) {
             Person.call(this, firstName);
             this.subject = subject;
        };
        Student.prototype = Object.create(Person.prototype);
        Student.prototype.constructor = Student;
        Student.prototype.sayHello = function(){
           console.log("Hello, I'm " + this.firstName + ". I'm studying " + this.subject + ".");
        };
        Student.prototype.sayGoodBye = function(){
           console.log("Goodbye!");
        };

        var student1 = new Student("Janet", "Applied Physics");
        student1.sayHello();
        student1.walk();
        student1.sayGoodBye();

        console.log(student1 instanceof Person);
        console.log(student1 instanceof Student);
    </script>
</html>
```

分析如下：

（1）function Person(firstName) {
　　　　this.firstName = firstName;
　　};

首先定义父类 Person 构造函数。

（2）Person.prototype.walk = function(){
　　　　console.log("I am walking!");
　　};

通过父类 Person.prototype 添加方法 walk()。

（3）Person.prototype.sayHello = function(){
　　　　console.log("Hello, I'm " + this.firstName);
　　};

通过父类 Person.prototype 添加方法 sayHello ()。

（4）function Student(firstName, subject) {
　　　　Person.call(this, firstName);
　　　　this.subject = subject;
　　};

定义子类 Student 构造函数，在函数内部通过 call 方法调用父类构造器，最后初始化 Student 类特有属性

subject。

（5）Student.prototype = Object.create(Person.prototype);

通过 Object.create 方法来实现继承。将父类 Person.prototype 继承给 Student.prototype 对象。

（6）Student.prototype.constructor = Student;

设置 Student.prototype 的 "constructor" 属性指向 Student。

（7）Student.prototype.sayHello = function(){

    console.log("Hello, I'm " + this.firstName + ". I'm studying " + this.subject + ".");

    };

在子类中重写父类的 sayHello()方法。

（8）Student.prototype.sayGoodBye = function(){

    console.log("Goodbye!");

    };

在子类中增加自己独有的 sayGoodBye ()方法。

（9）var student1 = new Student("Janet", "Applied Physics");

    student1.sayHello();

    student1. walk();

    student1.sayGoodBye();

实例化子类并调用子类的 sayHello()、walk()和 sayGoodBye()方法。student1.sayHello()会打印出子类的 sayHello()方法，这里子类对父类的 sayHello()方法实现了重写；student1. walk()会调用父类的 walk()方法，这里子类对父类的 walk()实现了继承。

（10）console.log(student1 instanceof Person);

    console.log(student1 instanceof Student);

通过 instanceof 操作符验证，student1 既是父类 Person 的实例，也是子类 Student 的实例。

5. 运行结果

运行结果如图 4.5 所示。

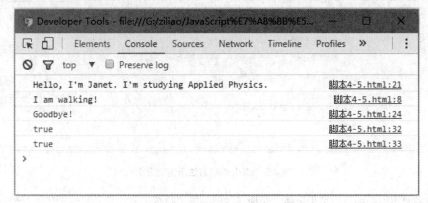

图 4.5　任务 4-2 运行结果

4.4　单体内置对象

精讲视频

单体内置对象

ECMA-262 对内置对象的定义是：由 JavaScript 实现提供的、不依赖于宿主环境的对象，这些对象在 JavaScript 程序执行之前就已经存在了。意思就是说，开发人员不必显式地实例化内置对象，因为它们已经实例化了。前面章节已经介绍了大多数内置对象，例如 Object、Array 和 String。ECMA-262 还定义了两个单体内置对象：Global 和 Math。

4.4.1 Global 对象

Global 对象是 JavaScript 中最特别的对象，因为实际上它根本不存在。Global 对象在某种意义上是作为一个终极的"兜底儿对象"来定义的。换句话说，不属于任何其他对象的属性和方法，最终都属于它的属性和方法。所有在全局作用域中定义的属性和函数，都是 Global 对象的属性。本书前面介绍过的那些函数，诸如 isNaN()、isFinite()、parseInt() 以及 parseFloat()，实际上全都是 Global 对象的方法。除此之外，Global 对象还包含一些其他方法。

1. URI 编码方法

Global 对象的 encodeURI()和 encodeURIComponent()方法可以对 URI（Uniform Resource Identifiers，通用资源标识符）进行编码，以便发送给浏览器。有效的 URI 中不能包含某些字符，例如空格。这两个 URI 编码方法用特殊的 UTF-8 编码替换所有无效的字符，从而让浏览器能够接受和理解。

其中，encodeURI()主要用于整个 URI，而 encodeURIComponent()主要用于对 URI 中的某一段进行编码。它们的主要区别在于，encodeURI()不会对本身属于 URI 的特殊字符进行编码，例如冒号、正斜杠、问号和井字号；而 encodeURIComponent()则会对它发现的任何非标准字符进行编码。示例代码见脚本 4-6。

脚本 4-6.html

```
<html>
  <head>
    <script type="text/javascript">
        var uri = "http://ptpress.com.cn/#start";
        console.log(encodeURI(uri));
        console.log(encodeURIComponent(uri));
    </script>
</html>
```

运行在控制台显示结果如图 4.6 所示。

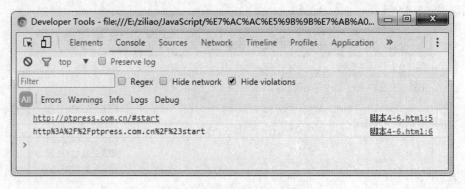

图 4.6　URL 编码方法示例结果 1

使用 encodeURI()编码后的结果是除了空格之外的其他字符都原封不动，只有空格被替换成了%20。而 encodeURIComponent()方法则会使用对应的编码替换所有非字母数字字符。这也正是可以对整个 URI 使用 encodeURI()，而只能对附加在现有 URI 后面的字符串使用 encodeURIComponent() 的原因所在。

一般来说，使用 encodeURIComponent()方法的时候要比使用 encodeURI()更多，因为在实践中更常见的是对查询字符串参数而不是对基础 URI 进行编码。

与 encodeURI()和 encodeURIComponent()方法对应的两个方法分别是 decodeURI()和 decodeURIComponent()。其中，decodeURI()只能对使用 encodeURI()替换的字符进行解码。例如，它可将 %20 替换成一个空格，但不会对%23 做任何处理，因为%23 表示井字号#，而井字号不是使用 encodeURI()替换的。同样地，

decodeURIComponent()能够解码使用 encodeURIComponent() 编码的所有字符，即它可以解码任何特殊字符的编码。仍然以脚本 4-6 中的 URI 为例，来看 decodeURI()和 decodeURIComponent()的解码结果，如脚本 4-7 所示。

脚本 4-7.html

```html
<html>
  <head>
    <script type="text/javascript">
        var uri = "http%3A%2F%2Fptpress.com.cn%2F%23start";
        console.log(decodeURI(uri));
        console.log(decodeURIComponent(uri));
    </script>
</html>
```

运行在控制台显示结果如图 4.7 所示。

图 4.7　URL 编码方法示例结果 2

这里，变量 uri 包含着一个由 encodeURIComponent()编码的字符串。在第 1 次调用 decodeURI()输出的结果中，只有%20 被替换成了空格。而在第 2 次调用 decodeURIComponent()输出的结果中，所有特殊字符的编码都被替换成了原来的字符，得到了一个未经转义的字符串（但这个字符串并不是一个有效的 URI）。

2. eval()方法

eval()方法就像是一个完整的 JavaScript 解析器，它只接受一个参数，即要执行的 JavaScript 字符串。用法如下：

```
eval("console.log('hi')");
```

这行代码的作用等价于下面这行代码：

```
console.log("hi");
```

当解析器发现代码中调用 eval()方法时，它会将传入的参数当作实际的 JavaScript 语句来解析，然后把执行结果插入到原位置。通过 eval()执行的代码被认为是包含该次调用的执行环境的一部分，因此被执行的代码具有与该执行环境相同的作用域链。这意味着通过 eval() 执行的代码可以引用在包含环境中定义的变量，见如下代码。

```
var msg = "hello world";
eval("console.log(msg)");    // "hello world"
```

这里输出变量 msg 的内容。可见，变量 msg 是在 eval()调用的环境之外定义的，但其中调用的 console.log() 仍然能够显示"hello world"。这是因为上面第 2 行代码最终被替换成了一行真正的代码。同样地，我们也可以在 eval()调用中定义一个函数，然后再在该调用的外部代码中引用这个函数。

```
eval("function sayHi() { console.log('hi'); }");
sayHi(); // "hi"
```

显然，函数 sayHi() 是在 eval() 内部定义的。但由于对 eval() 的调用最终会被替换成定义函数的实际代码，因此可以在下一行调用 sayHi()，对于变量来说也一样。

```
eval("var msg = 'hello world';");
console.log(msg); // "hello world"
```

在 eval()中创建的任何变量或函数都不会被提升，因为在解析代码的时候，它们被包含在一个字符串中；它们只在 eval()执行的时候创建。

严格模式下，在外部访问不到 eval()中创建的任何变量或函数，因此前面两个例子都会导致错误。同样，在严格模式下，为 eval 赋值也会导致错误。

```
"use strict";
eval = "hi"; // causes error
```

eval()解释代码字符串的能力非常强大，但也非常危险。因此在使用 eval()时必须极为谨慎，特别是在用它执行用户输入数据的情况下。否则，可能会有恶意用户输入威胁站点或应用程序安全的代码（即所谓的代码注入）。

3. Global 对象的属性

Global 对象还包含一些属性，其中一部分属性已经在本书前面章节介绍过了。例如，特殊的值 undefined、NaN 以及 Infinity 都是 Global 对象的属性。此外，所有原生引用类型的构造函数，如 Object 和 Function，也都是 Global 对象的属性。表 4.3 列出了 Global 对象的所有属性。

表 4.3　Global 对象属性

属性	释义
undefined	特殊值 undefined
NaN	特殊值 NaN
Infinity	特殊值 Infinity
Object	构造函数 Object
Array	构造函数 Array
Function	构造函数 Function
Boolean	构造函数 Boolean
String	构造函数 String
Number	构造函数 Number
Date	构造函数 Date
RegExp	构造函数 RegExp
Error	构造函数 Error
EvalError	构造函数 EvalError
RangeError	构造函数 RangeError
ReferenceError	构造函数 ReferenceError
SyntaxError	构造函数 SyntaxError
TypeError	构造函数 TypeError
URIError	构造函数 URIError

4.4.2 Math 对象

JavaScript 还为保存数学公式和信息提供了一个公共位置，即 Math 对象。与在 JavaScript 直接编写的计算功能相比，Math 对象提供的计算功能执行起来要快得多。Math 对象中还提供了辅助完成这些计算的属性和方法。

1. Math 对象属性

Math 对象包含的属性大多是数学计算中可能会用到的一些特殊值。表 4.4 列出了这些属性。

表 4.4 Math 对象属性

属性	释义
Math.E	自然对数的底数，即常量 e 的值
Math.LN10	10 的自然对数
Math.LN2	2 的自然对数
Math.LOG2E	以 2 为底 e 的对数
Math.LOG10E	以 10 为底 e 的对数
Math.PI	π 的值
Math.SQRT1_2	1/2 的平方根（即 2 的平方根的倒数）
Math.SQRT2	2 的平方根

2. min()和 max()方法

Math 对象还包含许多方法，用于辅助完成简单和复杂的数学计算。其中，min() 和 max() 方法用于确定一组数值中的最小值和最大值。这两个方法都可以接收任意多个数值参数，如下面的例子所示。

```
var max = Math.max(3, 54, 32, 16);
console.log(max); // 54
var min = Math.min(3, 54, 32, 16);
console.log(min); // 3
```

要找到数组中的最大值或最小值，可以像下面这样使用 apply()方法。

```
var values = [1, 2, 3, 4, 5, 6, 7, 8];
var max = Math.max.apply(Math, values);
console.log(max); // 8
```

这个技巧的关键是把 Math 对象作为 apply() 的第 1 个参数，从而正确地设置 this 值。然后，可以将任何数组作为第 2 个参数。

3. 舍入方法

JavaScript 将小数值舍入为整数的 3 个方法为 Math.ceil()、Math.floor() 和 Math.round()。这 3 个方法分别遵循下列舍入规则：

（1）Math.ceil() 执行向上舍入，即它总是将数值向上舍入为最接近的整数；

（2）Math.floor() 执行向下舍入，即它总是将数值向下舍入为最接近的整数；

（3）Math.round() 执行标准舍入，即它总是将数值四舍五入为最接近的整数。

4. random()方法

Math.random() 方法返回介于 0 和 1 之间的一个随机数，不包括 0 和 1。对于某些站点来说，这个方法非常实用，因为可以利用它来随机显示一些名人名言和新闻事件。套用下面的公式，就可以利用 Math.random() 从某个整数范围内随机选择一个值。

```
值 = Math.floor(Math.random() * 可能值的总数 + 第一个可能的值)
```

公式中用到了 Math.floor()方法，这是因为 Math.random()总返回一个小数值。而用这个小数值乘以一个整数，然后再加上一个整数，最终结果仍然还是一个小数。举例来说，如果想选择一个 1 到 10 之间的数值，可以像下面这样编写代码。

```
var num = Math.floor(Math.random() * 10 + 1);
```

总共有 10 个可能的值（1 到 10），而第 1 个可能的值是 1。如果想要选择一个介于 2 到 10 之间的值，就应该将上面的代码改成这样：

```
var num = Math.floor(Math.random() * 9 + 2);
```

从 2 数到 10 要数 9 个数，因此可能值的总数就是 9，而第 1 个可能的值就是 2。多数情况下，其实都可以通过一个函数来计算可能值的总数和第 1 个可能的值，例如：

```
function selectFrom(lowerValue, upperValue) {
    var choices = upperValue - lowerValue + 1;
    return Math.floor(Math.random() * choices + lowerValue);
}
var num = selectFrom(2, 10);
console.log(num);    // 介于2和10之间（包括2和10）的一个数值
```

函数 selectFrom() 接受两个参数：应该返回的最小值和最大值。而用最大值减最小值再加 1 得到了可能值的总数，然后它又把这些数值套用到了前面的公式中。这样，通过调用 selectFrom(2,10) 就可以得到一个介于 2 和 10 之间（包括 2 和 10）的数值了。利用这个函数，可以方便地从数组中随机取出一项，例如：

```
var colors = ["red", "green", "blue", "yellow", "black", "purple", "brown"];
var color = colors[selectFrom(0, colors.length-1)];
console.log(color); // 可能是数组中包含的任何一个字符串
```

5. 其他方法

Math 对象中还包含一些其他与完成各种简单或复杂计算有关的方法，但详细讨论其中每一个方法的细节及适用情形超出了本书的范围。表 4.5 列出了这些没有介绍到的 Math 对象的方法。

表 4.5 Math 对象其他方法

属性	释义
Math.abs(num)	返回 num 的绝对值
Math.asin(x)	返回 x 的反正弦值
Math.exp(num)	返回 Math.E 的 num 次幂
Math.atan(x)	返回 x 的反正切值
Math.log(num)	返回 num 的自然对数
Math.atan2(y,x)	返回 y/x 的反正切值
Math.pow(num,power)	返回 num 的 power 次幂
Math.cos(x)	返回 x 的余弦值
Math.sqrt(num)	返回 num 的平方根
Math.sin(x)	返回 x 的正弦值
Math.acos(x)	返回 x 的反余弦值
Math.tan(x)	返回 x 的正切值

虽然 JavaScript 规定了这些方法，但不同的实现方式可能会对这些方法采用不同的算法。毕竟，计算某个值的正弦、余弦和正切的方式多种多样。也正因为如此，这些方法在不同的实现中可能会有不同的精度。

4.5 实战

精讲视频

实战：产生 n 个不重复
随机数

【案例 4-1】——产生 n 个不重复随机数

1. 案例描述

用 JavaScript 产生 n 个[min,max]区间内的不重复随机数。

2. 实现思路

（1）运用 Math 对象的 random()方法生成一个[min,max]区间内的随机数，代码片段如下：

```
var ran=parseInt(Math.random()*(max-min+1)+min);
```

（2）生成 n 个[min,max]区间内的不重复随机数，生成第 i 个[min,max]区间的随机数时，与之前 i-1 个数比较，如有重复，令 i=i-1;重复生成第 i 个随机数。确保每次生成的随机数都不重复。

```
function myRan(n,min,max){
        var arr=[];
        for(i=0;i<n;i++){
            arr[i]=parseInt(Math.random()*(max-min+1)+min);
            for(j=0;j<i;j++){
                if(arr[i]==arr[j]){
                    i=i-1;
                    break;
                }
            }
        }
        return arr;
}
```

（3）调用函数 myRan。

3. 实现代码

完整代码如脚本 4-8 所示。

脚本 4-8.html

```
<html>
  <head><title>JavaScript产生n个[min,max]区间内的不重复随机数</title></head>
    <script>
        function myRan(n,min,max){
            var arr=[];
            for(i=0;i<n;i++){
                arr[i]=parseInt(Math.random()*(max-min+1)+min);
                for(j=0;j<i;j++){
                    if(arr[i]==arr[j]){
                        i=i-1;
                        break;
                    }
                }
            }
            return arr;
        }
        var str_ran = myRan(10,20,100); // 产生10个20到100之间的不重复随机数
        console.log(str_ran.toString());
    </script>
</html>
```

运行结果如图 4.8 所示。

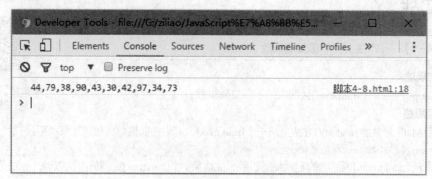

图 4.8　案例 4-1 运行结果

4.6　小结

JavaScript 是一门面向对象的语言，但不使用类或者接口。对象可以在代码执行过程中创建，因此具有动态性而非严格定义的实体。在没有类的情况下，可以采用多种模式创建对象。本章提供了 6 种对象创建的模式，可根据实际编程需要选用不同的模式。

JavaScript 还可以基于已有对象编程，包含 ECMAScript 的本地对象、内置对象和宿主对象。本章着重介绍了两种单体内置对象全局对象和数学对象。全局对象 Global 包含一系列全局的属性和全局的函数，这些属性和函数可不经引用任何对象直接使用。数学对象 Math 包含一组静态只读属性用于表示一些数学常数，另包含一组静态方法用于实现常用的数学运算。

第5章

JavaScript数组

■ 在程序语言中，数组的重要性不言而喻，在 JavaScript 中数组也是最常使用的对象之一。数组是值的有序集合。由于弱类型的原因，JavaScript 中数组十分灵活强大，不像 Java 等强类型语言数组只能存放同一类型或其子类型的元素，JavaScript 在同一个数组中可以存放多种类型的元素，而且其长度也是可以动态调整的，可以随着数据增加或减少自动对数组长度做更改。

5.1 数组及数组元素

假设有这样一个需求，统计全校高一 6 个班的学生的数学成绩，存储每个班学生的成绩并计算出每个班的最高成绩和最低成绩。按照最原始的方法可以这样来做，将每个班每个学生的成绩分别存入一个变量，然后一一比较得出每个班的最高成绩和最低成绩，代码如下所示。

```
var class1_stu1 = 95;
var class1_stu2 = 45;
var class1_stu3 = 60;
...
var class1_stun= 99;
var class1_max = class1_stu1;
var class1_min = class1_stu1;
if(class1_max < (class1_stu2)){
    class1_max = class1_stu2;
}
if(class1_min > (class1_stu2)){
    class1_min = class1_stu2;
}
if(class1_max < (class1_stu3)){
    class1_max = class1_stu3;
}
if(class1_min > (class1_stu3)){
    class1_min = class1_stu3;
}
...
if(class1_max < (class1_stun)){
    class1_max = class1_stun;
}
if(class1_min > (class1_stun)){
    class1_min = class1_stun;
}
var class1_max_grade = class1_max;
var class1_min_grade = class1_min;
```

再用同样的方法计算出其他 5 个班的最高成绩和最低成绩。

显然这种方法太繁琐，不但需要存储的变量太多，而且比较起来也很复杂。如果要计算的班级更多，那么人数也会更多，计算过程也会加倍繁琐。这时数组就显示出它的优势来了，利用数组可以更加简洁地呈现和计算同样的信息。

我们定义 6 个数组，分别存储 6 个班级的学生成绩。

```
var class1_array = new Array(95,89,60,...,100);
var class2_array = new Array(45,89,90,...,88);
var class3_array = new Array(91,85,62,...,79);
var class4_array = new Array(65,80,90,...,100);
var class5_array = new Array(90,80,69,...,100);
var class6_array = new Array(99,89,67,...,100);
```

这样我们只需要管理 6 个变量即可。再利用 JavaScript 数组函数即可计算最高成绩和最低成绩。

```
<script type="text/JavaScript" language="javascript">
    var class1_array = new Array(95,89,60,...,100);
```

```
        var class2_array = new Array(45,89,90,…,88);
        var class3_array = new Array(91,85,62,…,79);
        var class4_array = new Array(65,80,90,…,100);
        var class5_array = new Array(90,80,69,…,100);
        var class6_array = new Array(99,89,67,…,100);
        class1_array.sort(function(class1_array,b) {
                return class1_array − b;
        });
        class2_array.sort(function(class2_array,b) {
                return class2_array − b;
        });
        class3_array.sort(function(class3_array,b) {
                return class3_array − b;
        });
        class4_array.sort(function(class4_array,b) {
                return class4_array − b;
        });
        class5_array.sort(function(class5_array,b) {
                return class5_array − b;
        });
        class6_array.sort(function(class6_array,b) {
                return class6_array − b;
        });
        var class1_max_grade = class1_array.pop();
        var class1_min_grade = class1_array.shift();
        var class2_max_grade = class2_array.pop();
        var class2_min_grade = class2_array.shift();
        var class3_max_grade = class3_array.pop();
        var class3_min_grade = class3_array.shift();
        var class4_max_grade = class4_array.pop();
        var class4_min_grade = class4_array.shift();
        var class5_max_grade = class5_array.pop();
        var class5_min_grade = class5_array.shift();
        var class6_max_grade = class6_array.pop();
        var class6_min_grade = class6_array.shift();
</script>
```

数组是一种数据类型，它包含或者存储了编码的值。每个编码的值称作该数组的一个元素，每个元素的编码被称作下标。由于 JavaScript 是一种无类型语言，所以一个数组的元素可以具有任意的数据类型，同一数组的不同元素可以具有不同的类型。数组的元素甚至可以包含其他数组，这样就可以创建一个复杂的数据结构，即元素为数组的数组。

1. 数组创建

JavaScript 数组的创建在前面引用数据类型章节已经介绍过两种常用的方法，第 1 种使用 array 构造函数。

（1）使用无参构造函数，创建一个空数组。

```
var array1 = new Array();
```

（2）一个数字参数构造函数，指定数组长度（由于数组长度可以动态调整，作用并不大），创建指定长度的数组。

```
var array2 = new Array(5);
```

（3）带有初始化数据的构造函数，创建数组并初始化参数数据。

```
var array3=new Array(4,'hello',new Date());
```
第 2 种使用字面量法创建数组。

（1）使用方括号，创建空数组，等同于调用无参构造函数。
```
var array4 = [];
```
（2）使用中括号，并传入初始化数据，等同于调用带有初始化数据的构造函数。
```
var array5 = [5];
```

（1）在使用构造函数创建数组时，如果传入一个数字参数，则会创建一个长度为参数的数组，如果传入多个，则创建一个数组，参数作为初始化数据加到数组中。
```
var a1=new Array(5);
console.log(a1.length);    //5
console.log(a1);           //[] ,数组是空的
var a2=new Array(5,6);
console.log(a2.length);    //2
console.log(a2);           //[5,6]
```
但是使用字面量方式，无论传入几个参数，都会把参数当作初始化内容。
```
var a1=[5];
console.log(a1.length);     //1
console.log(a1);            //[5]
var a2=[5,6];
console.log(a2.length);     //2
console.log(a2);            //[5,6]
```
（2）使用带初始化参数的方式创建数组的时候，最好最后不要带多余的"，"，在不同的浏览器下对此处理方式不一样。
```
        var a1=[1,2,3,];
console.log(a1.length);
console.log(a1);
```
这段脚本在现代浏览器上运行结果和我们设想的一样，长度是 3，但是在低版本 IE 下却为长度为 4 的数组，最后一条数据是 undefined。

2. 数组元素的读写

可以使用[]运算符来存取数组元素。在方括号左边应该是对数组的引用。方括号之中是具有非负整数值的任意表达式。既可以使用这一语法来读一个数组元素，也可以用它来写一个数组元素。下面列出的都是合法的 JavaScript 数组读写语句。
```
value = array[9];
array[0] = 3.14;
i = 2;
array[i] = 3;
array[i+1] = 'hello';
array[array[i]] = array[0];
```
在某些语言中，数组第一个元素的下标为 1。但是在 JavaScript 中（和 C、C++与 Java 一样）数组第一个元素的下标是 0。

数组的下标必须是大于等于 0 并且小于 $2^{32}-1$ 的整数。如果使用的数字太大，或者使用了负数、浮点数（或布尔值、对象及其他值），JavaScript 会将它转换为一个字符串，用生成的字符串作为对象属性的名字，而不是作为数组下标。因此，下面的代码创建了一个名为 "-1.23" 的属性，而不是定义了一个新的数组元素：

```
array[-1.23] = true;
```

5.2　添加和删除元素

在 C 和 Java 及其他编程语言中，数组是具有固定的元素个数的，必须在创建数组时就指定数组元素个数。而在 JavaScript 中则不同，它的数组可以具有任意个数的元素，可以在任何时刻通过添加和删除元素来改变数组元素的个数。

定义一个数组如下：

```
var numbers = [0,1,2,3,4,5,6,7,8,9];
```

现在需要给这个数组末尾添加一个元素 10，可以这样来实现。

（1）直接把值赋给数组中最后一个空位上的元素即可。数组下标从 0 开始，所以数组最后一个元素下标为数组长度减 1 即 numbers.length-1，那么在数组末尾再添加一个元素下标为 numbers.length。

```
numbers[numbers.length] = 10;
```

（2）使用数组 push 方法，把元素添加到数组末尾。通过 push 方法，能添加任意个元素。

```
numbers.push(10);
numbers.push(11,12);
```

如果希望在数组首位插入一个元素，而不是像上面那样在数组末尾添加元素。这个添加元素的需求会比较复杂一点。按照常规操作，需要腾出数组中第一个元素的位置，把所有的元素都向后移动一位。

```
for( var i=numbers.length; i>=0; i--){
        numbers[i] = numbers[i-1];
}
numbers[0] = -1;
```

循环数组中的元素，从最后一位+1（数组长度）开始，将其对应的前一个元素的值赋给它，依次处理，最后把需要插入的值-1 赋给数组第一个位置上。

在 JavaScript 中，数组有一个方法叫 unshift，可以直接把数值插入数组的首位。

```
numbers.unshift(-2);
numbers.unshift(-4,-3);
```

那么用 unshift 方法，就可以在数组的开始处添加值-2，然后添加-3、-4 等。这样数组就会输出数字-4 到 13。

如果想删除数组里最后一个元素，JavaScript 也提供了对应的删除数组最后一个元素的方法 pop。

```
numbers.pop();
console.log(numbers); // 输出[-4,-3,-2,-1,0,1,2,3,4,5,6,7,8,9,10,11,12]
```

如果想删除数组中第一个元素呢？同在数组中首位添加元素一样，首先可以用循环来实现。

```
for( var i = 0; i < numbers.length; i++){
        numbers[i] = numbers[i+1];
}
```

即把数组中所有元素都向左移动一位。但数组长度依旧不变。这就意味着数组最后一个元素变为了 undefined。从代码中可以看出，把数组第一位的值用第二位的值覆盖了，并没有真正删除元素。

要真正删除第一个元素，可以使用数组的 shift 方法。

```
numbers.shift();
```

这样数组长度就会减少 1。

如何添加元素到数组的开头和结尾处以及怎样删除数组开头和结尾位置上的元素已经介绍完毕。那么如何在数组的任意位置上删除或添加元素呢？JavaScript 依旧提供了 splice 方法来实现。

splice 方法从一个数组中移除一个或多个元素，也在所移除元素的位置上插入新元素,返回所移除的元素,语法如下。

```
arrayObj.splice(start, deleteCount, [item1[, item2[, . . . [,itemN]]]])
```

arrayObj 必选项。一个 Array 对象。

start 必选项。指定从数组中移除元素的开始位置，这个位置是从 0 开始计算的。

deleteCount 必选项。要移除的元素的个数。

item1, item2, …, itemN 必选项。要在所移除元素的位置上插入的新元素。

splice 方法可以移除从 start 位置开始的指定个数的元素并插入新元素，从而修改 arrayObj。返回值是一个由所移除的元素组成的新 Array 对象，如下示例。

```
numbers.splice(5,3);
```

这句代码删除了从数组 numbers 索引 5 开始的 3 个元素，即 numbers[5]、number[6]和 numbers[7]从数组中删除了。新的数组变为[-3,-2,-1,0,1,5,6,7,8,9,10,11,12]。如果需要把数字 2、3、4 插入数组之前的位置上，可以再次使用 splice 方法。

```
numbers.splice(5,0,2,3,4);
```

这里从数组索引 5 开始删除 0 个元素，并且添加元素 2、3、4。这样数组变为[-3,-2,-1,0,1,2,3,4,5,6,7,8,9,10,11,12]。

综合 splice 的添加和删除用法，可以用下面这句代码一步实现同样的效果。

```
numbers.splice(5,3,2,3,4);
```

从数组索引 5 开始删除 3 个元素后再添加 2、3、4 这 3 个元素，最后输出的数组依旧为[-3,-2,-1,0,1,2,3,4,5,6,7,8,9,10,11,12]。

5.3 二维及多维数组

精讲视频

二维及多维数组

在本章开始的例子中统计全校高一 6 个班学生数学成绩，我们定义了 6 个数组，分别存储 6 个班级的学生数学成绩。

```
var class1_array = new Array(95,89,60,…,100);
var class2_array = new Array(45,89,90,…,88);
var class3_array = new Array(91,85,62,…,79);
var class4_array = new Array(65,80,90,…,100);
var class5_array = new Array(90,80,69,…,100);
var class6_array = new Array(99,89,67,…,100);
```

这是 JavaScript 的一维数组模式，那么 JavaScript 有没有类似 C 或 Java 语言的二维数组及多维数组呢？答案是否定的。JavaScript 只支持一维数组的定义，不能通过直接定义实现多维数组。

如果这个例子中还需要统计每个班语文学科的学生成绩，毫无疑问，使用矩阵（二维数组）来存储这些信息是最好的方法。如何在 JavaScript 语言中来实现这个需求呢？实际上，可以用数组套数组的方式来实现矩阵或任一多维数组。

将每个班的数学成绩定义如下：

```
// 1班数学成绩
var class1_array[0] = [];
var class1_array[0][0] = 95;
var class1_array[0][1] = 89;
var class1_array[0][2] = 60;
…………
var class1_array[0][n] = 100;
// 再将每个班语文成绩定义如下:
// 1班语文成绩
var class1_array[1] = [];
var class1_array[1][0] = 95;
var class1_array[1][1] = 89;
```

```
var class1_array[1][2] = 60;
……………
var class1_array[1][n] = 100;
```

其他几个班的成绩也用同样方式存储。这样需要管理的变量仍然只有 6 个。class1_array[0]中存储的是 1 班每个学生的数学成绩，class1_array[1]中存储的是 1 班每个学生的语文成绩。如果想看这个矩阵的输出，可以创建一个通用函数如下：

```
function printMatrix(myarray){
    for(var i = 0; i<myarray.length; i++){
        for(var j = 0; j<myarray[i].length; j++){
            console.log(myarray[i][j]);
        }
    }
}
printMatrix(class1_array);
```

以此类推，也可以用这种方式来处理多维数组。假如要创建一个 3 行 3 列的矩阵，每个元素包含矩阵的 i（行）、j（列）及 z（深度）之和。

```
var matrix3x3x3 = [];
for( var i = 0; i<3; i++){
    matrix3x3x3[i] = [];
    for( var j = 0; j<3; j++){
        matrix3x3x3[i][j] = [];
        for( var z = 0; z<3; z++){
            matrix3x3x3[i][j][z] = i+j+z;
        }
    }
}
```

再用以下的代码输出这个 3 行 3 列矩阵的内容。

```
for( var i = 0; i< matrix3x3x3.length; i++ ){
    for( var j = 0; j < matrix3x3x3[i].length; j++){
        for( var z = 0; z< matrix3x3x3[i][j].length; z++){
            console.log(matrix3x3x3[i][j][z]);
        }
    }
}
```

【任务 5-1】使用多维数组

1. 任务介绍
运用二维数组统计文本框中输入的各字符个数。

2. 任务目标
学会 JavaScript 多维数组使用方法。

3. 实现思路
（1）定义一个文本框接收输入字符；

（2）文本框失去焦点时触发函数 countString，统计输入的各字符个数；

（3）函数 countString 首先定义数组 result 用于接收字符统计结果。result 为二维数组，result[0][0]存储第 1 个字符，result[0][1]存储第 1 个字符出现的次数；result[1][0]存储第 2 个字符，result[1][1]存储第 2 个字符出现的次数……

（4）函数 countString 嵌套两层循环，外层循环直接循环传入的字符长度，用 charAt 函数得到当前循环的字符，然后声明一个标志变量 isHas，默认 isHas 值为 false；内层循环针对每一次外层循环得到的字符，判断字符是否存在 result 数组中，如果存在将标识符 isHas 设为 true，并将 result 数组中存入的该字符个数加 1；如果不存在则将该字符加入数组 result，并设置个数为 1。

（5）最后将数组 result 打印出来。

4. 实现代码

完整代码如脚本 5-1 所示。

脚本 5-1.html

```html
<html>
  <head>
    <title>二维数组</title>
    <script type="text/javascript">
        function countString(str) {
            var result = new Array();
            for ( var i = 0; i < str.length; i++) {//直接循环str
                var curChar = str.charAt(i);//得到当前字符
                var isHas = false;//声明一个变量，标识char在结果中是否出现过
                for ( var j = 0; j < result.length; j++) { //循环判断当前字符是否在result中出现过
                //如果出现过，则设置标识为true，并增加数量，最后跳出循环
                    if (curChar == result[j][0]) {
                        isHas = true;
                        result[j][1]++;
                        break;
                    }
                }
                if (!isHas)//循环result完毕，没有出现过，则加入result
                    result.push(new Array(curChar, 1));
            }
            printMatrix(result);
        }
        function printMatrix(result){
            for(var i = 0; i<result.length; i++){
                for(var j = 0; j<result[i].length; j++){
                    console.log(result[i][j]);
                }
            }
        }

    </script>
  </head>
  <body>
    <h2>统计文本框中录入的各字符的个数</h2>
    <input type="text" onblur="countString(this.value);" />
  </body>
</html>
```

5. 运行结果

在文本框输入字符"安徽省安徽"，显示结果如图 5.1 所示。

图 5.1　任务 5-1 运行结果

5.4　数组常用方法

精讲视频

数组常用方法

　　在 JavaScript 中，数组是可以修改的对象，这意味着创建的每个数组都有一些可用的方法。数组很强大，相比其他开发语言中的数组，JavaScript 中有许多很好用的方法。表 5.1 详述了数组的一些核心方法。其中的一些在本章已经学习过了。

表 5.1　JavaScrip 数组核心方法

方法名	描述
concat	连接两个或更多数组，并返回结果
every	对数组中的每一项运行给定函数，如果该函数对每一项都返回 true，则返回 true
filter	对数组中的每一项运行给定函数，返回该函数会返回 true 的项组成的数组
forEach	对数组中的每一项运行给定函数，这个方法没有返回值
join	将所有的数组元素连接成一个字符串
indexOf	返回第一个与给定参数相等的数组元素的索引，没有找到则返回-1
lastIndexOf	返回在数组中搜索到的与给定参数相等的元素的索引里最大的值
map	对数组中的每一项运行给定函数，返回每次函数调用的结果组成的数组
reverse	颠倒数组中元素的顺序，原先第一个元素现在变成最后一个，同样原先的最后一个元素变成了现在的第一个
slice	传入索引值，将数组里对应索引范围内的元素作为新数组返回
some	对数组中的每一项运行给定函数，如果任一项返回 true，则返回 true
sort	按照字母顺序对数组排序，支持传入指定排序方法的函数作为参数
toString	将数组作为字符串返回
valueOf	和 toString 类似，将数组作为字符串返回

1. 数组合并和截取

　　考虑以下场景：有多个数组，需要合并起来成为一个数组。按常规方法，我们需要迭代各个数组，然后把每个元素加入最终的数组。若将这个合并后的数组从中间某个位置截取一部分出来，同样需要迭代这个数组。幸运的是，JavaScript 已经为我们提供了更简洁的方法 concat()和 slice()，可以毫不费力地处理数组合并和截取问题。

```
var colors=["red","green","blue"];
var color1=["white","purple"];
var color2=colors.concat(color1);
var color3=colors.concat();
var color4=colors.concat("yellow",["black","brown"]);
alert(color2);
alert(color3);
alert(color4);
```

concat()方法可以基于当前数组中的所有项创建一个新数组。在没有给 concat()方法传递参数的情况下，它只是复制当前数组并返回副本。如果传递给 concat()方法的是一个或多个数组，则该方法会将这些数组中的每一项都添加到结果数组中，如果传递的值不是数组，这些值就会被简单地添加到结果数组的末尾。在这个例子中，数组 color1 被合并到数组 colors 中变为数组 color2，所以数组 color2 元素为"red,green,blue,white,purple"；数组 color3 是数组 colors 的一个副本数组；数组 color4 是数组 colors 合并上一个元素加一个数组的结果，所以数组 color4 元素为" red,green,blue,yellow,black,brown"。

```
var colors=["red","green","blue","yellow","black"];
colors.slice (1);        //green,blue,yellow,black
colors.slice(1,4)        //green,blue,yellow
```

slice()方法基于当前数组中的一或多个项创建一个新数组。

slice()方法可以接收一或两个参数，即要返回的起始和结束位置。

在只有一个参数的情况下，slice()方法返回从该参数指定位置开始到当前数组末尾的所有项。如果有两个参数，该方法返回起始和结束位置之间的项——但不包括结束位置的项。slice()方法不会影响原始数组。在这个例子中，colors.slice(1)传入一个参数，即返回 colors 数组从索引位置 1 开始往后的所有元素；colors.slice(1,4)传入两个参数，返回 colors 数组从索引位置 1 到索引位置 4 之间的所有元素。

2. 数组迭代

前面已经介绍过数组的迭代用 for 循环来处理。其实，JavaScript 内置了许多数组可用的迭代方法，如 every、some、forEach 以及 filter 等。我们先来定义一个函数，判断数组中的元素是否可以被 2 整除，返回 true 或 false。然后逐一使用这些内置的迭代函数。

```
var isEven = function(x){
    // 如果是2的倍数，就返回true
    console.log(x);
    return(x % 2 == 0) ? true:false;
    // 也可以写成return(x % 2 == 0)
}
var numbers = [1,2,3,4,5,6,7,8,9,10,11,12,13,14,15];
```

（1）every 方法。

every 方法会迭代数组中的每个元素，直到返回 false。

```
numbers.every(isEven);
```

在数组 numbers 中，第 1 个数组元素是 1，它不是 2 的倍数，因此 isEven 函数返回 false，every 也随即执行结束。

（2）some 方法。

some 方法和 every 的行为类似，不同的是 some 方法会迭代数组中的每个元素，直到函数返回 true。

```
numbers.some(isEven);
```

numbers 数组中第一个偶数是 2（第 2 个元素）。第一个被迭代的元素是 1，isEven 会返回 false。第 2 个被迭代的元素是 2，isEven 返回 true，some 迭代结束。

（3）forEach 方法。

every 和 some 都只迭代了数组部分元素就停止了。如果要迭代整个数组，可以使用 forEach 方法。它和 for 循环的结果相同。

```
numbers.forEach(function(x){
    console.log( x%2 ==0)
});
```

（4）map 方法。

map 方法使用方法如下。

```
var myMap = numbers.map(isEven);
```

数组 myMap 里的值是：[false,true, false,true, false,true, false,true, false,true, false,true, false,true, false]。它保存了传入 map 方法的 isEven 函数的运行结果。这样很容易知道一个元素是否是偶数。比如，myMap[0]是 false，因为 1 不是偶数；而 myMap[1]是 true，因为 2 是偶数。

（5）filter 方法。

它返回的新数组由使函数返回 true 的元素组成。

```
var evenNumbers = numbers.filter(isEven);
```

evenNumbers 数组中元素全是偶数：[2,4,6,8,10,12,14]。

（6）reduce 方法。

reduce 方法接收一个函数作为参数，这个函数有 4 个参数：previousValue、currentValue、index 和 array。这个函数会返回一个将被叠加到累加器的值，reduce 方法停止执行后会返回这个累加器。如果要对一个数组中的所有元素求和，这就很有用，比如：

```
numbers.reduce(function(previous,current,index){
    return previous + current;
});
```

输出值为 120。

3．数组搜索和排序

JavaScript 数组排序方法有两种 reverse()和 sort()。

reverse()方法会反转数组项的顺序，如下：

```
var values = [1, 2, 3, 4, 5];
values.reverse();
alert(values);   //5,4,3,2,1
```

这里数组的初始值及顺序是 1、2、3、4、5。而调用数组的 reverse()方法后，其值的顺序变成了 5、4、3、2、1。

sort()方法按升序排列数组，即最小的值位于最前面，最大的值排在最后面。为了实现排序，sort()方法会调用每个数组项的 toString()转型方法，然后比较得到的字符串，以确定如何排序。即使数组中的每一项都是数组，sort()方法比较的也是字符串，如下所示：

```
var values = [0, 1, 5, 10, 15];
values.sort();
alert(values);   //0,1,10,15,5
```

这种排序方式在很多情况下都不是最佳方案。因此 sort()方法可以接受一个比较函数作为参数，以便我们指定哪个值位于哪个值的前面。

比较函数接收两个参数，如果第 1 个参数位于第 2 个之前则返回一个负数，如果两个参数相等，则返回 0，如果第 1 个参数位于第 2 个之后则返回一个正数。以下就是一个简单的比较函数。

```
function compare(value1, value2) {
    if (value1 < value2) {
        return −1;
```

```
    } else if (value1 > value2) {
        return 1;
    } else {
        return 0;
    }
}
```

这个比较函数可以用于大多数数据类型，只要将其作为参数传递给 sort()方法即可，如下面这个例子所示。

```
var values = [0, 1, 2, 5, 10, 15];
values.sort(compare);
alert(values);   //0,1,5,10,15
```

在将比较函数传递到 sort()方法之后，数值仍然保持了正确的升序。当然，也可以通过比较函数产生降序排序的结果，只要交换比较函数返回的值即可。

```
function compare(value1, value2) {
    if (value1 < value2) {
        return 1;
    } else if (value1 > value2) {
        return -1;
    } else {
        return 0;
    }
}
var values = [0, 1, 2, 5, 10, 15];
values.sort(compare);
alert(values);   //15,10,5,1,0
```

reverse()和 sort()方法返回值都是经过排序之后的数组。

JavaScript 的搜索方法也有两个，indexOf()和 lastIndexOf()。indexOf()方法返回与参数匹配的第一个元素的索引；lastIndexOf()返回与参数匹配的最后一个元素的索引。仍然利用前面定义的 numbers 数组，我们来运用这两个方法。

```
console.log(numbers.indexOf(10));
console.log(numbers.indexOf(100));
```

在这个示例中，第 1 行的输出是 9，第 2 行的输出是-1（因为 100 不在数组里）。下面的代码会返回同样的结果。

```
numbers.push(10);
console.log(numbers. indexOf (10));
console.log(numbers. indexOf (100));
```

通过 push 方法向数组中加入了一个新的元素 10，因此第 2 行会输出 15（数组中的元素是 1 到 15，还有10），第 3 行会输出-1（因为 100 不在数组里）。

toString()和 join()方法可以输出数组为字符串。如果想把数组里的所有元素均输出为一个字符串，可以用toString 方法。

```
console.log(numbers.toString());
```

在控制台会输出 "1、2、3、4、5、6、7、8、9、10、11、12、13、14、15、10"。
如果想用一个不同的分隔符（比如-）把元素隔开，可以用 join 方法。

```
var numbersString = numbers.join('- ');
console.log(numbersString);
```

这样会输出 "1-2-3-4-5-6-7-8-9-10-11-12-13-14-15-10"。

【任务 5-2】实现数组倒转、文本排序及数值排序

1. 任务介绍
定义一个一维数组，分别实现该数组的倒转和文本排序及数值排序。

2. 任务目标
学会 JavaScript 常用的数组处理方法。

3. 实现思路
（1）利用数组的 reverse() 方法实现数组倒转。

（2）利用数组的 sort() 方法实现数组的文本排序，利用 sort() 方法接收一个比较函数实现数组的数值排序。

4. 实现代码
完整代码如脚本 5-2 所示。

脚本 5-2.html

```html
<html>
  <head>
    <title>数组倒转与排序</title>
    <script type="text/javascript">
        function operateArray(t){
            var array = document.getElementById("txtNumbers").value.split(",");
            switch (t){
                case 1:array.reverse();break;
                case 2:array.sort();break;
                case 3:array.sort(sortFunc);break;
            }
            alert(array.toString());
        }
        function sortFunc(a, b) {
            return a - b;
        }
    </script>
  </head>
  <body>
    <input type="text" id="txtNumbers" value="12,4,3,123,51" />
    <input type="button" value="数组倒转" onclick="operateArray(1);" />
    <input type="button" value="数组排序（文本）" onclick="operateArray(2);" />
    <input type="button" value="数组排序（数值）" onclick="operateArray(3);" />
  </body>
</html>
```

5. 运行结果
运行结果如图 5.2、图 5.3 和图 5.4 所示。

图 5.2　任务 5-2 数组倒转运行结果

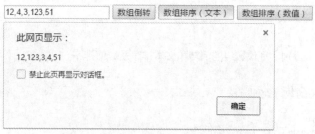

图 5.3　任务 5-2 数组文本排序运行结果

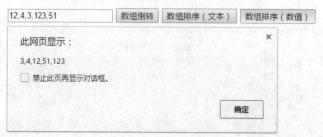

图 5.4　任务 5-2 数组数值排序运行结果

5.5　实战

精讲视频

【案例 5-1】——计算产品销售额

1. 案例描述

随机生成某产品一年中每天的销售额，并计算某一个月的日平均销售额以及某一周的日平均销售额。

实战：计算产品销售额

2. 实现思路

（1）假设该产品日销售额区间为(0,10000)，首先运用 Math 对象的 random()方法随机生成区间内的随机数，代码片段如下。

```
var sales = parseInt(Math.random()*10000;
```

（2）创建三维数组 month 用于存放每个月每一周每一天的日销售额数据。如 month[i]表示第 i+1 个月的销售额数据；month[i][j]表示第 i+1 个月中第 j+1 周的销售额数据；month[i][j][k]表示第 i+1 个月第 j+1 周第 k+1 天的销售额数据；并用随机生成的销售额填充这个三维数组，代码片段如下。

```
var init = function (month) {
    var i = 0, j = 0, k = 0;
    for (i = 0; i < month; i++) {
        this.month[ i ] = [];
        for (k = 0; k < 4; k++) {
            this.month[ i ][ k ] = [];
            for(j = 0; j < 7; j++) {
                this.month[ i ][ k ][ j ] = parseInt(Math.random()*10000);
            }
        }
    }
};
```

（3）创建函数 getAverageSomeMonth 用来计算某个月的日平均销售额，传入参数为整数月份。运用数组的

reduce 方法返回该月中每周的日销售额之和，并用数组的 map 方法接收结果，然后再运用 reduce 方法将该月每周销售额相加得到该月的总销售额，最后将结果除以 28 即得到该月日平均销售额，代码片段如下。

```
function getAverageSomeMonth(month) {
    month = month || 12;
    console.log(month + "月的日平均销售额是:" + this.month[ month − 1 ].map(function(arr) {
        return arr.reduce(function(a, b){return a + b;});
    }).reduce(function(a, b){return a + b;}) / 28);
}
```

（4）创建函数 getAverageSomeWeek 用来计算某一周的日平均销售额，传入参数为整数月份和整数周。运用数组的 reduce 方法返回该月中当前计算周的日销售额之和，最后将结果除以 7 即得到该月该周日平均销售额。代码片段如下。

```
function getAverageSomeWeek(month, week) {
    month = month || 12;
    week = week || 1;
    console.log(month + "月第" + week + "周的日平均销售额是:" + this.month[ month − 1 ][ week −
1 ].reduce(function(a, b){return a + b;}) / 7);
}
```

（5）最后创建对象数组并调用函数传入参数即可。

3. 实现代码

完整代码如脚本 5-3 所示。

脚本 5-3.html

```
<!DOCTYPE html>
<html>
  <head>
    <meta charset="utf−8">
    <title>某产品的日平均销售额计算</title>
  </head>
  <body>
    <script type="text/javascript">
        var WeekSales = function () {
            this.month = [];
            this.init = init;
            this.getAverageSomeMonth = getAverageSomeMonth;
            this.getAverageSomeWeek = getAverageSomeWeek;
        };

        var init = function (month) {
            var i = 0,j = 0,k = 0;
            for (i = 0; i < month; i++) {
                this.month[ i ] = [];
                for (k = 0; k < 4; k++) {
                    this.month[ i ][ k ] = [];
                    for(j = 0; j < 7; j++) {
                        this.month[ i ][ k ][ j ] = parseInt(Math.random()*10000);
                    }
                    //console.log((i+1)+"月"+(k+1)+"周: "+(this.month[ i ][ k ]).toString());
                }
            }
        }
```

```
        };

        function getAverageSomeMonth(month) {
            month = month || 12;
            console.log(month + "月的日平均销售额是:" + this.month[ month − 1 ].map(function(arr) {
                return arr.reduce(function(a, b){return a + b;});
            }).reduce(function(a, b){return a + b;}) / 28);
        }

        function getAverageSomeWeek(month, week) {
            month = month || 12;
            week = week || 1;
            console.log(month + "月第" + week + "周的日平均销售额是:" + this.month[ month − 1 ][ week
− 1 ].reduce(function(a, b){return a + b;}) / 7);
        }

        var newWeekSales = new WeekSales();
        newWeekSales.init(12);
        newWeekSales.getAverageSomeMonth(12);
        newWeekSales.getAverageSomeWeek(12, 4);
    </script>
  </body>
</html>
```

运行结果如图 5.5 所示。

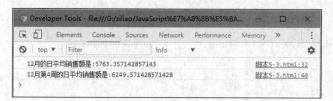

图 5.5　案例 5-1 运行结果

5.6　小结

本章介绍了 JavaScript 中最常用的数据结构：数组。学习了如何声明和初始化数组，给数组赋值，以及添加和移除数组元素，二维数组及多维数组的使用及数组常用的一些方法。这对以后 JavaScript 编程以及算法运用有很大帮助。

第三篇

JavaScript 技能提升

本书第一篇介绍了 JavaScript 的历史来源及 JavaScript 的一些基本特性。第二篇描述了 JavaScript 语言的必备基础知识。接下来本篇将进一步讲解 JavaScript 在浏览器中的具体运用，JavaScript 算法知识及 JavaScript 的一些常用特效。本篇的目录结构如下：

第6章

窗口和框架

■ JavaScript 中的窗口即 Window 对象，是浏览器窗口对文档提供的一个显示的容器，是每一个加载文档的父对象。除此之外，Window 对象还是所有其他对象的顶级对象，通过对 Window 对象的子对象进行操作，可以实现更多的动态效果。

而框架则是指一个浏览器窗口中，同时显示的多个相互独立的网页。在上网浏览网页时，时常会看到一些特别的页面，这种页面将网页分割成几个不同的区域，这些区域是相对独立但又存在一定联系的，可以在不同的地方加载不同的网页。这里运用的即是框架。

实际上，每个浏览器窗口以及窗口中的框架都是由 Window 对象来表示的。Window 对象定义了许多属性和方法，这些属性和方法在客户端 JavaScript 程序设计中非常重要。

6.1 Window 对象概述

精讲视频

Window 对象概述

6.1.1 什么是 Window 对象

在 JavaScript 中，一个浏览器窗口就是一个 Window 对象。Window 对象主要用来控制由窗口弹出的对话框、打开窗口或关闭窗口、控制窗口的大小和位置等。一句话，Window 对象就是用来操作"浏览器窗口"的一个对象。

6.1.2 Window 对象属性和方法

Window 对象是全局对象，它的属性可作为全局变量来使用，它的方法可当作函数来使用，也就是说，引用 Window 对象的属性和方法时，可以省略对象名。表 6.1 列出了 Window 对象的所有属性，表 6.2 列出了 Window 对象的所有方法。

表 6.1 Window 对象属性

属性	描述
closed	返回窗口是否已被关闭
defaultStatus	设置或返回窗口状态栏中的默认文本
document	对 document 对象的只读引用
history	对 history 对象的只读引用
innerheight	返回窗口的文档显示区的高度
innerwidth	返回窗口的文档显示区的宽度
length	设置或返回窗口中的框架数量
location	用于窗口或框架的 location 对象
name	设置或返回窗口的名称
navigator	对 navigator 对象的只读引用
outheight	返回窗口的外部高度
outwidth	返回窗口的外部宽度
pageXOffset	设置或返回当前页面相对于窗口显示区左上角的 X 位置
pageYOffset	设置或返回当前页面相对于窗口显示区左上角的 Y 位置
parent	返回父窗口
Screen	对 Screen 对象的只读引用
self	返回对当前窗口的引用，等价于 Window 属性
status	设置窗口状态栏的文本
top	返回最顶层的窗口
window	window 属性等价于 self 属性，它包含了对窗口自身的引用
screenLeft screenTop screenX screenY	只读整数。声明了窗口左上角在屏幕上的 X 和 Y 坐标。IE、Safari 和 Opera 支持 screenLeft 和 screenTop，而 Firefox 和 Safari 支持 screenX 和 screenY

表 6.2　Window 对象方法

方法	描述
alert()	显示一段带有消息和一个确认按钮的警告框
blur()	把键盘焦点从顶层窗口移开
clearInterval()	取消由 setInterval()设置的 timeout
clearTimeout()	取消由 setTimeout()设置的 timeout
close()	关闭浏览器窗口
confirm()	显示带有一段消息以及确认按钮和取消按钮的对话框
createPopup()	创建一个 pop-up 窗口
focus()	把键盘焦点给予一个窗口
moveBy()	可相对窗口的当前坐标把它移动到指定的像素
moveTo()	把窗口的左上角移动到一个指定的坐标
open()	打开一个新的浏览器窗口或查找一个已命名的窗口
print()	打印当前窗口内容
prompt()	显示可提示用户输入的对话框
resizeBy()	按照指定的像素调整窗口的大小
resizeTo()	把窗口的大小调整到指定的宽度和高度
scrollBy()	按照指定的像素值来滚动内容
scrollTo()	把内容滚动到指定的坐标
setInterval()	按照指定的周期（以毫秒计）来调用函数或计算表达式
setTimeout()	在指定的毫秒数后调用函数或计算表达式

具体应用表 6.1 和表 6.2 的 Window 属性和方法如下。

1. 简单对话框

JavaScript 提供了 3 种 Window 方法来实现对话框，它们分别为 alert()、confirm()和 prompt()。alert()为警告对话框，是一个带感叹图标的小窗口，显示文本信息并且使扬声器发出"咚~"的声音，通常用来输出一些简单的文本信息。confirm()是询问对话框，询问对话框是具有双向交互的信息框，系统在对话框上放置按钮，根据用户的选择返回不同的值。设计程序时可以根据不同的值予以不同的响应，实现互动的效果。它通常放在网页中，对用户进行询问并根据其选择而选择不同的流程。prompt()是输入对话框。很多情况下需要向网页中的程序输入数据，简单的鼠标交互显然不能满足此需求，此时就可以使用 Window 对象提供的输入对话框 prompt()，通过该对话框可以输入数据。下面通过脚本 6-1 的示例来介绍这 3 种对话框的效果。

脚本 6-1.html

```html
<!Doctype html>
<html lang="en">
  <head>
    <meta charset="UTF-8">
    <title>Window对象的三种对话框</title>
  </head>
  <body>
    <script type="text/javascript">
      var yourname = prompt("您的姓名是：","小王");
```

```
    if(confirm("您确定吗？") == true){
        alert(yourname+"先生，您好！")
    }
    </script>
  </body>
</html>
```

运行脚本 6-1，依次单击确定按钮显示如图 6.1、图 6.2 和图 6.3 所示。

图 6.1　prompt()方法生成的对话框　　　　　　　　图 6.2　confirm()方法生成的对话框

图 6.3　alert()方法生成的对话框

（1）对话框中显示的文本都是纯文本，而非 HTML 格式的文本。只能使用空格、换行符和各种标点符号来格式化这些对话框。不同的平台和不同的浏览器中的对话框看起来会有所不同，因此不能指望格式化在所有的浏览器中看起来都正确。

（2）方法 confirm()和 prompt()都会产生阻塞，也就是说，在用户关掉它们所显示的对话框之前，它们不会返回。这就意味着在弹出一个对话框时，代码就会停止运行。如果当前正在装载文档，也会停止装载，直到用户用户要求的输入进行了响应为止。没有方法可以阻止产生的阻塞，因为这些方法的返回值是用户的输入，所以在返回之前必须等待用户进行输入。在大多数浏览器中，alert()方法也会产生阻塞，等待用户关闭警告框。但在某些浏览器（尤其是 UNIX 平台上的 Netscape3 和 4）中，alert()方法并不产生阻塞。

（3）alert()方法没有返回值；confirm()方法返回值为 true 或 false；prompt()方法返回值为输入的字符串。

2. 状态栏

状态栏由 Window 对象的 status 属性和 defaultStatus 属性控制。浏览器的状态栏通常位于窗口的底部，用于显示一些任务状态信息等。默认情况下，状态栏里的信息都是空的，只有在加载网页或将鼠标放在超链接上时，状态栏中才会显示与任务目标相关的瞬间信息。Window 对象的 defaultStatus 属性可以用来设置在状态栏中的默认文本，当不显示瞬间信息时，状态栏可以显示这个默认文本。下面实现一个在状态栏显示当前时间的功能，示例代码如脚本 6-2 所示。

脚本 6-2.html

```
<!Doctype html>
<html lang="en">
  <head>
```

```
        <meta charset="UTF-8">
        <title>Window对象状态栏信息</title>
    </head>
    <body>
        <script type="text/javascript">
            function setStatus(){
                var d = new Date();
                status = d.getHours()+":"+d.getMinutes()+":"+d.getSeconds();
                return true;
            }
        </script>
        <input type="button" onmouseover="return setStatus()" value="请观察状态栏">
    </body>
</html>
```

不少浏览器已经关闭了脚本化它们的状态栏功能，即不再允许改变状态栏信息。这是一项安全措施，防止隐藏了超链接真正目的的钓鱼攻击。

3. 定时设定和时间间隔

Window 对象的 setTimeout()方法可以延迟代码的执行时间，也可以用来指定代码的执行时间，而 clearTimeout()方法则用于取消代码的执行。setTimeout()常用于执行一个动画或其他重复的动作。如果运行了一个函数，使用方法 setTimeout()进行调度，使自己再次被调用，这样就得到了一个无需用户干涉就可以反复执行的进程。JavaScript 还提供了 setInterval()和 clearInterval()方法，它们的功能与 setTimeout()和 clearTimeout()相似，只不过它们会自动地重新调度要反复运行的代码，无需代码自己进行再调度。下面脚本 6-3 运用 setInterval()和 clearInterval()方法实现一个在线时钟的功能。

脚本 6-3.html

```
<!Doctype html>
<html lang="en">
    <head>
        <meta charset="UTF-8">
        <title>Window对象定时设定和时间间隔</title>
    </head>
    <body>
        <script type="text/javascript">
            function display(){
                var content = document.getElementById("text");
                content.value = new Date().toLocaleString();
            }
            window.onload = function(){
                var timer;
                document.getElementById("start").onclick = function(){
                    timer = setInterval('display()',1000);
                };
                document.getElementById("stop").onclick = function(){
                    clearInterval(timer);
                };
            }
        </script>
```

```
        <input type="text" value="" id="text" size="30">
        <input type="button" value="开始" id="start">
        <input type="button" value="结束" id="stop">
    </body>
</html>
```

运行脚本，单击开始按钮，文本框显示当前时间并开始按秒计时；单击结束按钮，文本框停止计时。显示结果如图 6.4 所示。

| 2017/4/15 下午5:30:14 | 开始 | 结束 |

图 6.4 在线时钟功能显示结果

4. navigator 对象

navigator 对象是 Window 对象的属性，通常用于获取浏览器和操作系统的信息。

navigator 没有统一的标准，各个浏览器都有自己不同的 navigator 版本，表 6.3 列出的是 navigator 对象常用属性。

表 6.3 navigator 对象常用属性

属性	描述
appCodeName	返回浏览器的代码名
appMinorVersion	返回浏览器的次级版本
appName	返回浏览器的名称
appVersion	返回浏览器的平台和版本信息
browserLanguage	返回当前浏览器语言
cookieEnabled	返回指明浏览器中是否启用 cookie 的布尔值
cpuClass	返回浏览器系统的 CPU 等级
onLine	返回指明系统是否处于脱机模式的布尔值
platform	返回运行浏览器的操作系统平台
systemLanguage	返回操作系统使用的默认语言
userAgent	返回由客户机发送服务器的 user-agent 头部的值
userLanguage	返回操作系统的自然语言设置

脚本 6-4 运用 Navigator 属性获取客户端信息。

脚本 6-4.html

```
<!Doctype html>
<html lang="en">
    <head>
        <meta charset="UTF-8">
        <title>Window对象-navigator对象</title>
    </head>
    <body>
        <input id="demo1" type="button" value="显示浏览器信息" />
        <script type="text/javascript">
            document.getElementById("demo1").onclick=function(){
                alert(
                    "浏览器信息：\n"+
                    "名称："+navigator.appName+"\n"+
                    "平台和版本："+navigator.appVersion+"\n"+
```

```
                    "操作系统："+navigator.platform+"\n"+
                    "userAgent："+navigator.userAgent
                );
            }
        </script>
    </body>
</html>
```

运行结果显示如图 6.5 所示。

此网页显示：
浏览器信息：
名称：Netscape
平台和版本：5.0 (Windows NT 10.0; WOW64) AppleWebKit/537.36
(KHTML, like Gecko) Chrome/57.0.2987.133 Safari/537.36
操作系统：Win32
userAgent：Mozilla/5.0 (Windows NT 10.0; WOW64) AppleWebKit/
537.36 (KHTML, like Gecko) Chrome/57.0.2987.133 Safari/537.36
确定

图 6.5 运用 Navigator 属性获取客户端信息

来自 navigator 对象的信息具有误导性，不应该被用于检测浏览器版本，这是因为 navigator 数据可被浏览器使用者更改，浏览器无法报告晚于浏览器发布的新操作系统。

5. Screen 对象

Window 对象的 screen 属性引用 Screen 对象。Screen 对象提供有关用户显示器的大小和可用的颜色和数量的信息。属性 width 和 height 指定以像素为单位的显示器大小。属性 availHeight 和 availWidth 指定的是实际可用的显示器大小，它们排除了像 Windows 任务栏这样的特性所占有的空间。可以使用这些属性来确定要载入文档的图像大小，或者在创建多个浏览器窗口的应用程序中确定要创建的窗口的大小。Screen 对象还有一个属性 colorDepth，此属性用来指定用户浏览器表示的颜色位数，它并不常用。下面脚本 6-5 运用 Screen 对象属性获取用户屏幕信息。

脚本 6-5.html

```
<!Doctype html>
<html lang="en">
  <head>
    <meta charset="UTF-8">
    <title>Window对象-Screen对象</title>
  </head>
  <body>
    <input id="demo1" type="button" value="显示屏幕信息" />
    <script type="text/javascript">
        document.getElementById("demo1").onclick=function(){
            alert(
                "屏幕信息：\n"+
                "分辨率："+screen.width+"×"+screen.height+"\n"+
                "可用区域："+screen.availWidth+"×"+screen.availHeight
            );
        }
    </script>
  </body>
</html>
```

运行脚本显示屏幕信息如图 6.6 所示。

6. Location 对象

窗口的 Location 属性引用的是 Location 对象，它代表该窗口中当前显示的文档的 URL。Location 对象的 href 属性是一个字符串，包含完整的 URL 文本。这个对象的其他属性（如 protocol、host、search 等）则分别声明了 URL 的各部分。下面代码可提取 URL 中的各个参数。

```
<script type="text/javascript">
```

此网页显示：
屏幕信息：
分辨率：1920×1080
可用区域：1920×1040
确定

图 6.6 运用 Screen 对象获取屏幕信息

```
document.write(
    "hash:"+location.hash+"<br>"+
    "host:"+location.host+"<br>"+
    "hostname:"+location.hostname+"<br>"+
    "href:"+location.href+"<br>"+
    "pathname:"+location.pathname+"<br>"+
    "port:"+location.port+"<br>"+
    "protocol:"+location.protocol+"<br>"+
    "search:"+location.search
);
</script>
```

location.href 是最常用的属性, 用于获取或设置窗口的 URL, 改变该属性, 就可以跳转到新的页面, 如下代码所示。

```
<script type="text/javascript">
    location.href = "http://www.ryjiaoyu.com";
</script>
```

运行这段代码打开页面将会跳转到人邮教育社区的页面。

Location 对象的 assign ()方法也可实现上述操作。如果不想让包含脚本的页面能从浏览器的历史记录中访问, replace()方法可以做到这一点。replace()方法所做的操作与 assign()方法一样, 但它多了一步操作, 即从浏览器的历史记录中删除包含脚本的页面, 这样就不能通过浏览器的后退按钮和前进按钮来访问它了, assign() 方法却可以通过后退按钮来访问上个页面。脚本 6-6 演示了 replace()方法的使用。

脚本 6-6.html

```
<html>
    <head>
        <title>不能访问此页面的历史页面</title>
    </head>
    <body>
        <p>测试一下效果, 请等待一秒钟……</p>
        <p>然后单击浏览器的 "后退按钮", 你会发现什么? </p>
        <script type="text/javascript">
            setTimeout(function(){
                location.replace("http://www.ryjiaoyu.com");
            },1000);
        </script>
    </body>
</html>
```

运行脚本等待 1s 后发现页面跳转到人邮教育社区的页面, 并且后退按钮不能使用。

location 对象还有个 reload()方法, 可以重新载入当前页面。reload()方法有两种模式, 即从浏览器的缓存中重载, 或从服务器端重载。究竟采用哪种模式由该方法的参数决定。

❏ false: 从缓存中重新载入页面。
❏ true: 从服务器重新载入页面。
❏ 无参数: 从缓存中载入页面, 如果参数省略, 默认值为 false。

```
location.reload(true);          //从服务器重载当前页面
location.reload(false);         //从浏览器缓存中重载当前页面
location.reload();              //从浏览器缓存中重载当前页面
```

7. History 对象

History 对象保存着用户上网的历史记录, 历史记录从窗口被打开的那一刻算起。出于安全方面的考虑, 开发人员无法得到用户浏览器的 URL, 但借由用户访问过的页面列表, 可以在不知道实际 URL 的情况下实现后退和前进。

history.length 属性保存着历史记录的 URL 数量。初始时，该值为 1。如果当前窗口先后访问了 3 个网址，history.length 属性等于 3。history 对象还提供了一系列方法，允许在浏览历史之间移动，包括 go()、back() 和 forward()。

go() 方法可以在用户的历史记录中任意跳转。这个方法接收一个参数，表示向后或向前跳转的页面数的一个整数值。负数表示向后跳转（类似于后退按钮），正数表示向前跳转（类似于前进按钮）。go() 方法无参数时，相当于 history.go(0)，可以刷新当前页面。go() 方法使用如下：

```
history.go(-1);      //后退一页
history.go(1);       //前进一页
history.go(2);       //前进两页
history.go();        //刷新当前页面
history.go(0);       //刷新当前页面
```

back() 方法用于模仿浏览器的后退按钮，相当于 history.go(-1)。
forward() 方法用于模仿浏览器的前进按钮，相当于 history.go(1)。

```
history.back();      //后退一页
history.forward();   //前进一页
```

如果移动的位置超出了访问历史的边界，以上 3 个方法并不报错，而是默认失败。

使用历史记录时，页面通常从浏览器缓存之中加载，而不是重新要求服务器发送新的网页。

6.1.3 窗口相关操作

JavaScript 提供了许多 Window 方法与属性，可以使用它们来控制窗口。

1. 窗口位置获取

浏览器（Firefox 不支持）提供了 screenLeft 和 screenTop 属性，分别用于表示窗口相对于屏幕左边和上边的位置。

在窗口最大化的情况下，运行脚本 6-7 时，各个浏览器返回的值并不相同。chrome 返回 left:0;top:0。而 IE 则返回 left:0;top:56（若有菜单栏，则返回 left:0;top:78），这是因为 IE 中保存的是从屏幕左边和上边到由 Window 对象表示的页面可见区域的距离。Firefox 则由于自身的 bug，返回 left:-8;top:-8。

脚本 6-7.html

```
<!Doctype html>
<html lang="en">
  <head>
    <meta charset="UTF-8">
    <title>窗口位置获取</title>
  </head>
  <body>
    <!-- 移动窗口，会有数值的变化 -->
    <div id='myDiv'></div>
    <script>
            var timer = setInterval(function(){
                myDiv.innerHTML = 'left:' + window.screenLeft + ';top:' + window.screenTop;
            })
            myDiv.onclick = function(){
                clearInterval(timer);
            }
    </script>
  </body>
```

```
</html>
```

图 6.7～图 6.9 分别显示在窗口最大化的情况下，Chrome、IE 和 Firefox 浏览器的显示结果：

left:0;top:0   left:44;top:91   left:undefined;top:undefined

图 6.7 Chrome 浏览器窗口位置　　　图 6.8 IE 浏览器窗口位置　　　图 6.9 Firefox 浏览器窗口位置

screenX 和 screenY 属性（IE8-）也提供相同的窗口位置信息。

在窗口最大化的情况下，各个浏览器返回的值依然不相同。Firefox 返回 left:-8;top:-8。Chrome 依然返回 left:0;top:0。而 IE9+不论是否显示菜单栏始终返回 left:-7;top:-7。

```
<div id='myDiv'></div>
<script>
    var timer = setInterval(function(){
        myDiv.innerHTML = 'left:' + window.screenX + ';top:' + window.screenY;
    })
    myDiv.onclick = function(){
        clearInterval(timer);
    }
</script>
```

screenLeft、screenTop、screenX 和 screenY 都是只读属性，修改它们的值，并不会使得窗口发生移动。

2. 窗口位置移动

使用 moveTo()和 moveBy()方法可以将窗口精确移动到一个新位置，这两个方法只有 IE 浏览器支持。

moveBy()方法可相对窗口的当前坐标，把窗口移动到指定的像素；而 moveTo()方法是把窗口的左上角移动到一个指定的坐标。moveTo()接收两个参数，分别是新位置的 x 和 y 坐标值；moveBy()接收两个参数，分别是水平和垂直方向上移动的像素数。两个方法的运用如下代码所示。

```
<div id='myDiv'>单击此处</div>
<script>
    myDiv.onclick = function(){
        window.moveTo(0,100);
    }
</script>

<div id='myDiv'>单击此处</div>
<script>
    myDiv.onclick = function(){
        window.moveBy(0,100);
    }
</script>
```

3. 窗口大小获取

outerWidth 和 outerHeight 属性用于表示浏览器窗口本身的尺寸；innerWidth 和 innerHeight 属性用于表示页面大小，实际上等于浏览器窗口尺寸大小减去浏览器自身边框及菜单栏、地址栏、状态栏等的宽度，见脚本 6-8。

脚本 6-8.html

```
<!Doctype html>
<html lang="en">
```

```
<head>
<meta charset="UTF-8">
    <title>窗口大小获取</title>
</head>
<body>
    <script>
        document.body.innerHTML = 'outerWidth:' + window.outerWidth + ';outerHeight:'
+ window.outerHeight + '</br>' + 'innerWidth:' + window.innerWidth + ';innerHeight:' + window.innerHeight;
    </script>
</body>
</html>
```

在 Chrome 下面运行结果如图 6.10 所示。

> outerWidth:1920;outerHeight:1040
> innerWidth:1920;innerHeight:972

图 6.10　窗口大小获取

由于 <iframe> 本身也有 window 属性，如果页面中存在框架，那么框架中的 innerWidth 和
innerHeight 属性指的是框架本身的 innerWidth 和 innerHeight 属性。

4. 窗口大小调整

使用 resizeTo() 和 resizeBy() 这两个方法可以用来调整浏览器窗口的大小。resizeTo() 方法是把窗口的大小调整到指定的宽度和高度；resizeBy() 方法则是按照指定的像素调整窗口的大小。resizeTo() 接收两个参数：浏览器窗口的新宽度和新高度；resizeBy() 接收两个参数：浏览器新窗口与原窗口的宽度和高度之差。两个方法的运用如下代码所示。

```
<div id="myDiv">单击此处</div>
<script>
    myDiv.onclick = function(){
    //将浏览器窗口大小调整到200,200
        window.resizeTo(200,200);
    }
</script>


<div id="myDiv">单击此处</div>
<script>
    myDiv.onclick = function(){
    //将浏览器窗口宽度减小100
        window.resizeBy(-100,0);
    }
</script>
```

5. 打开窗口

window.open() 方法可以导航到一个特定的 URL，也可以打开一个新的浏览器窗口。这个方法接收 4 个参数：window.open(param1,param2,param3,param4)。

❑　param1：表示要加载的 URL。

❑　param2：窗口目标。表示已有窗口或者框架的名称，或者是 _self、_parent、_top、_blank 等窗口打开方式。

❑　param3：是一个逗号分隔的设置字符串，表示在新窗口中都显示哪些特性。

❑　param4：第 4 个参数只在第 2 个参数命名的是一个存在的窗口时才有用。它是一个布尔值，声明了由第 1 个参数指定的 URL 是应用替换掉窗口浏览历史的当前条目（true），还是应该在窗口浏览历史中创建一个新的条目（false），后者是默认的设置。

window.open()方法的第 3 个参数可用特性如表 6.4 所示。

表 6.4 open()方法在新窗口中的特性

设置	值	说明
fullscreen	yes 或 no	表示浏览器窗口是否最大化，仅限 IE
height	数值	表示新窗口高度，不能小于 100
left	数值	表示新窗口的左坐标，不能是负值
location	yes 或 no	表示是否在浏览器窗口显示地址栏，不同浏览器默认值不同，如果设置为 no，地址栏可能会隐藏也可能会被禁用
menubar	yes 或 no	表示是否在浏览器窗口中显示菜单栏，默认值为 no
resizable	yes 或 no	表示是否可以通过拖动浏览器窗口的边框改变其大小，默认值为 no
scrollbars	yes 或 no	表示如果内容在窗口中显示不下，是否允许滚动，默认值为 no
status	yes 或 no	表示是否在浏览器窗口中显示状态栏，默认值为 no
toolbar	yes 或 no	表示是否在浏览器窗口中显示工具栏，默认值为 no
top	数值	表示新窗口的上坐标，不能是负值
width	数值	表示新窗口的宽度，不能小于 100

下面的代码显示在新窗口中打开高度为 500，宽度为 500，纵坐标为 0，横坐标为 200 的网页。

```
<div id="myDiv">单击此处</div>
<script>
myDiv.onclick = function(){
window.open("http://ryjiaoyu.com","_blank","height=500,width=500,top=0,left=200")
}
</script>
```

open()方法的返回值是新窗口的 Window 对象。

```
<div id="myDiv">单击此处</div>
<script>
myDiv.onclick = function(){
var w = window.open();
w.document.body.innerHTML = '测试文字';
}
</script>
```

这里单击后页面显示"测试文字"。

6．关闭窗口

就像方法 open()会打开一个新窗口一样，方法 close()将关闭一个窗口。如果已经创建了 Window 对象 w，可以使用如下的代码将它关掉。

```
<div>
<span id="span1">打开窗口</span>
<span id="span2">关闭窗口</span>
</div>
<script>
var w;
span1.onclick = function(){
w = window.open();
}
span2.onclick = function(){
if(w){
```

```
    w.close();
    }
  }
</script>
```

单击"打开窗口"，浏览器会打开一个新窗口。单击"关闭窗口"，新打开的窗口被关闭。这里变量 w 是打开的新窗口的对象。w 还有一个 closed 属性，可用于检测窗口是否被关闭，用法如下代码所示。

```
<div id="myDiv">单击此处</div>
<script>
//先显示false，1s后显示true
myDiv.onclick = function(){
var w = window.open();
console.log(w.closed);    //false
setTimeout(function(){
 w.close();
 console.log(w.closed);   //true
},1000);
}
</script>
```

这里单击之后，首先打开新窗口，这时用新窗口对象的 closed 属性检测到窗口是打开的，所有控制台显示 false；运用 setTimeout 设置 1s 之后，关闭新打开的窗口，这时再用新窗口对象的 closed 属性检测到窗口是关闭的，所以控制台显示 true。

【任务 6-1】实现无间断的图片循环滚动效果

1. 任务介绍
编写一段程序实现无间断的图片循环滚动效果。

2. 任务目标
学会 Window 对象属性和方法的运用。

3. 实现思路
运用 Window 对象的 setInterval 方法定时调用函数实现图片循环滚动。

运用 Window 对象的 clearInterval 方法清除定时调用。

4. 实现代码
完整代码如脚本 6-9 所示。

脚本 6-9.html

```
<html>
  <head>
    <title>图片循环滚动</title>
  </head>
  <body>
    <div id="demo" style=" overflow: hidden; width: 600px; height: 200px;">
      <table border="0" cellspacing="0" cellpadding="0">
        <tr>
          <td style="text-align:center" id="marquePic1">
          <!-- 要循环滚动的图片 -->
          <table width="455" border="0" style="text-align:center"
        cellpadding="0" cellspacing="0">
            <tr style="text-align:center">
              <td><img width="200" height="166" border="1"
                src="http://filesimg.111cn.net/2011/05/20111212010310983.png"></td>
              <td><img width="200" height="166" border="1"
                src="http://filesimg.111cn.net/2011/05/20111212010316870.png"></td>
```

```html
        <td><img width="200" height="166" border="1"
          src="http://filesimg.111cn.net/2011/05/20111212010323234.png"></td>
        <td><img width="200" height="166" border="1"
          src="http://filesimg.111cn.net/2011/05/20111212010329895.png"></td>
        <td><img width="200" height="166" border="1"
          src="http://filesimg.111cn.net/2011/05/201112120103672.png"></td>
        <td><img width="200" height="166" border="1"
          src="http://filesimg.111cn.net/2011/05/20111212010342197.png"></td>
      </tr>
    </table>
  </td>
  <td id="marquePic2" width="1"></td>
  </tr>
  </table>
</div>
<script language="javascript">
    var speed=30 ; //设置间隔时间
    marquePic2.innerHTML=marquePic1.innerHTML;
    var demo=document.getElementById("demo"); //获取demo对象
    function Marquee(n){ //实现图片循环滚动的方法
        if(marquePic1.offsetWidth-demo.scrollLeft<=0){
            demo.scrollLeft=0;
        } else{
            demo.scrollLeft=demo.scrollLeft+n;
        }
    }
    var MyMar=setInterval("Marquee(6)",speed);
    demo.onmouseover=function() { //停止滚动
        clearInterval(MyMar);
    }
    demo.onmouseout=function() { //继续滚动
        MyMar=setInterval("Marquee(5)",speed);
    }
</script>
</body>
</html>
```

首先在页面添加一个 id 属性为 demo 的<div>标记，并在该标记中添加表格及要滚动显示的图片；然后运用 Window 对象的 setInterval 和 clearInterval 方法控制图片定时循环滚动。参数 speed 用于控制滚动速度，speed 越大图片滚动得越快。

5. 运行结果

运行结果如图 6.11 所示。

图 6.11   任务 6-1 运行结果

6.2 窗口框架简介

精讲视频

窗口框架简介

6.2.1 什么是窗口框架

窗口框架可将窗口画面分割成多个小窗口，且在每个小窗口中，可以显示不同的网页，达到在浏览器中同时浏览多个不同网页的效果。

当将浏览器的画面分割成多个窗口后，各个窗口具有不同的功能。有时候，希望把网页做成一个窗口显示的是目录，另一个窗口显示的是所选取的项目内容的形式。这样，目录不变，项目之间的切换就会快得多了。使用窗口框架不仅可以实现在一个屏幕中打开多个窗口，而且可以在每个窗口上显示不同的网页内容。

6.2.2 窗口框架的基本结构

框架 Frameset 结构的基本格式如下。

```
<frameset>
    <frame src="url" name="w1">
    <frame src="url" name="w2">
    ...
    <noframes> ... </noframes>
</frameset>
```

<frameset>标签用于定义一个窗口框架。

<frame>标签则用于定义窗口框架中的子窗口。

窗口框架文档的书写格式与一般的 HTML 文档的书写格式相同，只是用<frameset>代替<body>标签，<frameset>是一个成对标签，有开始和结束标签，在<frameset>标签内使用了另一个标签<frame>，用它来指定每一个窗口的内容。

脚本 6-10 用<frameset>标签定义了一个窗口框架，窗口框架下用两个<frame>标签定义了两个子窗口，子窗口分别为目录和前言。

脚本 6-10.html

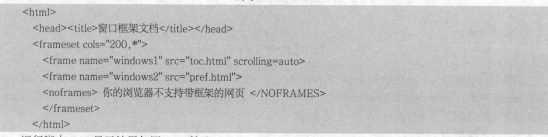

```
<html>
  <head><title>窗口框架文档</title></head>
  <frameset cols="200,*">
    <frame name="windows1" src="toc.html" scrolling=auto>
    <frame name="windows2" src="pref.html">
    <noframes> 你的浏览器不支持带框架的网页 </NOFRAMES>
    </frameset>
  </html>
```

运行脚本 6-10 显示结果如图 6.12 所示。

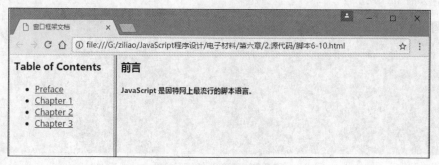

图 6.12　窗口框架示例结果

6.2.3 窗口框架的分割方式

窗口框架的分割方式可分为两种，一种是水平分割（rows 属性），另一种是垂直分割（cols 属性）。

6.3 窗口框架控制

6.3.1 框架设置标签 frameset

精讲视频

窗口框架控制

框架设置使用标签<frameset>。<frameset>是成对标签，首标签<frameset>和尾标签</frameset>之间的内容是 HTML 文档的主体部分。

使用框架的 HTML 文档中不能出现<body>标签，否则会导致 Web 浏览器忽略所有的框架定义而只显示<body>和</body>之间的内容。

<frameset>标签主要有 rows、cols、border、bordercolor 和 frameborder 5 个属性。

1. 水平/垂直分割

水平/垂直分割表示格式如下所示。

```
<frameset rows="值1,值2,…,值n">
<frameset cols="值1,值2,…,值n">
```

其中 rows 表示窗口行分隔情况，cols 表示列分隔情况。各参数值之间用逗号分隔，依次表示各个子窗口的高度（宽度）。

rows 和 cols 可以用数字、百分比或剩余值以及这 3 种方式的混合来表示。

① 数字：表示子窗口高度（宽度）所占的像素点数。

② 百分比"%"：表示子窗口高度（宽度）占整个浏览器窗口高度（宽度）的百分比。

③ 剩余值"*"：表示当前所有窗口设定之后的剩余部分。当符号*只出现一次，即其他子窗口的大小都有明确定义时，表示该子窗口的大小将根据浏览器窗口的大小而自动调整。当符号*出现一次以上时，表示按比例分割浏览器窗口的剩余空间。

```
<frameset cols="40%,2*,*">
```

这里表示将浏览器窗口分割为 3 列：

第 1 个子窗口在第 1 列，窗口宽度为整个浏览器窗口宽度的 40%；

第 2 个子窗口在第 2 列，占浏览器窗口剩余空间的 2/3，即其宽度为整个浏览器窗口宽度的 40%；

第 3 个子窗口占剩余空间的 1/3，宽度为整个浏览器窗口宽度的 20%。

```
<frameset rows="150,300,150">
```

这段代码将创建 3 行框架。其中的每行都贯穿整个文档窗口。第一行和最后一行框架被设置为 150 像素高，第 2 行被设置成 300 像素高。

实际上，除非浏览器窗口正好是 600 像素高，否则浏览器将会自动按照比例延伸或压缩第一个和最后一个框架，使得这两个框架都占据 1/4 的窗口空间。中间行将会占据剩下 1/2 的窗口空间。

也可以用窗口尺寸的百分比表示框架行和列尺寸，如下表示和上面代码效果相同。

```
<frameset rows="25%,50%,25%">
```

当然，如果这些百分比加起来不是 100%，浏览器也会自动按照比例重新给出每行尺寸以消除差异。

rows 和 cols 这两个属性也可以同时使用，表示窗口水平和垂直同时分割。脚本 6-11 是水平与垂直同时分割示例。

脚本 6-11.html

```
<HTML>
```

```
  <HEAD>
    <TITLE>Simple FRAMESET</TITLE>
  </HEAD>
  <FRAMESET cols="40%,60%" rows="2*,*">
    <FRAME name="TopLeft" src="red.html">
    <FRAME name="TopRight" src="green.html">
    <FRAME name="BotLeft" src="blue.html">
    <FRAME name="BotRight" src="yellow.html">
    </FRAMESET>
  </HTML>
```

运行脚本显示结果如图 6.13 所示。

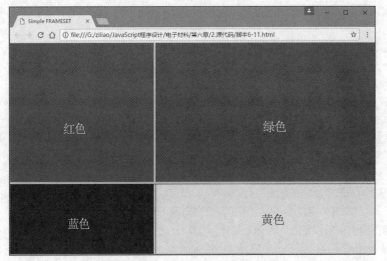

图 6.13　水平与垂直同时分割示例结果

窗口框架还可以嵌套分割，即在子窗口里嵌套子框架，脚本 6-12 是嵌套分割示例。

脚本 6-12.html

```
<html>
  <head>
    <title>嵌套分割</TITLE>
  </head>
  <frameset rows="105,*">
    <frame name="adbanner" src="white.html">
    <frameset cols="40%,60%">
      <frame name="left" src="red.html">
      <frameset rows="*,*">
        <frame name="top" src="blue.html">
        <frame name="bottom" src="yellow.html">
      </frameset>
    </frameset>
  </frameset>
</html>
```

运行脚本显示结果如图 6.14 所示。

2. 设置窗口框架宽度

在<frameset>标签中，可运用 border 属性控制分割窗口的框架的宽度，其语法如下所示。

```
<frameset border="数值">
```

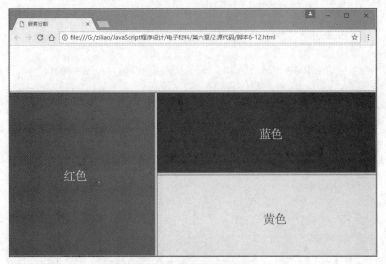

扫一扫看彩图

显示结果

图 6.14　嵌套分割示例结果

其中的数值代表此窗口框架的宽度，单位为像素。

脚本 6-13 将窗口框架宽度设置为 10 个像素。

脚本 6-13.html

```
<HTML>
  <HEAD>
    <TITLE>窗口框架宽度设置</TITLE>
  </HEAD>
  <FRAMESET border=10 cols="40%,60%" rows="2*,*">
    <FRAME name="TopLeft" src="red.html">
    <FRAME name="TopRight" src="green.html">
    <FRAME name="BotLeft" src="blue.html">
    <FRAME name="BotRight" src="yellow.html">
  </FRAMESET>
</HTML>
```

运行显示结果如图 6.15 所示。

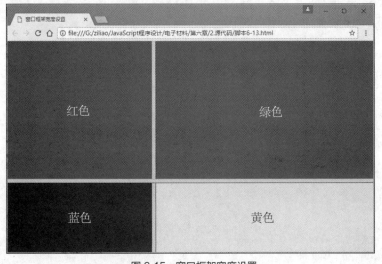

扫一扫看彩图

显示结果

图 6.15　窗口框架宽度设置

3. 设置边框颜色

在<frameset>标签中，可运用 bordercolor 属性设置边框的颜色，其语法如下所示。

```
<frameset bordercolor="#">
```

其中的#代表此边框的颜色，取值可为 RGB 代码。脚本 6-14 将边框颜色设置为 "990000"。

脚本 6-14.html

```
<html>
  <head>
    <title>边框颜色设置</TITLE>
  </head>
  <frameset border=10 bordercolor="990000" cols="40%,60%" rows="2*,*">
    <frame name="TopLeft" src="red.html">
    <frame name="TopRight" src="green.html">
    <frame name="BotLeft" src="blue.html">
    <frame name="BotRight" src="yellow.html">
  </frameset>
</html>
```

运行显示结果如图 6.16 所示。

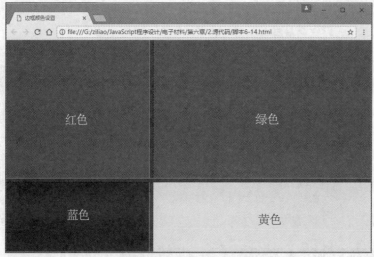

扫一扫看彩图

显示结果

图 6.16　窗口框架边框颜色设置

4. 设置框架隐藏

frameborder 属性用于控制窗口框架四周是否显示框架。此属性可使用在<frameset>标签与<frame>标签中，使用在<frameset>标签内时，可控制窗口框架的所有子窗口。使用在<frame>标签内时，则仅能控制该标签所代表的子窗口，其语法为。

```
<frmaeset frameborder=0或1>
```

0 代表不显示框线，1 代表显示框线，其默认值为 1。脚本 6-15 将子窗口边框线设置为隐藏。

脚本 6-15.html

```
<html>
  <head>
    <title>框架隐藏设置</title>
  </head>
  <frameset  cols="40%,60%" rows="2*,*" frameborder=0 >
    <frame name="TopLeft" src="red.html">
    <frame name="TopRight" src="green.html">
```

```
        <frame name="BotLeft" src="blue.html">
        <frame name="BotRight" src="yellow.html">
    </frameset>
</html>
```

运行显示结果如图 6.17 所示。

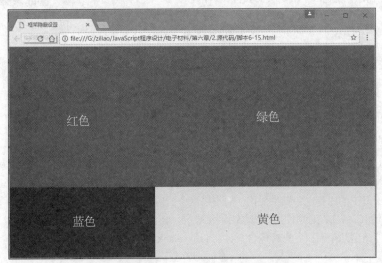

图 6.17　窗口框架边框线隐藏设置

6.3.2　子窗口设置标签 frame

每个子窗口均由<frame>标签定义。<frame>是单个的标签，使用时，将它写在<frameset>的开始和结束标签之间，它主要有 6 个属性：src、name、scrolling、noresize、marginwidth 和 marginheight。

1. src 属性

src 属性是用于指定要导入到该子窗口的 HTML 文件，其语法如下所示。

```
<frame src="url">
```

如果一个<frame>标签中没有 src 属性，则该窗口显示为空。

2. name 属性

name 属性是用来指定窗口的名称，此属性是可选的。当完成定义子窗口的名称后，我们便可在超链接中，指定显示网页的子窗口，其语法如下所示。

```
<frame name="子窗口名称">
```

3. scrolling 属性

scrolling 属性用于描述该窗口是否有滚动条，该属性是可选的，其设置语法如下。

```
<frame scrolling=yes 或 no 或auto>
```

各设置值所代表的意义依序为显示、不显示、自动设置，默认值是 auto。

4. noresize 属性

noresize 属性是一个标志，没有取值。它说明浏览者是否可以自行用鼠标调整窗口的大小。如果设定了 noresize 属性，则窗口不能调整。如果默认，则可以自行调整窗口的大小。

5. 设置边距属性 marginwidth /marginheight

marginwidth 属性：用来控制窗口内显示的内容与窗口左右边缘的距离，该属性是取一个像素值，默认为 1，该属性是可选的。

marginaheight 属性：用来控制窗口内显示的内容与上下边缘的距离，该属性是取一个像素值，默认为 1，该属性是可选的。

6.4 FRAME 之间的链接

精讲视频

FRAME 之间的链接

对于框架网页中的超链接，可用 target 属性指定该链接的内容在哪个窗口显示。

在脚本 6-10 中，放置文件的功能是由下面的代码片段实现的。

```
<frame name="windows1" src="toc.html" scrolling=auto>
<frame name="windows2" src="pref.html">
```

在文件 toc.html 中，放置文件的功能是由下面的代码片段实现的。

```
<ul>
  <li><a href="pref.html" target="windows2">Preface</a></li>
  <li><a href="chap1.html" target="windows2">Chapter 1</a></li>
  <li><a href="chap2.html" target="windows2">Chapter 2</a></li>
  <li><a href="chap3.html" target="windows2">Chapter 3</a></li>
</ul>
```

代码中加粗部分用 target 属性指定了目标窗口为"window2"，即目标窗口为右边的子窗口。当用户从左边窗口的目录中选择一个链接时，浏览器会将这个关联的文档载入并显示在右边这个"windows2"窗口中。当其他链接被选中时，右边这个窗口中的内容也会发生变化，而左边这个窗口始终保持不变。

用 target 属性指定的目标窗口名称，必须使用字母/数字字符，否则窗口名将被忽略。

有几个特定的窗口名例外，这几个窗口名有特殊含义，它们是_blank、_self、_parent 和_top。

1. target="_blank"

当将 target 属性设置为_blank 时，若单击超链接后，将打开一个新窗口来显示网页。

2. target="_self"

当将 target 属性设置为_self 时，则将在同一窗口中显示链接的网页。

3. target="_parent"

当将 target 属性设置为_parent 时，若单击超链接后，该链接网页将导入目前子窗口的上一层框架。若没有上层，则导入同一窗口中。

4. target="_top"

当将 target 属性设置为_top 时，则将脱离目前的窗口框架，在最上层的窗口框架中，显示链接的网页。

仍然以脚本 6-10 为例，这里做一下改变，修改后的代码如脚本 6-16 所示。

脚本 6-16.html

```
<html>
  <head><title>FRAME间的链接</title></head>
  <frameset cols="200,*">
    <frame name="windows1" src="topic.html" scrolling=auto>
    <frame name="windows2" src="pref.html">
    <NOFRAMES> 你的浏览器不支持带框架的网页  </NOFRAMES>
  </frameset>
</html>
```

topic.html

```
<html>
<head><title>FRAME间的链接</title></head>
<body>
<h3>Table of Contents</h3>
<ul>
  <li><a href="pref.html" target="windows2">Preface</a></li>
  <li><a href="chap1.html" target="windows2">Chapter 1</a></li>
  <li><a href="chap2.html" target="windows2">Chapter 2</a></li>
```

```
        <li><a href="chap3.html" target="_parent">Chapter 3</a></li>
    </ul>
    </body>
    </html>
```

运行脚本后单击左边窗口的最后一个链接，显示结果如图 6.18 所示。

图 6.18　frame 链接示例结果

【任务 6-2】窗口框架操作

1. 任务介绍
使用 JavaScript 来进行在 iframe 父子窗口之间相互操作 dom 对象。

2. 任务目标
熟练掌握窗口框架的相关操作。

3. 实现思路
（1）创建一个父页面、两个子页面。在父页面中通过 contentWindow 属性操作子窗口页面元素。

document.getElementById('iframeid').contentWindow.document.getElementById('test')

（2）在子页面使用 parent.getIFrameDOM() 调用父页面的函数实现对平级的子页面进行操作，并且在子页面中通过使用 parent.document 操作父页面元素。

4. 实现代码
完整代码如脚本 index、脚本 iframeA、脚本 iframB 所示。

脚本 index.html

```
<!Doctype html>
<html lang="en">
<head>
    <meta charset="UTF-8">
    <title>iframe父子窗口之间相互操作dom对象</title>
</head>
<body>
    <div class="opt_btn">
        <button onclick="getValiframeA();">父窗口获取iframeA中的值</button>
        <button onclick="setValiframeA();">父窗口设置iframeA中的值</button>
        <button onclick="setBgiframeA();">父窗口设置iframeA的h1标签背景色</button>
    </div>
    <div id="result">--操作结果--</div>

    <div class="frames">
        <iframe id="wIframeA" name="myiframeA" src="iframeA.html" scrolling="no" frameborder="1"
style="height:190px"></iframe>
        <iframe id="wIframeB" name="myiframeB" src="iframeB.html" scrolling="no" frameborder="1"
style="height:190px"></iframe>
    </div>
</body>
<script type="text/javascript">
```

```
        function getIFrameDOM(iID){
                return document.getElementById(iID).contentWindow.document;
        }
        function getValiframeA(){
                var valA = getIFrameDOM("wIframeA").getElementById('iframeA_ipt').value;
                document.getElementById("result").innerHTML = "获取了子窗口iframeA中输入框里的值：<span
style='color:#f30'>"+valA+"</span>";
        }
        function setValiframeA(){
                getIFrameDOM("wIframeA").getElementById('iframeA_ipt').value = 'Helloweba';
                document.getElementById("result").innerHTML = "设置了子窗口iframeA中输入框里的值：<span
style='color:#f30'>Helloweba</span>";
        }
        function setBgiframeA(){
                getIFrameDOM("wIframeA").getElementById('title').style.background = "#ffc";
        }
    </script>
    </html>
```

脚本 iframeA.html

```
<!DOCTYPE html>
<html>
<head>
    <meta charset="utf-8">
    <title>helloweba.com</title>
</head>
<body>
    <h1 id="title">iframe A</h1>
    <input type="text" id="iframeA_ipt" name="iframeA_ipt" value="123">
    <p id="hello">helloweba.com欢迎您！</p></br>
</body>
</html>
```

脚本 iframeB.html

```
<html>
<head>
    <meta charset="utf-8">
    <title>helloweba.com</title>
</head>

<body>
    <h1>iframe B</h1>
    <p id="hello">Helloweb.com</p>
    <input type="text" id="iframeB_ipt" name="iframeB_ipt" value="1,2,3,4">
    <button onclick="child4parent();">iframeB子窗口操作父窗口</button>
    <button onclick="child4child();">iframeB操作子窗口iframeA</button></br>
</body>
<script type="text/javascript">
    function child4child(){
        var parentDOM=parent.getIFrameDOM("wIframeA");
        parentDOM.getElementById('hello').innerHTML="<span style='color:blue;font-size:18px;background:
yellow;'>看到输入框里的值变化了吗？</span>";
```

```
            parentDOM.getElementById('iframeA_ipt').value = document.getElementById("iframeB_ipt").value;
            parent.document.getElementById("result").innerHTML="子窗口iframeB操作了子窗口iframeA";
    }
    function child4parent(){
            var iframeB_ipt = document.getElementById("iframeB_ipt").value;
            parent.document.getElementById("result").innerHTML="<p
style='background:#000;color:#fff;font-size:15px;'>子窗口传来输入框值: <span style='color:#f30'>"+iframeB_ipt+
"</span></p>";
    }
</script>
</html>
```

在 index.html 父页面中 JavaScript 操作 iframe 里的 dom 使用 contentWindow 属性,contentWindow 属性是指指定的 frame 或者 iframe 所在的 window 对象,在 IE 中 iframe 或者 frame 的 contentWindow 属性可以省略,但在 Firefox 中如果要对 iframe 对象进行编辑,必须指定 contentWindow 属性,contentWindow 属性支持所有主流浏览器。Index.html 父页面中自定义了函数 getIFrameDOM(),传入参数 iID 即可获取 iframe,之后就跟在当前页面获取元素的操作一样了。子页面 iframeB.html 通过使用 parent.getIFrameDOM()调用了父页面的自定义函数 getIFrameDOM(),从而就可以对平级的子页面 iframeA.html 进行操作,子页面还可以通过使用 parent.document 操作父页面元素。

5. 运行结果

运行父页面脚本 index.html 显示如图 6.19 所示。

图 6.19　任务 6-2 示例结果 1

单击"父窗口获取 iframeA 中的值"按钮显示结果如图 6.20 所示。

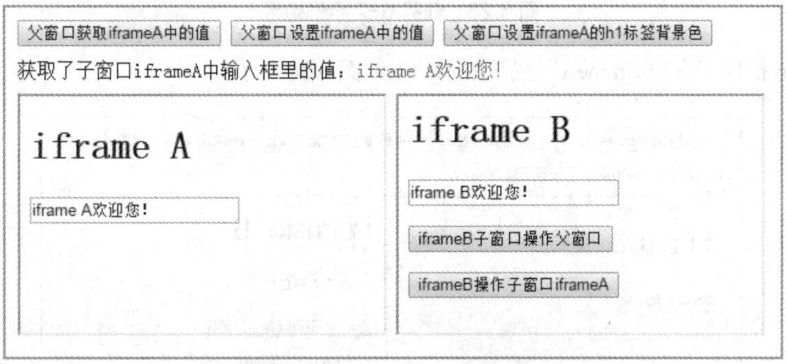

图 6.20　任务 6-2 示例结果 2

单击"父窗口设置 iframeA 中的值"按钮显示结果如图 6.21 所示。

图 6.21 任务 6-2 示例结果 3

单击"父窗口设置 iframeA 的 h1 标签背景色"按钮显示结果如图 6.22 所示。

图 6.22 任务 6-2 示例结果 4

单击"iframeB 子窗口操作父窗口"按钮显示结果如图 6.23 所示。

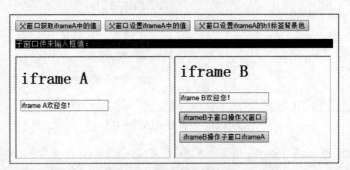

图 6.23 任务 6-2 示例结果 5

单击"iframeB 操作子窗口 iframeA"按钮显示结果如图 6.24 所示。

图 6.24 任务 6-2 示例结果 6

6.5 浮动窗口

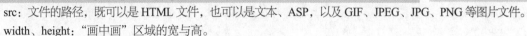
在一个页面中直接引入另一个页面，这种技术称为浮动的窗口（Floating frame），也叫"内部框架"，在 HTML 中通过 iframe 标签实现，其语法如下所示。

```
<Iframe src="URL" name="子窗口名称" width="x" height="x" scrolling="[OPTION]"
frameborder="x"   marginheight=0 marginwidth=0 >   </iframe>
```

src：文件的路径，既可以是 HTML 文件，也可以是文本、ASP，以及 GIF、JPEG、JPG、PNG 等图片文件。

width、height："画中画"区域的宽与高。

scrolling：当 SRC 指定的 HTML 文件在指定的区域显示不完时，滚动选项如果设置为 NO，则不出现滚动条；如为 Auto，则自动出现滚动条；如为 Yes，则显示滚动条。

frameBorder：区域边框的宽度，为了让"画中画"与邻近的内容相融合，常设置为 0。

name：子窗口名称。

marginheight、marginwidth：指定文字与边界的距离。

思考脚本 6-17。

脚本 6-17.html

```html
<html>
  <head>
    <title>页内框架示例</TITLE>
  </head>
  <body>
    <table>
      <tr>
        <td colspan="2" height="100" bgcolor="#cccccc"><H1 align="center">李白</H1>
        <tr>
        <td width="200" bgcolor="#eeeeee">
          <H3 align="center"><A href="file2.htm" target="poem">静思</H3>
          <H3 align="center"><A href="file3.htm" target="poem">怨情</H3>
        <td>
          <iframe src="file1.htm" width="400" height="300" name="poem">
            真可惜，您的浏览器不支持框架！
          </iframe>
      </table>
  </body>
</html>
```

file1.htm

```html
<html>
<head>
<title>file1.htm</title>
</head>
<body>
<H4>李白（701年～762年），字太白，号青莲居士，是唐代伟大的浪漫主义诗人，被后人称为"诗仙"。</H4>
</body>
</html>
```

file2.htm

```html
<html>
<head><title>file2 </title></head>
<body>
```

```
<H4>床前明月光，<BR>疑是地上霜。<BR>举头望明月，<BR>低头思故乡。</H4>
</BODY>
</HTML>
```

file3.htm

```
<HTML>
<HEAD><TITLE>file3 </TITLE>
</HEAD>
<BODY>
<H4>美人卷珠帘，<BR>深坐蹙蛾眉；<BR>但见泪痕湿，<BR>不知心恨谁？</H4>
</BODY>
</HTML>
```

运行显示结果如图 6.25 所示。

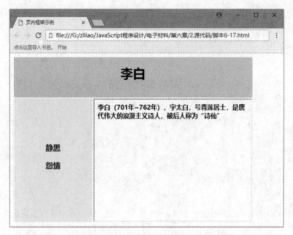

图 6.25 浮动窗口示例结果

6.6 实战

精讲视频

【案例 6-1】——iframe 创建动态内容

实战：iframe 创建动态
内容

1. 案例描述

编写程序使用 JavaScript 为 iframe 创建动态内容，当用户单击页面链接时，显示当前 session 中用户访问页面的次数。

2. 实现思路

（1）首先创建一个 HTML 主页面。页面包含一个子窗口 iframe。在主页面区域单击链接动态改变 ifarme 子窗口内容。

（2）定义函数 initLinks 循环遍历页面上所有的链接。然后对每个链接设置两个元素：onclick 处理函数和 thisPage 属性。后者存有单机链接后会显示的页码，例如链接 0 就是 "page 1"，链接 1 就是 "page 2"，以此类推。循环中的 onclick 处理函数让每个链接在单击后调用 writeContent()函数。代码片段如下：

```
function initLinks(){
    for(var i=0; i<document.links.length; i++){
        document.links[i].onclick = writeContent;
        document.links[i].thisPage = i+1;
    }
}
```

（3）定义数组 pageCount 用来记录加载页面的次数，每单击一次页面，设置 pageCount[this.thisPage]++，这样就可以跟踪到访问特定页面的次数。

（4）用函数 writeContent 设置变量 newText 来存储 iframe 的动态内容，利用 contentWindow 属性找到 iframe 的元素，将 newText 值存入进去。代码片段如下：

```
var pageCount = new Array(0,0,0,0);
function writeContent(){
        pageCount[this.thisPage]++;
        var newText = "<h1>You are now looking at Example "+this.thisPage;
        newText += ".<br>You have been to this page ";
        newText += pageCount[this.thisPage] + " times.<\/h1>";
        document.getElementById("icontent").contentWindow.document.body.innerHTML = newText;
        return false;
}
```

3. 实现代码

完整代码如脚本 6-18 所示。

脚本 6-18.html

```
<!DOCTYPE html>
<html>
  <head>
    <title>创建动态的iframe</title>
    <script src="script.js"></script>
    <link rel="stylesheet" href="script.css">
  </head>
  <body>
    <iframe src="iframe01.html" name="icontent" id="icontent"></iframe>
    <h1>Main Content Area</h1>
    <h2>
      <a href="#">Link 1</a><br>
      <a href="#">Link 2</a><br>
      <a href="#">Link 3</a><br>
    </h2>
  </body>
</html>
```

script.js

```
var pageCount = new Array(0,0,0,0);
window.onload = initLinks;
function initLinks(){
        for(var i=0; i<document.links.length; i++){
                document.links[i].onclick = writeContent;
                document.links[i].thisPage = i+1;
        }
}
function writeContent(){
        pageCount[this.thisPage]++;
        var newText = "<h1>You are now looking at Example "+this.thisPage;
        newText += ".<br>You have been to this page ";
        newText += pageCount[this.thisPage] + " times.<\/h1>";
        document.getElementById("icontent").contentWindow.document.body.innerHTML = newText;
        return false;
```

```
    }
```

script.css

```
body{
    background-color:#FFF;
}
iframe#icontent{
    float:right;
    border:1px solid black;
    width:350px;
    height:300px;
    margin-top:100px;
}
```

iframe01.html

```
<!DOCTYPE html>
<html>
    <head>
        <title>创建动态的iframe</title>
    </head>
    <body>
        Please load a page
    </body>
</html>
```

运行结果如图 6.26 所示。

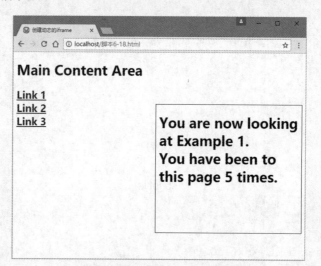

图 6.26　创建动态的 iframe 示例结果

6.7　小结

本章介绍了 Window 对象的属性和方法以及窗口创建的相关属性和操作。Window 对象位于浏览器对象模型中的顶层，是其他所有对象的父对象。在应用中，只要浏览器一打开，无论是否存在页面，都将创建 Window 对象。框架是 Web 浏览器窗口中独立的、可以滚动的分块区域，每个框架都可以被看成是独立的窗口，包含自己的 Window 对象。窗口框架的操作在实际编码中运用很频繁，可以运用窗口框架实现复杂多变的页面。下一章将学习 JavaScript 的 document 对象。

第7章

document对象

■ 每个 Window 对象都有 document 属性。该属性引用在窗口中显示的 HTML 文档的 document 对象。document 对象可能是客户端 JavaScript 中最常用的对象。在本书开始已经使用过 document 对象的 write() 方法在文档被解析时将动态内容插入文档。除了这里的 write() 方法外，document 对象还定义了提供文档整体信息的属性，如文档的 URL、最后修改日期、文档要链接到的 URL、显示文档的颜色等。接下来本章将会详细介绍 document 对象的核心特性。

7.1 document 对象概述

在浏览器中，与用户进行数据交换都是通过客户端的 JavaScript 代码来实现的，而这些交互工作大多数是 document 对象及其部件完成的，因此 document 对象是一个比较重要的对象。

document 对象是文档的根节点，window.document 属性就指向这个对象。也就是说，只要浏览器开始载入 HTML 文档，这个对象就开始存在了，可以直接调用。

document.childNodes 属性返回该对象的所有子节点。对于 HTML 文档来说，document 对象一般有两个子节点。第 1 个子节点是 document.doctype，表示文档类型节点（DocumentType）。对于 HTML5 文档来说，该节点就代表<!DOCTYPE html>；第 2 个子节点是 document.documentElement，表示元素节点（Element），代表<html lang="en">。

7.2 document 对象属性

document 对象定义了如下属性：

- ❑ document.title：设置文档标题，等价于 HTML 的<title>标签；
- ❑ document.bgColor：设置页面背景色；
- ❑ document.fgColor：设置前景色（文本颜色）；
- ❑ document.linkColor：未单击过的链接颜色；
- ❑ document.alinkColor：激活链接（焦点在此链接上）的颜色；
- ❑ document.vlinkColor：已单击过的链接颜色；
- ❑ document.URL：设置 URL 属性从而在同一窗口打开另一网页；
- ❑ document.location：等价于属性 URL；
- ❑ document.referrer：文档的 URL，包含把浏览器带到当前文档的链接（如果存在这样的链接）；
- ❑ document.lastModified：一个字符串，包含文档的修改日期；
- ❑ document.cookie：设置和读出 cookie；
- ❑ document.charset：设置字符集，简体中文为 gb2312。

使用 document 对象属性可以访问文档中的对象、内容等。其中某些对象或内容还可以使用 document 对象属性来设置。

1. 颜色设置

document 对象的 bgColor 属性、fgColor 属性、linkColor 属性、alinkColor 属性和 vlinkColor 属性分别指定了文档的背景颜色、文本颜色和链接颜色。这些属性的运用如脚本 7-1 所示。

脚本 7-1.html

```html
<HTML>
    <HEAD>
        <TITLE>document对象属性</TITLE>
    </HEAD>
    <body>
        <div>页面背景色为：<span style="display: inline-block;width: 45px;height: 16px;background: #CCCCCC;vertical-align: middle;"></span></div>
        <div>前景色（文本色）为：<span style="display: inline-block;width: 45px;height: 16px;background: #666633;vertical-align: middle;"></span></div>
        <div>未单击过的链接颜色为：<span style="display: inline-block;width: 45px;height: 16px;background: #3333FF;vertical-align: middle;"></span></div>
```

```
        <div>激活的链接颜色为：<span style="display: inline-block;width: 45px;height: 16px;background:
#CC66FF;vertical-align: middle;"></span></div>
        <div>已单击过的链接颜色为：<span style="display: inline-block;width: 45px;height: 16px;background:
#FF0000;vertical-align: middle;"></span></div>
            未单击的链接 <a href="http://www.ryjiaoyu.com/" target="_blank">http://www.ryjiaoyu.com/</a></br>
            激活的链接 <a href="https://ptpress.com.cn/" target="_blank">https://ptpress.com.cn/</a></br>
            已单击过的链接 <a href="http://www.rymooc.com" target="_blank">http://www.rymooc.com</a><script
type="text/javascript">
        document.bgColor = "#CCCCCC";
        document.fgColor = "#666633";
        document.linkColor = "#3333FF";
        document.alinkColor = "#CC66FF";
        document.vlinkColor = "#FF0000";
    </script>
  </body>
</html>
```

运行脚本显示结果如图 7.1 所示。

扫一扫看彩图

显示结果

图 7.1   document 对象颜色属性

2. 文档修改时间

在 JavaScript 中，为 document 对象定义了 lastModified 属性，使用该属性可以得到当前文档最后一次被修改的具体日期和时间。本地计算机上的每个文件都有最后修改的时间，所以在服务器上的文档也有最后修改的时间。当客户端能够访问服务器端的该文档时，客户端就可以使用 lastModified 属性来得到该文档最后的修改时间。脚本 7-2 显示的是当前文档最后一次的修改时间。

脚本 7-2.html

```
<html>
  <head>
    <title>document对象属性</title>
  </head>
  <body>
    <script type="text/javascript">
        alert("文档最后修改日期："+document.lastModified);
    </script>
  </body>
</html>
```

运行脚本 7-2 显示结果如图 7.2 所示。

从显示结果中可以看出，使用 lastModified 属性得到的日期和时间并不是一个 Date 对象，而是一个字符串。这里显示的日期和时间的格式是固定的，要想得到想要的日期和时间格式，需要运用 Date 对象来转换。

此网页显示：

文档最后修改日期：04/23/2017 18:30:15

☐ 禁止此页再显示对话框。

确定

图 7.2   document 对象 lastModified 属性

使用 lastModified 属性得到的日期和时间来自服务器。而这又和服务器设置有关，所以有可能得到的并不是正确的数据。

3. 文档标题

JavaScript 为 document 对象定义了 title 属性来获得文档的标题。在 HTML 文件中<title></title>标签中定义的就是文档的标题。<title></title>标记在 HTML 中可以省略，但是文档的标题仍然存在，只是为空。

4. 文档定位

文档定位就是设置和获取文档的位置，文档的位置也可以说是文档的 URL。在 JavaScript 中，为 document 对象定义了 location、URL、referrer 这 3 个属性来对文档的位置进行操作。其中 location 属性和 URL 属性很相似，都可以直接获取文档位置。而 referrer 属性则不同，使用它获得的是当前文档的源文档的 URL，也就是说获得引出该文档的文档。从这一点可以看出，如果只编写一个文档时不可能得到 referrer 的属性值。脚本 7-3 中分别使用 location 属性和 URL 属性对文档进行定位。

脚本 7-3.html

```
<HTML>
<HEAD>
<TITLE>文档定位</TITLE>
</HEAD>
<body>
    <h1>文档定位</h1>
    <script language="javascript" type="text/javascript">
        var ustring = document.URL;
        var sstring = document.location;
        document.write("<h3>使用location属性得到的URL为：");
        document.write(sstring);
        document.write("<h3>使用URL属性得到的URL为：");
        document.write(ustring);
        document.location = "http://www.ryjiaoyu.com";
    </script>
</body>
</HTML>
```

使用浏览器运行该脚本，在页面上首先出现了文档的 URL，然后由于程序中使用 location 属性新设置了 URL，所以文档转向了新设置的 URL。

使用 location 属性和 URL 属性都可以得到文档的位置。但是它们的表现形式不同，使用 URL 属性得到的是真实显示的 URL，而 location 属性得到的 URL 会将空格等特殊字符转换成码值的形式来显示，这样更容易在网络中传输。另外使用 location 属性不但可以获取文档的 URL，还可以对文档的 URL 进行设置。

7.3 document 对象方法

document 对象定义了 4 个关键方法，如下所示。

- ❑ close()：关闭或结束 open()方法打开的文档；
- ❑ open()：产生一个新文档，擦掉已有的文档内容；
- ❑ write()：把文本附加到当前打开的文档；
- ❑ writein()：把文本输出到当前打开的文档，并附加一个换行符。

其中，write()方法是 document 对象的一个最重要的特性，在前面章节也已经使用过 write()方法。write()方法可以从 JavaScript 程序中动态地生成网页的内容，一般直接在脚本中使用，把 HTML 内容输入到当前正在被

精讲视频

document 对象方法

解析的文档中。如脚本 7-4 所示，使用 write()方法显示当前日期和文档的最后修改日期。

脚本 7-4.html

```html
<html>
  <head>
    <title>document对象方法</title>
  </head>
  <body>
    <script>
        var current = new Date();
        document.write("当前日期："+current.toString()+"</br>");
        document.write("文档最后修改日期："+document.lastModified);
    </script>
  </body>
</html>
```

运行脚本显示结果如图 7.3 所示。

只能在当前文档正在被解析时使用 write()方法向其输出
HTML 代码。简而言之，就是只能在标记<script>中调用方法
document.write()，因为这些脚本在执行时是文档解析过程的一部分。如果是从一个事件处理程序中调用
document.write()，那么一旦文档被解析，该处理程序被调用，结果将会覆盖当前文档(包括它的事件处理程序)，
而不是将文本添加到其中。

当前日期：Sat Apr 22 2017 20:29:03 GMT+0800 (中国标准时间)
文档最后修改日期：04/22/2017 20:29:03

图 7.3　document 对象 write 方法结果 1

在使用 write()方法向文档中输入内容时，如果同时具有字符串和非字符串内容，通常会使用 "+" 号运算
符连接起来，如脚本 7-4 中的内容。其实不需要这样，write()方法具有多参数形式，可以将每个内容作为一个
参数，参数之间用逗号分隔，再向文档输入时，就会依次输入。此外，write()方法向文档输入字符串时，也可
以在其中加入一些 HTML 标记，如脚本 7-5 中的<h3>标记。在文档中显示时，是不会显示这些标记的，它们会
在文档中发挥自身的作用。

脚本 7-5.html

```html
<html>
  <head>
    <title>document对象方法</title>
  </head>
  <body>
    <script>
        var current = new Date();
        document.write("<h3>documents对象write方法</h3>");
        document.write("当前日期：",current.toString(),"</br>");
        document.write("文档最后修改日期：",
document.lastModified);
    </script>
  </body>
</html>
```

documents对象write方法

当前日期：Sat Apr 22 2017 21:49:20 GMT+0800 (中国标准时间)
文档最后修改日期：04/22/2017 21:49:20

图 7.4　document 对象 write 方法结果 2

运行脚本显示结果如图 7.4 所示。

write()方法和 writein()方法都是向文档中写入内容。不同之处在于 writein()方法在输入的结果后面
会插入一个换行符。但是由于 HTML 中只使用
标记来换行，所以显示当前文档时，write()方
法和 writein()方法没有什么区别。

document 对象的 open()方法和 close()方法分别用来打开和关闭文档。打开文档方法与 Window 对象的打开
窗口 open()方法不同，打开窗口会在窗口和浏览器中创建一个对象，而打开文档只要向文档中写入内容。打开

文档要比打开窗口节省很多资源。

使用 open()方法来打开一个文档，原来的文档内容就会被自动删除，然后重新开始输入新内容。使用 close()方法来关闭一个文档，在输入新内容结束后，如果不关闭文档，就有可能造成无法显示。

> 在通常情况下是不使用 open()方法和 close()方法来打开和关闭文档的，因为 write()方法具有自动打开文档的功能。

【任务 7-1】运用 document 对象属性和方法

1. 任务介绍
用 JavaScript 编写一个动态生成文档示例。

2. 任务目标
学会 document 对象属性和方法的运用。

3. 实现思路
使用 open()、close()、write()和 writeln()方法动态创建在浏览器窗口中显示的文档。

4. 实现代码
完整代码如脚本 7-6 所示。

脚本 7-6.html

```html
<!DOCTYPE html>
<html>
  <head>
    <title>动态生成文档示例</title>
    <script type="text/javascript">
            function openNewWin(){
                var newWin = open("","myWindow","width=400,height=100,left=0,top=10,"+
    "toolbar=no,menubar=no,"+"scrollbars=no,resizable=no,location=no,status=no");
                newWin.document.open();
                newWin.document.writeln("<html><head><title>通知</title></head>");
                newWin.document.writeln("<body>");
                newWin.document.writeln("<h1>通知</h1>");
                newWin.document.writeln("<p>请同学们注意,下周举行计算机考试! </p>");
                newWin.document.writeln("</body></html>");
                newWin.document.close();
                newWin.focus();
            }
    </script>
  </head>
  <body>
    <p><a href="javascript:openNewWin()">通知</a></p>
  </body>
</html>
```

5. 运行结果
运行结果如图 7.5 所示。

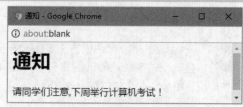

图 7.5　动态生成文档示例结果

7.4　document 对象集合

document 对象指向特定元素集合的属性有如下几个。

- □ document.anchors[]：Anchor 对象的一个数组，代表文档中的锚。
- □ document.applets[]：Applet 对象的一个数组，代表文档中的 Java 小程序。
- □ document.forms[]：Form 对象的一个数组，代表文档中所有的 form 元素。
- □ document.images[]：Image 对象的一个数组，代表文档中所有的 img 元素。
- □ document.links[]：Link 对象的一个数组，代表文档中的超文本链接的 Link 对象。

精讲视频

document 对象集合

1. 表单

document 对象的 forms 属性是 Form 对象的一个数组，用来对文档中的表单进行操作。Form 对象代表 HTML 表单，由<form>标记对构成，JavaScript 运行引擎会自动为每一个表单标记建立一个表单对象。Form 对象包含一个 elements 数组，elements[]数组中的每个元素用于表示表单元素的值。Form 对象及其子对象的关系如图 7.6 所示。

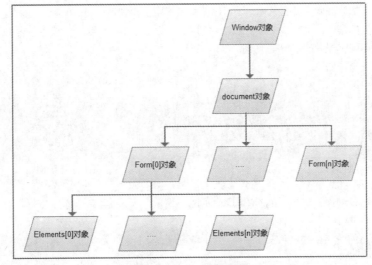

图 7.6　Forms 对象架构

使用 forms 属性可以得到文档中所有表单的数组，使用数组的 length 属性可以得到表单的个数，使用数组下标可以得到特定的表单。

在实际应用中，通常都会为每个表单定义名称。除了可以使用数组的索引外，还可以直接使用表单名称属性来得到特定的表单，如脚本 7-7 所示。

脚本 7-7.html

```html
<html>
  <body>
    <form id="Form1" name="Form1">
      您的姓名：<input type="text">
    </form>
    <form id="Form2" name="Form2">
      您的年龄：<input type="text">
    </form>
    <p>
    要访问集合中的项目，既可以使用项目编号，也可以使用项目名称：
    </p>
    <script type="text/javascript">
      document.write("文档包含：" + document.forms.length + " 个表单。")
      document.write("<p>第一个表单名称是: " + document.forms[0].name + "</p>")
      document.write("<p>第二个表单名称是: " + document.getElementById("Form2").name + "</p>")
```

```
    </script>
  </body>
</html>
```

运行脚本显示结果如图 7.7 所示。

表单是客户端 JavaScript 程序设计中一个很重要的部分，下一章将会对表单的使用进行详细介绍。

2．图像

在 JavaScript 中，为 document 对象定义了 images 属性来对文档中的图像进行操作。images 属性得到的是文档中的图像数组，同样也是能够通过数组的 length 属性来获得文档中图像的数量，使用数组下标可以获得每个图像。在对图像进行操作时，如果图像定义了名称，还可以使用名称索引得到该图像。

您的姓名 :	
您的年龄 :	

要访问集合中的项目，既可以使用项目编号，也可以使用项目名称。
文档包含：2 个表单。
第一个表单名称是：Form1
第二个表单名称是：Form2

图 7.7　document 对象表单

和其他对象不同的是，当文档中没有图像时，使用 images 属性也能得到一个数组，其数组的长度为 0，因此 images 属性值还可以作为布尔值进行使用。

图像集合的相关操作如下。

（1）通过集合引用。

```
document.images            //对应页面上的<img>标签
document.images.length     //对应页面上<img>标签的个数
document.images[0]         //第1个<img>标签
document.images[i]         //第i-1个<img>标签
```

（2）通过 name 属性直接引用。

```
<img name="oImage">
document.images.oImage     //document.images.name属性
```

（3）引用图片的 src 属性。

```
document.images.oImage.src //document.images.name属性.src
```

（4）创建一个图像。

```
var oImage
oImage = new Image()
document.images.oImage.src="/1.jpg"
```

同时在页面上建立一个<img>标签与之对应就可以显示图片。如脚本 7-8 通过引用图片的 src 属性给 img 添加图片。

脚本 7-8.html

```
<html>
  <head>
    <title>Image[]集合</title>
  </head>
  <body>
    <img name="oImage">
    <script language="javascript">
        var oImage
        oImage = new Image()
        document.images.oImage.src="http://filesimg.111cn.net/2
011/05/20111212010329895.png"
    </script>
  </body>
</html>
```

图 7.8　document 对象图像

运行显示结果如图 7.8 所示。

3. 锚点和超链接

JavaScript 中的锚点对象是文档对象的一个属性，它通常以数组的形式表示网页中所有的锚点。anchors 数组中包含了文档中定义的所有锚点（<a>…</a>）标记，可以通过该数组来访问和查找某个锚点。anchors 数组中存储锚点的顺序是以锚点在文档中出现的顺序存储的，该数组的下标是从 0 开始。

JavaScript 中的链接对象也是以数组形式表示网页中所有的链接标记（包含 href 属性的<a>标记和<map>标记段里的<area>标记），按照在文档中的次序，从 0 开始给每个连接标记定义了一个下标。如果一个<a>标记既有 name 属性，又有 href 属性，则它既是一个 Anchor 对象，又是一个 Link 对象。在对这些文档对象数组进行操作时，可以使用以前学过的数组知识。如用数组的 length 属性来求数组的长度。单个 Anchor 对象没有属性；单个 Link 对象有属性。

anchors 数组常用的属性如下。

（1）length 属性。该属性用来获取文档中锚点的总数，语法如下：

```
[number]=document.anchors.length
```

number：用来存储文档中锚点的总数，number 为可选项。

（2）name 属性。该属性用来获取某一个锚点的 name 参数值，语法如下：

```
[gName]=document.anchors.name
```

gName：用来存储某一个锚点 name 参数的值，为可选项。

（3）id 属性。该属性用来获取锚点的 id 参数值，语法如下：

```
[gId]=document.anchors.id
```

gId：用来存储锚点 id 参数的值，gId 为可选项。

Links 数组常用的属性有如下几个。

（1）hash 属性。该属性用来获取超链接 URL 中的锚标记的部分并包含"#"符号，语法如下：

```
[anchor]=links[n].hash
```

anchor：字符串变量，用来存储超链接 URL 中锚标记，anchor 是可选项。

（2）host 属性。该属性用来获取超链接 URL 中的主机名称和端口号，语法如下：

```
[nameNumber]=links[n].host
```

nameNumber：字符串变量，用来存储超链接 URL 中的主机名称和端口号，nameNumber 是可选项。

（3）hostname 属性。该属性用来获取超链接 URL 中的主机名称，语法如下：

```
[name]=links[n].hostname
```

name：字符串变量，用来存储超链接 URL 中的主机名称和端口号，name 是可选项。

（4）href 属性。该属性用来获取完整的超链接 URL，语法如下：

```
[url]=links[n].href
```

url：字符串变量，用来存储完整的超链接 URL，url 是可选项。

（5）pathname 属性。该属性用来获取超链接 URL 中的路径名部分，语法如下：

```
[urlName]=links[n].pathname
```

urlName：字符串变量，用来存储路径名的部分，urlName 是可选项。

（6）port 属性。该属性用来获取超链接 URL 中的端口号，语法如下：

```
[number]=links[n].port
```

number：字符串变量，用来存储端口号，number 是可选项。

（7）protocol 属性。该属性用来获取超链接 URL 中的协议部分并包括结尾处的":"冒号，语法如下：

```
[confer]=links[n].protocol
```

confer：字符串变量，用来存储协议部分，confer 是可选项。

（8）search 属性。该属性用来获取超链接 URL 中条件部分并包括"?"问号，语法如下：

```
[term]=links[n].search
```

term：字符串变量，用来存储条件部分，search 是可选项。

（9）target 属性。该属性用来获取链接的目标窗口打开方式，语法如下：

[mode]=links[n].target

mode：字符串变量，用来存储窗口打开方式，其打开方式主要有 4 个属性。

7.5 与 Window 对象区别

精讲视频

与 Window 对象区别

简单来说，document 是 Window 的一个对象属性。每个 Window 对象都有 document 属性。该属性引用表示在窗口中显示的 HTML 文档的 document 对象。

如果文档包含框架（frame 或 iframe 标签），浏览器会为 HTML 文档创建一个 Window 对象，并为每个框架创建一个额外的 Window 对象。

Window 对象和 document 对象区别在于以下两点。

（1）Window 指窗体。document 代表浏览器窗口中的文档，可以理解为页面。document 是 Window 的一个子对象。

（2）用户不能改变 document.location（因为这是当前显示文档的位置）。但是，却可以改变 window.location（用其他文档取代当前文档）。window.location 本身也是一个对象，而 document.location 不是对象。

7.6 实战

精讲视频

实战：仿 LED 跑马灯效果

【案例 7-1】——仿 LED 跑马灯效果

1. 案例描述

使用 JavaScript 实现仿 LED 跑马灯效果。

2. 实现思路

（1）首先利用 html 和 css 创建 LED 跑马灯背景及文字内容；

（2）然后将外层 div 对象的宽度和文字对象宽度进行比较，设置定时文字向左循环移动。

3. 实现代码

完整代码如脚本 7-9 所示。

脚本 7-9.html

```html
<!doctype html>
<html>
  <head>
    <title>javaScript实现文字跑马灯</title>
    <style type="text/css">
        *{ margin:0; padding:0;}
        body{font:12px/1 '微软雅黑';}
        .wrapper{font-size: 0.85rem;
            color: #333;
            padding-top: 0.75rem;
            margin: 0 0.75rem;
            white-space: nowrap;
            overflow: hidden;
            width: 300px;}
        .inner{ width:1000px;
            overflow:hidden;
            background-image: url("http://www.webdm.cn/images/20130228/LEDbj.gif");
            padding-top: 8px;
            padding-right: 5px;
            padding-left: 5px;
```

```
                    height: 50px;}
                .inner p{ display:inline-block;color: #FF0000;font-size:35px}
        </style>
    </head>
    <body>
        <div id="wrapper" class="wrapper">
            <div class="inner">
                <p class="txt">欢迎学习JavaScript! </p>
            </div>
        </div>
    <script>
        var wrapper = document.getElementById('wrapper');
        var inner = wrapper.getElementsByTagName('div')[0];
        var p = document.getElementsByTagName('p')[0];
        var p_w = p.offsetWidth;
        var wrapper_w = wrapper.offsetWidth;
        window.onload=function fun(){
            if(wrapper_w > p_w){ return false;}
            inner.innerHTML+=inner.innerHTML;
            setTimeout("fun1()",2000);
        }
        function fun1(){
            if(p_w > wrapper.scrollLeft){
                wrapper.scrollLeft++;
                setTimeout("fun1()",30);
            }
            else{
                setTimeout("fun2()",2000);
            }
        }
        function fun2(){
            wrapper.scrollLeft=0;
            fun1();
        }
    </script>
    </body>
</html>
```

运行结果如图 7.9 所示。

7.7 小结

图 7.9 跑马灯效果示例

本章介绍了 document 对象的核心特性，几乎所有启用 JavaScript 对象的浏览器都能实现 document 对象。
document 对象提供给客户端交互访问静态文档的内容的能力。不仅能获得文档整体信息，还能获取文档具体内容信息。例如 forms[]数组存放 Form 对象表示文档中的所有表单，images[]数组存放 Image 对象表示文档中的图像，links[]和 anchors[]数组表示文档中的锚点和超链接。这些数组和它们存放的对象使客户端 JavaScript 程序创造了各种可能性。下一章将会针对 forms[]数组做详细介绍。

第8章

表单

■ 表单是用户与服务器进行交互的最频繁的元素之一。表单可以包含大多数常见的图形界面元素，包括输入字段、单选按钮、复选框、弹出菜单和输入列表甚至是一些密码字段。因此表单经常被大量地运用于各种企业系统、网站等。熟练掌握表单是 Web 开发的必备条件。

　　本章将会详细介绍表单以及表单的各种应用。

8.1 表单基础

精讲视频

表单基础

在 HTML 中，表单是由<form>元素来表示的，而在 JavaScript 中，表单对应的则是 HTMLFormElement 类型。HTMLFormElement 继承了 HTMLElement，因而与其他 HTML 元素具有相同的默认属性。不过，HTMLFormElement 也有它自己下列独有的属性和方法。

- ❑ acceptCharset：服务器能够处理的字符集，等价于 HTML 中的 accept-charset 特性。
- ❑ action：接收请求的 URL，等价于 HTML 中的 action 特性。
- ❑ elements：表单中所有控件的集合。
- ❑ enctype：请求的编码类型，等价于 HTML 中的 enctype 特性。
- ❑ length：表单中控件的数量。
- ❑ method：要发送的 HTTP 请求，通常是"get"或"post"，等价于 HTML 的 method 特性。
- ❑ name：表单的名称，等价于 HTML 的 name 特性。
- ❑ reset()：将所有表单域重置为默认值。
- ❑ submit()：提交表单。
- ❑ target：用于发送请求和接收响应的窗口名称，等价于 HTML 的 target 特性。

取得<form>元素引用的方式有好几种。其中最常见的方式就是将它看成与其他元素一样，并为其添加 id 特性，然后再像下面这样使用 getElementById()方法找到它。

```
var form = document.getElementByid("form1");      // 获取页面中id为"form1"的表单
```

其次，通过 documents.forms 可以取得页面中所有的表单。在这个集合中可以通过数值索引或 name 值来取得特定的表单，如：

```
var firstForm =document.forms[0];                 // 获取页面中的第一个表单
var myForm =document.forms["myForm"];             // 获取页面中名称为"myForm"的表单
```

另外，在较早的浏览器或者那些支持向后兼容的浏览器中，也会把每个设置了 name 特性的表单作为属性保存在 document 对象中。例如，通过 document.form2 可以访问到名为 form2 的表单。不过，不推荐这种使用方式：一是容易出错，二是将来的浏览器可能会不支持。

可以同时为表单指定 id 和 name 属性，但它们的值不一定相同。

8.1.1 提交表单

用户单击提交按钮或图像按钮或者在最后一个输入框按回车键时，就会提交表单。这是浏览器默认的表单提交方式。

使用<input>或<button>都可以定义提交按钮，只要将其 type 特性的值设置为"submit"即可，而图像按钮则是通过将<input>的 type 特性值设置为"image"来定义的。因此，只要单击以下代码生成的按钮，就可以提交表单。

```
<input type="submit" value="Submit Form">        // 通用提交按钮
<button type="submit">Submit Form</button>       // 自定义提交按钮
<input type="image" src="graphic.gif">           // 图像按钮
```

只要表单中存在上面列出的任何一种按钮，那么在相应表单控件拥有焦点的情况下，按回车键就可以提交该表单。（textarea 是一个例外，在文本区中回车会换行。）如果表单里没有提交按钮，按回车键不会提交表单。

用提交按钮或者图像按钮的方式提交表单可以在表单提交到服务器之前响应<form>本身的 onsubmit 事件，对表单做控制。

```
<form id="test-form" onsubmit="return checkForm()">
     <input type="text" name="test">
     <button type="submit">Submit</button>
</form>
<script>
     function checkForm(){
          var form = document.getElementById('test-form');
          // 可以在此修改form的input...
          // 继续下一步:
          return true;
     }
</script>
```

这里 "return true" 会告诉浏览器继续进行表单提交，如果 "return false"，浏览器将不会继续提交 form，这种情况通常对应用户输入有误，提示用户错误信息后终止提交 form。

以这种方式提交表单时，浏览器还会在将请求发送给服务器之前触发 submit 事件。这样，就有机会验证表单数据，并据以决定是否允许表单提交。阻止 submit 事件的默认行为就可以取消表单提交。例如，下列代码会阻止表单提交。

```
var form = document.getElementById("myForm");
EventUtil.addHandler(form, "submit", function(event){
     event = EventUtil.getEvent(event);   //取得事件对象
     EventUtil.preventDefault(event);
}); //阻止默认事件
```

这里调用 prevetnDefault() 方法阻止了表单提交。一般来说，在表单数据无效而不能发送给服务器时，可以使用这一技术。

在 JavaScript 中，以编程方式调用 submit()方法是另一种提交表单的方式。这种方式无需表单包含提交按钮，任何时候都可以正常提交表单，如下代码所示。

```
var form = document.getElementById("myForm");
form.submit();   //提交表单
```

在以调用 submit()方法的形式提交表单时，不会触发表单的 submit 事件，因此要在调用此方法之前先验证表单数据。可以给 button 按钮定义一个 click 事件，在 click 事件中先进行表单相关元素验证，验证完毕再调用 submit()方法提交表单，如下代码所示。

```
<form id="test-form">
     <input type="text" name="test">
     <button type="button" onclick="doSubmitForm()">Submit</button>
</form>
<script>
     function doSubmitForm() {
          // 可以在此进行表单验证
          var form = document.getElementById('test-form');
          // 验证完毕提交form:
          form.submit();
     }
</script>
```

这种方式的另一个缺点是扰乱了浏览器对 form 的正常提交。

在实际项目中提交表单可以充分利用<input type="hidden">来传递数据。例如，很多登录表单希望用户输入用户名和口令，但是，出于安全考虑，提交表单时不传输明文口令，而是口令的MD5。普通 JavaScript 开发人员会直接修改<input>。

```
<form id="login-form" method="post" onsubmit="return checkForm()">
```

```
    <input type="text" id="username" name="username">
    <input type="password" id="password" name="password">
    <button type="submit">Submit</button>
</form>
<script>
    function checkForm(){
        var pwd = document.getElementById('password');
        // 把用户输入的明文变为MD5:
        pwd.value = toMD5(pwd.value);
        // 继续下一步:
        return true;
    }
</script>
```

这个做法看上去没啥问题，但用户输入了口令提交时，口令框的显示会突然从几个*变成 32 个*（因为 MD5 有 32 个字符）。要想不改变用户的输入，可以利用<input type="hidden">来实现：

```
<form id="login-form" method="post" onsubmit="return checkForm()">
    <input type="text" id="username" name="username">
    <input type="password" id="input-password">
    <input type="hidden" id="md5-password" name="password">
    <button type="submit">Submit</button>
</form>
<script>
    function checkForm(){
        var input_pwd = document.getElementById('input-password');
        var md5_pwd = document.getElementById('md5-password');
        // 把用户输入的明文变为MD5:
        md5_pwd.value = toMD5(input_pwd.value);
        // 继续下一步:
        return true;
    }
</script>
```

这里表单隐藏了一个 id 为 md5-password 的文本框，并为其标记了 name 属性 name="password"。而用户输入的 id 为 input-password 的<input>，它没有 name 属性。表单提交触发 onsubmit 事件时将转为 MD5 码的口令存入这个隐藏的文本框。这样既没有改变用户输入又实现了表单提交时传输 MD5 码的口令。

表单提交时只会提交有 name 属性的数据。

通常情况下提交表单时可能出现的最大问题，就是重复提交表单。在第一次提交表单后，如果长时间没有反应，用户可能会变得不耐烦。这时候，他们也许会反复单击提交按钮。结果往往很麻烦（因为服务器要处理重复的请求），或者会造成错误（如果用户是下订单，那么可能会多订好几份）。解决这一问题的办法有两个：在第一次提交表单后就禁用提交按钮，或者利用 onsubmit 事件处理程序取消后续的表单提交操作。

8.1.2　重置表单

在用户单击重置按钮时，表单会被重置。使用 type 特性值为"reset"的<input>或<button>都可以创建重置按钮，如下面的例子所示。

```
<input type="reset" value="Reset Form">      // 通用重置按钮
<button type="reset">Reset Form</button>     // 自定义重置按钮
```

这两个按钮都可以用来重置表单。在重置表单时，所有表单字段都会恢复到页面刚加载完毕时的初始值。

如果某个字段的初始值为空，就会恢复为空；而带有默认值的字段，也会恢复为默认值。即表单重置的时候依靠的是 defaultValue 属性。那么如果想更改单击重置时输入框的默认值就可以这样做，先修改输入框的 defaultValue 属性，再触发表单的 reset 事件。

用户单击重置按钮重置表单时，会触发 reset 事件。也可以在必要时取消重置操作。例如，下面展示了阻止重置表单的代码。

```
var form = document.getElementById("myForm");
EventUtil.addHandler(form, "reset", function(event){
    event = EventUtil.getEvent(event);        //取得事件对象
    EventUtil.preventDefault(event);          //阻止表单重置
});
```

与提交表单一样，也可以通过 JavaScript 来重置表单，如下面的例子所示。

```
var form = document.getElementById("myForm");
form.reset();   //重置表单
```

与调用 submit()方法不同，调用 reset()方法会像单击重置按钮一样触发 reset 事件。

在 Web 表单设计中，重置表单通常意味着对已经填写的数据不满意。重置表单经常会导致用户摸不着头脑，如果意外地触发了表单重置事件，那么用户甚至会很恼火。事实上，重置表单的需求是很少见的。更常见的做法是提供一个取消按钮，让用户能够回到前一个页面，而不是不分青红皂白地重置表单中的所有值。

8.1.3 表单字段

可以像访问页面中的其他元素一样，使用原生 DOM 方法访问表单元素。此外，每个表单都有 elements 属性，该属性是表单中所有表单元素（字段）的集合。这个 elements 集合是一个有序列表，其中包含着表单中的所有字段，例如<input>、<textarea>、<button>和<fieldset>。每个表单字段在 elements 集合中的顺序，都与它们出现在标记中的顺序相同，可以按照位置和 name 特性来访问它们。下面来看一个例子。

```
var form = document.getElementById("form1");
var field1 = form.elements[0];              //取得表单中的第一个字段
var field2 = form.elements["textbox1"];     //取得名为"textbox1"的字段
var fieldCount = form.elements.length;      //取得表单中包含的字段的数量
```

如果有多个表单控件都在使用一个 name（如单选按钮），那么就会返回以该 name 命名的一个 NodeList。例如，以下面的 HTML 代码片段为例。

```
<form method="post" id="myForm">
    <ul>
        <li>
            <input type="radio" name="color" value="red">Red
        </li>
        <li>
            <input type="radio" name="color" value="green">Green
        </li>
        <li>
            <input type="radio" name="color" value="blue">Blue
        </li>
    </ul>
</form>
```

在这个 HTML 表单中，有 3 个单选按钮，它们的 name 都是"color"，意味着这 3 个字段是一起的。在访问 elements["color"]时，就会返回一个 NodeList，其中包含这 3 个元素；不过，如果访问 elements[0]，则只会返回第一个元素。来看下面的例子。

```
var form = document.getElementById("myForm");
var colorFields = form.elements["color"];
alert(colorFields.length);    //3
var firstColorField = colorFields[0];
var firstFormField = form.elements[0];
alert(firstColorField === firstFormField);    //true
```

以上代码显示，通过 form.elements[0]访问到的第一个表单字段，与包含在 form.elements ["color"]中的第一个元素相同。

也可以通过访问表单的属性来访问元素，例如 form[0]可以取得第一个表单字段，而 form["color"]
则可以取得第一个命名字段。这些属性与通过 elements 集合访问到的元素是相同的。但是，我们
应该尽可能使用 elements，通过表单属性访问元素只是为了与旧浏览器向后兼容而保留的一种过
渡方式。

1. 共有的表单字段属性

除了<fieldset>元素之外，所有表单字段都拥有一组相同的属性。由于<input>类型可以表示多种表单字段，
因此有些属性只适用于某些字段，但还有一些属性是所有字段所共有的。表单字段共有的属性如下。

❑ disabled：布尔值，表示当前字段是否被禁用。
❑ form：指向当前字段所属表单的指针；只读。
❑ name：当前字段的名称。
❑ readOnly：布尔值，表示当前字段是否只读。
❑ tabIndex：表示当前字段的切换（tab）序号。
❑ type：当前字段的类型，如"checkbox""radio"等。
❑ value：当前字段将被提交给服务器的值。对文件字段来说，这个属性是只读的，包含着文件在计算机
中的路径。

除了 form 属性之外，还可以通过 JavaScript 动态修改其他任何属性，来看下面的例子。

```
var form = document.getElementById("myForm");
var field = form.elements[0];
field.value = "Another value";        //修改 value 属性
alert(field.form === form);           //检查 form 属性的值 返回true
field.focus();                        //把焦点设置到当前字段
field.disabled = true;                //禁用当前字段
field.type = "checkbox";              //修改 type 属性（不推荐，但对<input>来说是可行的）
```

能够动态修改表单字段属性，意味着可以在任何时候，以任何方式来动态操作表单。例如，很多用户可能
会重复单击表单的提交按钮。在涉及信用卡消费时，这就是个问题：因为会导致费用翻番。为此，常见的解决
方案，就是在第一次单击后就禁用提交按钮。只要侦听 submit 事件，并在该事件发生时禁用提交按钮即可。
以下就是这样一个例子。

```
//避免多次提交表单
EventUtil.addHandler(form, "submit", function(event){
  event = EventUtil.getEvent(event);
  var target = EventUtil.getTarget(event);
  var btn = target.elements["submit-btn"];     //取得提交按钮
  btn.disabled = true;                          //禁用它
});
```

以上代码为表单的 submit 事件添加了一个事件处理程序。事件触发后，代码取得了提交按钮并将其 disabled

属性设置为 true。注意，不能通过 onclick 事件处理程序来实现这个功能，原因是不同浏览器之间存在"时差"：有的浏览器会在触发表单的 submit 事件之前触发 click 事件，而有的浏览器则相反。对于先触发 click 事件的浏览器，意味着会在提交发生之前禁用按钮，结果永远都不会提交表单。因此，最好是通过 submit 事件来禁用提交按钮。不过，这种方式不适合表单中不包含提交按钮的情况；如前所述，只有在包含提交按钮的情况下，才有可能触发表单的 submit 事件。除了<fieldset>之外，所有表单字段都有 type 属性。对于<input>元素，这个值等于 HTML 特性 type 的值。对于其他元素，这个 type 属性的值如表 8.1 所示。

表 8.1　type 属性的值

说明	HTML 示例	type 属性的值
单选列表	<select>...</select>	"select-one"
多选列表	<select multiple>...</select>	"select-multiple"
自定义按钮	<button>...</button>	"submit"
自定义非提交按钮	<button type="button">...</button>	"button"
自定义重置按钮	<button type="reset">...</buton>	"reset"
自定义提交按钮	<button type="submit">...</buton>	"submit"

此外，<input>和<button>元素的 type 属性是可以动态修改的，而<select>元素的 type 属性则是只读的。

2. 共有的表单字段方法

每个表单字段都有两个方法：focus()和 blur()。其中，focus()方法用于将浏览器的焦点设置到表单字段，即激活表单字段，使其可以响应键盘事件。例如，接收到焦点的文本框会显示插入符号，随时可以接收输入。使用 focus()方法，可以将用户的注意力吸引到页面中的某个部位。例如，在页面加载完毕后，将焦点转移到表单中的第一个字段。为此，可以侦听页面的 load 事件，并在该事件发生时在表单的第一个字段上调用 focus()方法，如下面的例子所示。

```
EventUtil.addHandler(window, "load", function(event){
    document.forms[0].elements[0].focus();
});
```

要注意的是，如果第一个表单字段是一个<input>元素，且其 type 特性的值为"hidden"，那么以上代码会导致错误。另外，如果使用 CSS 的 display 和 visibility 属性隐藏了该字段，同样也会导致错误。

HTML5 为表单字段新增了一个 autofocus 属性。在支持这个属性的浏览器中，只要设置这个属性，不用 JavaScript 就能自动把焦点移动到相应字段，例如：

```
<input type="text" autofocus>
```

为了保证前面的代码在设置 autofocus 的浏览器中正常运行，必须先检测是否设置了该属性，如果设置了，就不用再调用 focus()了。

```
EventUtil.addHandler(window, "load", function(event){
    var element = document.forms[0].elements[0];
    if (element.autofocus !== true){
        element.focus(); console.log("JS focus");
    }
});
```

因为 autofocus 是一个布尔值属性，所以在支持的浏览器中它的值应该是 true（在不支持的浏览器中，它的值将是空字符串）。为此，上面的代码只有在 autofocus 不等于 true 的情况下才会调用 focus()，从而保证向前兼容。支持 autofocus 属性的浏览器有 Firefox 4+、Safari 5+、Chrome 和 Opera 9.6。

在默认情况下，只有表单字段可以获得焦点。对于其他元素而言，如果先将其 tabIndex 属性设置为 1，然后再调用 focus()方法，也可以让这些元素获得焦点。只有 Opera 不支持这种技术。

与 focus() 方法相对的是 blur() 方法，它的作用是从元素中移走焦点。在调用 blur() 方法时，并不会把焦点转移到某个特定的元素上；仅仅是将焦点从调用这个方法的元素上面移走而已。在早期 Web 开发中，那时候的表单字段还没有 readonly 特性，因此就可以使用 blur() 方法来创建只读字段。现在，虽然需要使用 blur() 的场合不多了，但必要时还是可以使用的。用法如下：

```
document.forms[0].elements[0].blur();
```

3. 共有的表单字段事件

除了支持鼠标、键盘、更改和 HTML 事件之外，所有表单字段都支持下列 3 个事件。

❑ blur：当前字段失去焦点时触发。

❑ change：对于 <input> 和 <textarea> 元素，在它们失去焦点且 value 值改变时触发；对于 <select> 元素，在其选项改变时触发。

❑ focus：当前字段获得焦点时触发。

当用户改变了当前字段的焦点，或者我们调用了 blur() 或 focus() 方法时，都可以触发 blur 和 focus 事件。这两个事件在所有表单字段中都是相同的。但是，change 事件在不同表单控件中触发的次数会有所不同。对于 <input> 和 <textarea> 元素，当它们从获得焦点到失去焦点且 value 值改变时，才会触发 change 事件。对于 <select> 元素，只要用户选择了不同的选项，就会触发 change 事件；换句话说，不失去焦点也会触发 change 事件。

通常，可以使用 focus 和 blur 事件来以某种方式改变用户界面，要么是向用户给出视觉提示，要么是向界面中添加额外的功能（例如，为文本框显示一个下拉选项菜单）。而 change 事件则经常用于验证用户在字段中输入的数据。例如，假设有一个文本框，我们只允许用户输入数值。此时，可以利用 focus 事件修改文本框的背景颜色，以便更清楚地表明这个字段获得了焦点。可以利用 blur 事件恢复文本框的背景颜色，利用 change 事件在用户输入了非数值字符时再次修改背景颜色。下面就给出了实现上述功能的代码。

```
var textbox = document.forms[0].elements[0];
EventUtil.addHandler(textbox, "focus", function(event){
    event = EventUtil.getEvent(event);
    var target = EventUtil.getTarget(event);
    if (target.style.backgroundColor != "red"){
        target.style.backgroundColor = "yellow";
    }
});

EventUtil.addHandler(textbox, "blur", function(event){
    event = EventUtil.getEvent(event);
    var target = EventUtil.getTarget(event);
    if (/[^\d]/.test(target.value)){
        target.style.backgroundColor = "red";
    }else{
        target.style.backgroundColor = "";
    }
});

EventUtil.addHandler(textbox, "change", function(event){
    event = EventUtil.getEvent(event);
    var target = EventUtil.getTarget(event);
    if (/[^\d]/.test(target.value)){
        target.style.backgroundColor = "red";
    }else{
        target.style.backgroundColor = "";
    }
});
```

在此，onfocus 事件处理程序将文本框的背景颜色修改为黄色，以清楚地表明当前字段已经激活。随后，onblur 和 onchange 事件处理程序则会在发现非数值字符时，将文本框背景颜色修改为红色。为了测试用户输入的是不是非数值，这里针对文本框的 value 属性使用了简单的正则表达式。而且，为确保无论文本框的值如何变化，验证规则始终如一，onblur 和 onchange 事件处理程序中使用了相同的正则表达式。

关于 blur 和 change 事件的关系，并没有严格的规定。在某些浏览器中，blur 事件会先于 change 事件发生；而在其他浏览器中，则恰好相反。为此，不能假定这两个事件总会以某种顺序依次触发，这一点要特别注意。

【任务 8-1】使用表单 elements 属性

1. 任务介绍

使用 form 表单的 elements 属性来遍历表单中的所有元素。

2. 任务目标

学会 JavaScript 表单 elements 属性的使用。

3. 实现思路

form.elements[0];可获得表单中的第一个字段；

form.elements["textbox1"];可获得表单中名为"textbox1"的字段；

form.elements.length;可获得表单中包含的字段的数量。

4. 实现代码

完整代码如脚本 8-1 所示。

脚本 8-1.html

```html
<!DOCTYPE html>
<html>
  <head>
    <meta charset="UTF-8">
  </head>
  <body>
  <form id="myForm">
    姓名: <input type="text" name="name" value="王**"><br>
    性别: <input type="radio" name="sex" value="男" checked="true">男
    <input type="radio" name="sex" value="女">女<br>
    年龄: <input type="text" name="age" value="28"><br>
    住址: <input name="address" value="山东"><br>
  </form>
  <p>点击以下按钮，显示form元素中所有元素的数量</p>
  <button onclick="myFc()">按钮</button>
  <p id="demo"></p>
  <script>
    function myFc() {
        var obj = document.getElementById("myForm").elements;
        var len = document.getElementById("myForm").elements.length;
        var tmp = "";
        var tmp_value = "";
        for(var i=0;i<len;i++){
            if (obj[i].hasAttribute("name")){
             tmp += obj[i].name + " ";
             tmp_value += obj[i].value + " ";
            }
```

```
        }
            document.getElementById("demo").innerHTML = "form
元素中有 " + len + " 个元素"+"<br>元素名称分别为："+tmp+"<br>元素
值分别为："+tmp_value;
        }
    </script>
  </body>
</html>
```

5. 运行结果

单击按钮显示结果如图 8.1 所示。

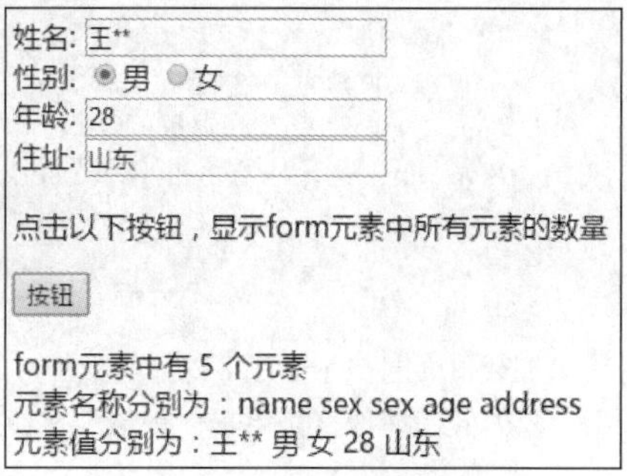

图 8.1　任务 8-1 运行结果

8.2　表单验证

JavaScript 可用来在数据被送往服务器前对 HTML 表单中的输入数据进行验证。

表单验证用于发生在服务器，客户端已经输入所有必要的数据，然后按下提交按钮之后进行的一系列操作。如果一些已被输入的客户端的数据已处在错误形式或者被简单地丢失，则服务器必须将所有数据发送回客户端，并请求填写正确的信息重新提交。这是一个漫长的过程，会增加服务器负担。熟练运用表单验证即可解决这一问题。

在用户填写表单的过程中，往往需要编写一堆的验证操作，这样就可以保证提交的数据是正确的。那么下面用一个示例来详细讲解表单验证的处理。

（1）首先定义一个基础的表单（从标准来讲每一个元素都一定要存在有一个 ID 属性）如下。

```
<form action="pass.html" method="post" id="loginForm">
    登录邮箱：<input type="text" name="email" id="email"></input><br>
    <button type="submit" id="subBtn">登录</button>
</form>
```

其中表单提交跳转的页面脚本 pass.html 定义如下。

脚本 pass.html

```
<!doctype html>
<html lang="zh-CN">
    <head>
        <meta charset="utf-8">
        <meta name="description" content=event.html"">
        <meta name="keywords" content="event,html,js">
    </head>
    <body>
        <h1>表单验证通过！</h1>
    </body>
</html>
```

完整代码如脚本 8-2 所示。

脚本 8-2.html

```
<!doctype html>
<html lang = "zh-CN">
  <head>
    <meta charset="utf-8">
    <meta name="description" content=event.html"">
    <meta name="keywords" content="event,html,js">
    <title>JavaScript的程序开发的表单提交事件处理</title>
  </head>
```

```
  <body>
    <form action="pass.html" method="post" id="loginForm">
              登录邮箱：<input type="text" name="email" id="email"></input><br>
      <button type="submit" id="subBtn">登录</button>
    </form>
  </body>
</html>
```

加载页面时显示如图 8.2 所示。

不做任何操作直接单击"登录"按钮显示如图 8.3 所示。

登录邮箱：□□□□□□□□□□□□□□
登录

表单验证通过！

图 8.2　表单验证显示结果 1 　　　　　　图 8.3　表单验证显示结果 2

这里没有做任何校验即显示表单验证通过，显然是有问题的。

（2）这样就需要对表单的输入数据进行验证。这个过程应该用 JavaScript 完成。习惯性的做法是直接找到"登录"按钮进行验证。改进脚本 8-3 如下所示。

脚本 8-3.html

```
<!doctype html>
<html lang="zh-CN">
  <head>
    <meta charset="utf-8">
    <meta name="description" content="event.html">
    <meta name="keywords" content="event,html,js">
    <title>javascript的程序开发的表单提交事件处理</title>
  </head>
  <body>
    <form action="pass.html" method="post" id="loginForm">
              登录邮箱：<input type="text" name="email" id="email"></input><br>
      <button type="submit" id="subBtn">登录</button>
    </form>
  </body>
  <script type="text/javascript">
          window.onload = function(){
      document.getElementById('loginForm').addEventListener("submit",function(){
                  var emailObj = document.getElementById("email");
                  alert(emailObj.value);
                  if (emailObj.value == "") {
                      alert("您还未输入登录邮箱，无法登录！");
                  }else{
                      this.submit();
                  }
              }, false);
          }
  </script>
</html>
```

在页面完成加载后进行动态事件绑定，首先通过表单 id 找到表单对象并绑定一个提交表单事件；再通过邮箱元素 id 找到邮箱元素对象；最后判断邮箱的值是否为空，如果是空则弹出警告框，如果不是空再提交表单。

当不输入内容直接单击"登录"按钮时显示如图 8.4 所示。

当输入内容 21221 后单击"登录"按钮时显示如图 8.5 所示。

图 8.4　表单验证显示结果 3　　　　　　　　图 8.5　表单验证显示结果 4

这里不管是否输入内容，只要单击了"确定"按钮，表单就通过了，
如图 8.6 所示。然而，这也是不对的。

（3）第 2 步操作中代码只是取得了最简单的验证处理，但是发现表单
还是不能够进行有效拦截，因为如果要想拦截表单，需要的是 onsubmit

表单验证通过！

图 8.6　表单验证显示结果 5

事件，这个事件的特点是如果返回了 false，那么就不提交表单，如果返回的是 true，表示的是提交表单。再利
用脚本 8-3 改进成脚本 8-4，如下所示。

脚本 8-4.html

```html
<!doctype html>
<html lang="zh-CN">
  <head>
    <meta charset="utf-8">
    <meta name="description" content="event.html">
    <meta name="keywords" content="event,html,js">
    <title>javascript的程序开发的表单提交事件处理</title>
  </head>
  <body>
    <form action="pass.html" method="post" id="loginForm" onsubmit="return checkForm()">
             登录邮箱： <input type="text" name="email" id="email"></input><br>
      <button type="submit" id="subBtn">登录</button>
    </form>
  </body>
  <script type="text/javascript">
          window.onload = function(){
      document.getElementById('loginForm').addEventListener("submit",function(){
                  var emailObj = document.getElementById("email");
                  if (emailObj.value == "") {
                    alert("您还未输入登录邮箱，无法登录！");
                  }else{
                    alert(emailObj.value);
                    this.submit(); //当前元素提交表单
                  }
              },false);
          }
          function checkForm() {
              return false;
          }
  </script>
</html>
```

此时<form>元素中的 onsubmit="return checkForm ()"表示将接收 checkForm ()函数返回的结果，如果此函数

返回的是 true，表单正常提交，反之，表单不提交。

当不输入内容直接单击"登录"按钮时显示如图 8.7 所示。

当输入内容 21221 后单击"登录"按钮时显示如图 8.8 所示。

图 8.7　表单验证显示结果 6　　　　　　　　　图 8.8　表单验证显示结果 7

单击"确定"按钮时显示如图 8.9 所示。这里发现：内容必须存在时表单才会通过，这才是正确的逻辑。

但是这个验证并不标准，因为此时输入的并非是规则的 email 数据。不能用简单的空字符串来判断 email，而应该用正则表达式来计算，在 JavaScript 中正则应用语法："/^正则标记$/.test(数据)"。再次改进脚本 8-4 如脚本 8-5 所示。

表单验证通过！

图 8.9　表单验证显示结果 8

脚本 8-5.html

```html
<!doctype html>
<html lang="zh-CN">
  <head>
    <meta charset="utf-8">
    <meta name="description" content="event.html">
    <meta name="keywords" content="event,html,js">
    <title>javascript的程序开发的表单提交事件处理</title>
  </head>
  <body>
  <form action="pass.html" method="post" id="loginForm" onsubmit="return checkForm()">
            登录邮箱：<input type="text" name="email" id="email"></input><br>
    <button type="submit" id="subBtn">登录</button>
  </form>
  </body>
  <script type="text/javascript">
          window.onload = function(){
    document.getElementById('loginForm').addEventListener("submit",function(){
              var emailObj = document.getElementById("email");
              if (emailObj.value == "") {
                alert("您还未输入登录邮箱，无法登录！");
              }else{
                if (/^\w+@\w+\.\w+$/.test(emailObj.value)) {
                  alert(emailObj.value);
                  return true;
                }else{   //验证不通过
                  alert("请输入合法的EMAIL地址!");
                  return false;
                }
              }
          },false);
      }
```

```
                    function checkForm() {
                        return false;
                    }
        </script>
</html>
```

当不输入内容直接单击"登录"按钮时显示如图 8.10 所示。

当输入内容 21221 不是邮箱格式,单击"登录"按钮时显示如图 8.11 所示。

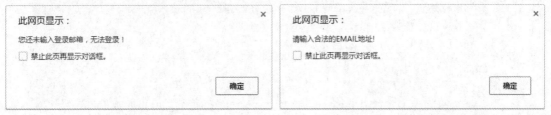

图 8.10　表单验证显示结果 9　　　　　　　　图 8.11　表单验证显示结果 10

当输入内容是邮箱格式,单击"登录"按钮时显示如图 8.12 所示。

这里发现输入内容必须存在,而且邮箱格式必须正确,单击"确定"按钮,表单才会通过,如图 8.13 所示。

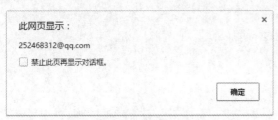

图 8.12　表单验证显示结果 11　　　　　　　　图 8.13　表单验证显示结果 12

在整个的 submit 事件处理中,有一点是非常麻烦的,如果直接在"<form>"元素上使用"onsubmit"事件处理,那么只需要利用"return true|false 返回的函数",那么就可以拦截操作。可是如果是动态事件绑定,那么将无法拦截。

对于"addEventListener(事件类型,事件处理函数,冒泡处理)函数",如果按照这样的思路,要去解决当前的拦截问题,那么就必须阻止事件向下进行。

准确的完整代码范例如 pass.html 和 form.html 所示。

pass.html

```
<!doctype html>
<html lang="zh-CN">
    <head>
        <meta charset="utf-8">
        <meta name="description" content=event.html"">
        <meta name="keywords" content="event,html,js">
    </head>
    <body>
        <h1>表单验证通过! </h1>
    </body>
</html>
```

form.html

```
<!doctype html>
<html lang="zh-CN">
    <head>
```

```
            <meta charset="utf-8">
            <meta name="description" content="event.html">
            <meta name="keywords" content="event,html,js">
            <title>javascript的程序开发之表单提交事件处理</title>
            <script type="text/javascript" src="form.js"></script>
    </head>
    <body>
        <form action="pass.html" method="post" id="loginForm">
            登录邮箱：<input type="text" name="email" id="email"></input><br>
            <button type="submit" id="subBtn">登录</button>
        </form>
    </body>
    <script type="text/javascript">
        window.onload = function(){
            document.getElementById('loginForm').addEventListener("submit",function(e){
                var emailObj = document.getElementById("email");
                if (emailObj.value == "") {
                    alert("您还未输入登录邮箱，无法登录！");
                    if (e && e.preventDefault) {          // 在W3C标准下执行
                        e.preventDefault();               //阻止浏览器的动作
                    }else{                                //专门针对于IE浏览器的处理
                        window.event.returnValue= false;
                    }
                }else{
                    alert(emailObj.value);
                    if (/^\w+@\w+\.\w+$/.test(emailObj.value)) {
                        this.submit();
                    }else{
                        alert("请输入合法的EMAIL地址!");
                        if (e && e.preventDefault) {          // 在W3C标准下执行
                            e.preventDefault();               //阻止浏览器的动作
                        }else{                                //专门针对IE浏览器的处理
                            window.event.returnValue= false;
                        }
                    }
                }
            },false);
        }
        function submit () {
            return false;
        }

    </script>
</html>
```

这种对提交表单的验证方式算是比较完善的了，而且对浏览器进行了兼容，不过这种代码没有通用性。针对表单其他内容的验证可以运用同样的思路来处理。

8.3　实战

【案例 8-1】——注册表单验证

精讲视频

实战：注册表单验证

1. 案例描述

用 JavaScript 实现简单的注册模块表单验证。

2. 实现思路

（1）首先利用 html+css 制作简单的注册模块界面，代码片段如下：

```
<style type="text/css">
  body{margin:0;padding: 0;}
  .login{position:relative;margin:100px auto;padding:50px 20px;width: 350px;
  height: 200px;border:1px solid #333;}
  .login legend{font-weight: bold;color: green;text-align: center;}
  .login label{display:inline-block;width:130px;text-align: right;}
  .btn{height: 30px;width:100px;padding: 5px;border:0;background-color: #00dddd;
  font-weight: bold;cursor: pointer;margin-left: 140px;}
  input{height: 20px;width: 170px;}
  .borderRed{border: 2px solid red;}
  img{display: none;}
</style>
</head>
<body>
  <div class="login">
    <form name="form" method="post" action="register.html" onsubmit="return check()">
      <legend>【Register】</legend>
      <p><label for="name">UserName: </label>
      <input type="text" id="name" >
      <img src="./img/gou.png" width="20px" height="20px"></p>
      <p><label for="password">Password: </label>
      <input type="password" id="password" >
      <img src="./img/gantan.png" width="20px" height="20px"></p>
      <p><label for="R_password">Password Again: </label>
      <input type="password" id="R_password" >
      <img src="./img/gou.png" width="20px" height="20px"></p>
      <p><label for="email">Email: </label>
      <input type="text" id="email" >
      <img src="./img/gou.png" width="20px" height="20px"></p>
      <p><input type="submit" value="Register" class="btn"></p>
    </form>
  </div>
```

（2）添加 JavaScript 的 class 相关处理函数。

```
function hasClass(obj,cls){   // 判断obj是否有此class
    return obj.className.match(new RegExp('(\\s|^)' + cls + '(\\s|$)'));
  }
  function addClass(obj,cls){ //给obj添加class
    if(!this.hasClass(obj,cls)){
      obj.className += " "+cls;
    }
  }
  function removeClass(obj,cls){ //移除obj对应的class
    if(hasClass(obj,cls)){
      var reg = new RegExp('(\\s|^)' + cls + '(\\s|$)');
      obj.className = obj.className.replace(reg," ");
    }
  }
```

（3）运用 JavaScript 验证各个输入框的值。

```
function checkName(name){    //验证name
    if(name != ""){ //不为空则正确
        removeClass(ele.name,"borderRed"); //移除class
        document.images[0].setAttribute("src","./img/gou.png"); //对应图标
        document.images[0].style.display = "inline"; //显示
        return true;
    }else{ //name不符合
        addClass(ele.name,"borderRed"); //添加class
        document.images[0].setAttribute("src","./img/gantan.png"); //对应图标
        document.images[0].style.display = "inline"; //显示
        return false;
    }
}
function checkPassw(passw1,passw2){ //验证密码
    if(passw1 == "" || passw2 == "" || passw1 !== passw2){ //两次密码输入不为空且不等 不符合
        addClass(ele.password,"borderRed");
        addClass(ele.R_password,"borderRed");
        document.images[1].setAttribute("src","./img/gantan.png");
        document.images[1].style.display = "inline";
        document.images[2].setAttribute("src","./img/gantan.png");
        document.images[2].style.display = "inline";
        return false;
    }else{    //密码输入正确
        removeClass(ele.password,"borderRed");
        removeClass(ele.R_password,"borderRed");
        document.images[1].setAttribute("src","./img/gou.png");
        document.images[1].style.display = "inline";
        document.images[2].setAttribute("src","./img/gou.png");
        document.images[2].style.display = "inline";
        return true;
    }
}
function checkEmail(email){    //验证邮箱
    var pattern = /^([\.a-zA-Z0-9_-])+@([a-zA-Z-0-9_-])+(\.[a-zA-Z-0-9_-])+/;
    if(!pattern.test(email)){ //email格式不正确
        addClass(ele.email,"borderRed");
        document.images[3].setAttribute("src","./img/gantan.png");
        document.images[3].style.display = "inline";
        ele.email.select();
        return false;
    }else{ //格式正确
        removeClass(ele.email,"borderRed");
        document.images[3].setAttribute("src","./img/gou.png");
        document.images[3].style.display = "inline";
        return true;
    }
}
```

（4）为各个输入框添加监听事件。

```
var ele = { //存放各个input字段obj
    name: document.getElementById("name"),
    password: document.getElementById("password"),
    R_password: document.getElementById("R_password"),
```

```
        email: document.getElementById("email")
    };
    ele.name.onblur = function(){ //name失去焦点则检测
        checkName(ele.name.value);
    }
    ele.password.onblur = function(){ //password失去焦点则检测
        checkPassw(ele.password.value,ele.R_password.value);
    }
    ele.R_password.onblur = function(){ //R_password失去焦点则检测
        checkPassw(ele.password.value,ele.R_password.value);
    }
    ele.email.onblur = function(){ //email失去焦点则检测
        checkEmail(ele.email.value);
    }
```

（5）最后就是单击提交注册时触发 form 表单 onsubmit 事件从而调用 check()函数。

```
function check(){  //表单提交则验证开始
    var ok = false;
    var nameOk = false;
    var emailOk = false;
    var passwOk = false;
    if(checkName(ele.name.value)){ nameOk = true; }  //验证name
    if(checkPassw(ele.password.value,ele.R_password.value)){ passwOk = true; } //验证password
    if(checkEmail(ele.email.value)){ emailOk = true; }  //验证email

    if(nameOk && passwOk && emailOk){
        alert("Tip: Register Success .."); //注册成功
        //return true;
    }
    return false;  //有误，注册失败
}
```

3. 实现代码

完整代码如脚本 8-6 所示。

脚本 8-6.html

```
<!DOCTYPE html PUBLIC "-//W3C//DTD XHTML 1.0 Transitional//EN" "http://www.w3.org/TR/xhtml1/
DTD/xhtml1-transitional.dtd">
<html xmlns="http://www.w3.org/1999/xhtml">
  <head>
    <meta charset="utf-8">
    <meta http-equiv="X-UA-Compatible" content="IE=edge,chrome=1">
    <title>Register</title>
    <meta name="description" content="">
    <meta name="keywords" content="">
    <link href="" rel="stylesheet">
    <style type="text/css">
        body{margin:0;padding: 0;}
        .login{position:relative;margin:100px auto;padding:50px 20px;width: 350px;
        height: 200px;border:1px solid #333;}
        .login legend{font-weight: bold;color: green;text-align: center;}
        .login label{display:inline-block;width:130px;text-align: right;}
        .btn{height: 30px;width:100px;padding: 5px;border:0;background-color: #00dddd;
        font-weight: bold;cursor: pointer;margin-left: 140px;}
        input{height: 20px;width: 170px;}
```

```
        .borderRed{border: 2px solid red;}
        img{display: none;}
      </style>
  </head>
  <body>
    <div class="login">
      <form name="form" method="post" action="register.html" onsubmit="return check()">
        <legend>【Register】</legend>
        <p><label for="name">UserName: </label>
          <input type="text" id="name" >
          <img src="./img/gou.png" width="20px" height="20px"></p>
        <p><label for="password">Password: </label>
          <input type="password" id="password" >
          <img src="./img/gantan.png" width="20px" height="20px"></p>
        <p><label for="R_password">Password Again: </label>
          <input type="password" id="R_password" >
          <img src="./img/gou.png" width="20px" height="20px"></p>
        <p><label for="email">Email: </label>
          <input type="text" id="email" >
          <img src="./img/gou.png" width="20px" height="20px"></p>
        <p><input type="submit" value="Register" class="btn"></p>
      </form>
    </div>
    <script type="text/javascript">
      function hasClass(obj,cls){   // 判断obj是否有此class
        return obj.className.match(new RegExp('(\\s|^)' + cls + '(\\s|$)'));
      }
      function addClass(obj,cls){ //给obj添加class
        if(!this.hasClass(obj,cls)){
          obj.className += " "+cls;
        }
      }
      function removeClass(obj,cls){ //移除obj对应的class
        if(hasClass(obj,cls)){
          var reg = new RegExp('(\\s|^)' + cls + '(\\s|$)');
          obj.className = obj.className.replace(reg," ");
        }
      }
      function checkName(name){   //验证name
        if(name != ""){ //不为空则正确，当然也可以ajax异步获取服务器判断用户名不重复则正确
          removeClass(ele.name,"borderRed"); //移除class
          document.images[0].setAttribute("src","./img/gou.png"); //对应图标
          document.images[0].style.display = "inline"; //显示
          return true;
        }else{ //name不符合
          addClass(ele.name,"borderRed"); //添加class
          document.images[0].setAttribute("src","./img/gantan.png"); //对应图标
          document.images[0].style.display = "inline"; //显示
          return false;
        }
      }
      function checkPassw(passw1,passw2){ //验证密码
        if(passw1 == "" || passw2 == "" || passw1 !== passw2){ //两次密码输入不为空且不等 不符合
```

```
    addClass(ele.password,"borderRed");
    addClass(ele.R_password,"borderRed");
    document.images[1].setAttribute("src","./img/gantan.png");
    document.images[1].style.display = "inline";
    document.images[2].setAttribute("src","./img/gantan.png");
    document.images[2].style.display = "inline";
    return false;
  }else{  //密码输入正确
   removeClass(ele.password,"borderRed");
   removeClass(ele.R_password,"borderRed");
   document.images[1].setAttribute("src","./img/gou.png");
   document.images[1].style.display = "inline";
   document.images[2].setAttribute("src","./img/gou.png");
   document.images[2].style.display = "inline";
   return true;
  }
}
function checkEmail(email){  //验证邮箱
  var pattern = /^([\.a-zA-Z0-9_-])+@([a-zA-Z0-9_-])+(\.[a-zA-Z0-9_-])+/;
  if(!pattern.test(email)){ //email格式不正确
   addClass(ele.email,"borderRed");
   document.images[3].setAttribute("src","./img/gantan.png");
   document.images[3].style.display = "inline";
   ele.email.select();
   return false;
  }else{ //格式正确
   removeClass(ele.email,"borderRed");
   document.images[3].setAttribute("src","./img/gou.png");
   document.images[3].style.display = "inline";
   return true;
  }
}
var ele = { //存放各个input字段obj
  name: document.getElementById("name"),
  password: document.getElementById("password"),
  R_password: document.getElementById("R_password"),
  email: document.getElementById("email")
};
ele.name.onblur = function(){ //name失去焦点则检测
  checkName(ele.name.value);
  }
ele.password.onblur = function(){ //password失去焦点则检测
  checkPassw(ele.password.value,ele.R_password.value);
  }
ele.R_password.onblur = function(){ //R_password失去焦点则检测
  checkPassw(ele.password.value,ele.R_password.value);
  }
ele.email.onblur = function(){ //email失去焦点则检测
  checkEmail(ele.email.value);
  }

function check(){   //表单提交则验证开始
  var ok = false;
```

```
                var nameOk = false;
                var emailOk = false;
                var passwOk = false;

                if(checkName(ele.name.value)){ nameOk = true; }   //验证name
                if(checkPassw(ele.password.value,ele.R_password.value)){ passwOk = true; } //验证password
                if(checkEmail(ele.email.value)){ emailOk = true; }   //验证email

                if(nameOk && passwOk && emailOk){
                 alert("Tip: Register Success .."); //注册成功
                 return true;
                }
                return false;   //有误，注册失败
            }
        </script>
    </body>
</html>
```

register.html

```
<!doctype html>
<html lang="zh-CN">
    <head>
        <title>Register</title>
    </head>
    <body>
        <h1>恭喜您！注册成功！</h1>
    </body>
</html>
```

页面加载完成显示如图 8.14 所示。

表单内容为空单击"Register"按钮显示如图 8.15 所示。

表单内容填写正确后显示如图 8.16 所示。

图 8.14　案例 8-1 运行结果 1

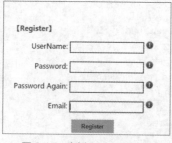

图 8.15　案例 8-1 运行结果 2

图 8.16　案例 8-1 运行结果 3

8.4　小结

本章介绍了 JavaScript 表单基础知识、表单提交重置以及表单的验证等相关操作。在 Web 应用开发中，使用 JavaScript 大大提升了表单的易用性。尤其是 JavaScript 十分便捷的表单验证功能，在客户端进行验证，响应速度异常之快，减轻了服务器端的压力，避免服务器端的信息出现错误，从而给 Web 开发带来了很大的便利。

第9章

算法

■ 对于很多初级计算机程序员来说，唯一熟悉的数据结构就是数组。无疑，在处理一些问题时，数组是很好的选择，但对于很多复杂的问题，数组就显得太过于简陋了。大多数有经验的程序员都很愿意承认这样一个事实：对于很多编程问题，当想出一个合适的数据结构，设计和解决这些问题的算法就变得手到擒来。

学习算法非常重要，因为解决同样的问题，往往可以使用多种算法。对于高效程序员来说，知道哪种算法效率更高非常重要。比如，现在至少有六七种算法，如果知道快速排序比选择排序效率更高，那么就会让排序过程变得更加高效，也势必会写出一个更好的程序。本章将会详细讲解一些常见的排序算法。

9.1　冒泡排序

精讲视频

冒泡排序

　　冒泡排序算法是最慢的排序算法之一，也是一种最简单最容易实现的算法。它重复地走访过要排序的数列，一次比较两个元素，如果它们的顺序错误就把它们交换过来。走访数列的工作是重复地进行直到没有再需要交换的数值为止，也就是说该数列已经排序完成。之所以叫冒泡排序是因为使用这种排序算法排序时，越小的元素会经由交换像气泡一样慢慢"浮"到数列的顶端。

　　下面是一个简单的冒泡排序的例子。存在一组列表：X A C H E，对其进行冒泡排序过程如下。

　　初始列表：X A C H E

　　经过第 1 次排序后，这个列表变为，

　　第 1 次排序：A X C H E

　　前两个元素 X 和 A 进行了交换，接下来再次排序会变成，

　　第 2 次排序：A C X H E

　　第 2 个元素 X 和第 3 个元素 C 进行了交换，继续进行排序，

　　第 3 次排序：A C H X E

　　第 3 个元素 X 和第 4 个元素 H 进行了交换，继续进行排序，

　　第 4 次排序：A C H E X

　　第 4 个元素 X 和第 5 个元素 E 进行了交换。这时第一轮排序已结束但交换工作仍未完成，第 3 个元素 H 和第 4 个元素 E 还需要再次互换，得到最终排序结果，

　　最终顺序：A C E H X

　　由此可以总结出冒泡排序的算法原理及步骤如下。

　　1. 算法原理

　　相邻的数据进行两两比较，小数放在前面，大数放在后面，这样一次下来，最小的数就被排在了第 1 位，第 2 次也是如此，如此类推，直到所有的数据排序完成。

　　2. 算法步骤

　　（1）比较相邻的元素。如果第 1 个比第 2 个大，就交换它们两个。

　　（2）对每一对相邻元素做同样的工作，从开始第一对到结尾的最后一对，这样在最后的元素应该会是最大的数。

　　（3）针对所有的元素重复以上步骤，除了最后一个。

　　（4）重复步骤 1~3，直到排序完成。

　　下面示例演示了如何对一个大的数据集合进行冒泡排序。在图中，标记了集合中的两个特定值 3 和 59，它们分别用黑色框框圈出来。从图解可以看出 59 是如何从数组的开头移到中间的，以及 3 是如何从数组的后半部分移到开头的。

初始集合：	59	34	25	67	15	87	10	99	3	45
第 1 轮排序：	34	25	59	15	67	10	87	3	45	99
第 2 轮排序：	25	34	15	59	10	67	3	45	87	99
第 3 轮排序：	25	15	34	10	59	3	45	67	87	99
第 4 轮排序：	15	25	10	34	3	45	59	67	87	99
第 5 轮排序：	15	10	25	3	34	45	59	67	87	99
第 6 轮排序：	10	15	3	25	34	45	59	67	87	99
第 7 轮排序：	10	3	15	25	34	45	59	67	87	99
第 8 轮排序：	3	10	15	25	34	45	59	67	87	99

代码实现如下所示。

```
function bubbleSort(arr){
    var len = arr.length;
    for (var i = 0; i < len; i++) {
        for(var j = 0; j < len − i −1; j++){
            if(arr[j]>arr[j+1]){    //相邻元素进行对比
                var temp = arr[j+1];//交换元素
                arr[j+1] = arr[j];
                arr[j] = temp;
            }
        }
    }
    return arr;//返回数组
}
```

这个算法是最基本的实现方法，可以对这个算法进行改进，通过设置一个标志性的变量 position，用于记录每次排序中最后一次进行交换的位置。因为 position 位置之后的记录都已经排好序了，所以进行下一次排序时只需要扫描到 position 的位置就好。改进后的代码如下。

```
function bubbleSort(arr){
    var i = arr.length −1;     //开始时，扫描的最后位置
    while(i>0){
        var position = 0;    //标志性变量，表示当前排序中交换的位置
        for(var j = 0; j < i; j ++){
            if(arr[j]>arr[j+1]){
                position = j;
                var temp = arr[j+1];
                arr[j+1] = arr[j];
                arr[j] = temp;
            }
        }
        i = position;
    }
    return arr;
}
```

利用上述冒泡排序算法函数 bubbleSort 对数组[59,34,25,67,15,87,10,99,3,45]进行排序，完整代码如脚本 9-1 所示。

脚本 9-1.html

```
<html>
  <head>
    <title>JavaScript冒泡排序</title>
  </head>
  <script>
        function bubbleSort(arr){
            var i = arr.length −1;
            while(i>0){
                var position = 0;
                for(var j = 0; j < i; j ++){
                    if(arr[j]>arr[j+1]){
                        position = j;
                        var temp = arr[j+1];
                        arr[j+1] = arr[j];
```

```
                              arr[j] = temp;
                       }
                 }
              i = position;
              console.log(arr.toString());
         }
         return arr;
     }
     var array = [59,34,25,67,15,87,10,99,3,45];
     var res_arr = bubbleSort(array);
     console.log("最终排序结果为："+res_arr.toString());
  </script>
</html>
```

运行代码显示结果如图 9.1 所示。

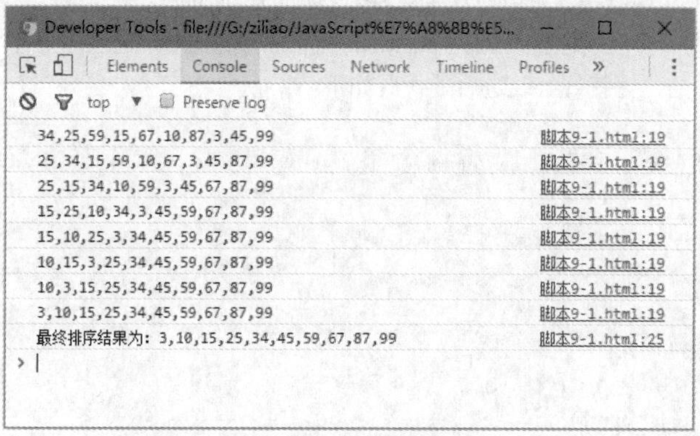

图 9.1　冒泡排序示例结果

通过这个输出结果，可以更加容易地看出小的值是如何移到数组开头的，大的值又是如何移到数组末尾的。

传统冒泡排序中每一次排序操作只能找到一个最大值或最小值，考虑利用在每次排序中进行正向和反向两遍冒泡的方法一次可以得到两个最终值（最大者和最小者），从而使排序次数几乎减少了一半。这样再次改进算法如下。

```
function bubbleSort(arr){
    var low = 0;
    var high = arr.length-1;
    var temp;
    while(low < high){          //找到最大值
        for(var j = low ; j < high ; j++){
            if (arr[j]> arr[j+1]) {
                temp = arr[j+1];
                arr[j+1] = arr[j];
                arr[j] = temp;
            }
        }
        --high;                //修改high值，向前移一位
    }
    while(low > high){        //找到最小值
        for(var j = high ;j > low; j--){
            if (arr[j]> arr[j+1]) {
                temp = arr[j+1];
                arr[j+1] = arr[j];
```

```
            arr[j] = temp;
        }
    }
    ++low;      //修改low值，往后移动一位
}
return arr;
}
```

9.2 选择排序

选择排序是表现最稳定的排序算法之一，也是一种简单直观的排序算法。选择排序从数组的开头开始，将第 1 个元素和其他元素进行比较。检查完所有元素后，最小的元素会被放到数组的第 1 个位置，然后算法会从第 2 个位置继续。这个过程一直进行，当进行到数组的倒数第 2 个位置时，所有的数据便完成了排序。

下面是一个简单的选择排序的例子。存在初始列表：X A C H E，对其进行选择排序过程如下。

初始列表：X A C H E

第一次排序会找到最小值，并将它和列表的第一个元素进行互换。

第 1 次排序：A X C H E

接下来查找第 1 个元素后面的最小值（第 1 个元素此时已经就位），并对它们进行互换。

第 2 次排序：A C X H E

接下来查找第 2 个元素后面的最小值（第 1 个元素和第 2 个元素此时均已经就位），并对它们进行互换。

第 3 次排序：A C E X H

第 3 个元素也已经就位，因此下一步会对 X 和 H 进行互换，列表已按顺序排好。

第 4 次排序：A C E H X

最终顺序：A C E H X

由此可以总结出选择排序的算法原理步骤如下。

n 个记录的直接选择排序可经过 n-1 次直接选择排序得到有序结果。

（1）初始状态：无序区为 R[1…n]，有序区为空。

（2）第 i 次排序（i=1,2,3,…,n-1）开始时，当前有序区和无序区分别为 R[1…i-1]和 R(i…n)。该次排序从当前无序区中选出关键字最小的记录 R[k]，将它与无序区的第 1 个记录 R 交换，使 R[1…i]和 R[i+1…n]分别变为记录个数增加 1 个的新有序区和记录个数减少 1 个的新无序区。

（3）n-1 次结束，数组有序化了。

下面示例演示了如何对更大的数据集合进行选择排序。

初始集合：	59	34	25	67	15	87	10	99	3	45
第 1 轮排序：	3	34	25	67	15	87	10	99	59	45
第 2 轮排序：	3	10	25	67	15	87	34	99	59	45
第 3 轮排序：	3	10	15	67	25	87	34	99	59	45
第 4 轮排序：	3	10	15	25	67	87	34	99	59	45
第 5 轮排序：	3	10	15	25	34	87	67	99	59	45
第 6 轮排序：	3	10	15	25	34	45	67	99	59	87
第 7 轮排序：	3	10	15	25	34	45	59	99	67	87
第 8 轮排序：	3	10	15	25	34	45	59	67	99	87
第 9 轮排序：	3	10	15	25	34	45	59	67	87	99

代码实现如脚本 9-2 所示：

脚本 9-2.html

```html
<html>
  <head>
    <title>JavaScript选择排序</title>
    </head>
    <script>
        function selectionSort(arr){
            var len=arr.length;
            var minIndex,temp;
            for(var i=0;i<len-1;i++){
                minIndex=i;
                for(var j=i+1;j<len;j++){
                    if(arr[j]<arr[minIndex]){         //寻找最小的数
                        minIndex=j;                   //将最小数的索引保存
                    }
                }
                temp=arr[i];
                arr[i]=arr[minIndex];
                arr[minIndex]=temp;
                console.log(arr.toString());
            }
            return arr.toString();
        }
        vararr=[59,34,25,67,15,87,10,99,3,45];
        console.log("最终排序结果为："+selectionSort(vararr));
    </script>
</html>
```

选择排序会用到嵌套循环。外循环从数组的第 1 个元素移动到倒数第 2 个元素；内循环从第 2 个数组元素移动到最后一个元素，查找比当前外循环所指向的元素小的元素。每次内循环迭代后，数组中最小的值都会被赋值到合适的位置。

运行显示结果如图 9.2 所示。

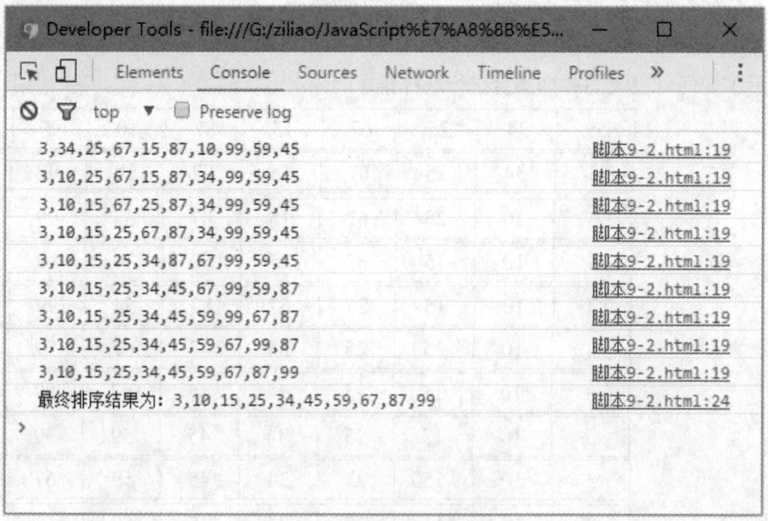

图 9.2　选择排序示例结果

> 排序算法是否稳定可以这样理解，存在两个数值 a 和 b，如果 a 原本在 b 前面，而 a=b，排序之后 a 仍然在 b 的前面，即称为稳定排序；如果 a 原本在 b 的前面，而 a=b，排序之后 a 可能会出现在 b 的后面，即称为不稳定排序。

9.3 插入排序

精讲视频

插入排序

插入排序的代码实现虽然没有冒泡排序和选择排序那么简单粗暴，但它的原理应该是最容易理解的了，类似于人类按数字或字母顺序对数据进行排序。插入排序的算法描述是一种简单直观的排序算法，它的工作原理是通过构建有序序列，对于未排序数据，在已排序序列中从后向前扫描，找到相应位置并插入。插入排序在实现上，从后向前扫描过程中，需要反复把已排序元素逐步向后挪位，为最新元素提供插入空间。

下面是一个简单的选择排序的例子。存在初始列表：X A C H E，对其进行插入排序过程如下。

初始列表：X A C H E

第 1 次排序默认第 1 个元素 X 已经被排序，取出第 2 个元素与已经排好序的数值比较。

第 1 次排序：A X C H E

第 1 个和第 2 个元素已经被排序，取出第 3 个元素与已经排好序的数值比较。

第 2 次排序：A C X H E

前 3 个元素已经被排序，取出第 4 个元素与已经排好序的数值比较。

第 3 次排序：A C H X E

前 4 个元素已经被排序，取出最后一个元素与已经排好序的数值比较。

第 4 次排序：A C E H X

最终顺序：A C E H X

由此可以总结出插入排序的算法步骤如下。

（1）从第 1 个元素开始，该元素可以认为已经被排序。

（2）取出下一个元素，在已经排序的元素序列中从后向前扫描。

（3）如果该元素（已排序）大于新元素，将该元素移到下一位置。

（4）重复步骤 3，直到找到已排序的元素小于或者等于新元素的位置。

（5）将新元素插入到该位置后。

（6）重复步骤 2～5。

下面示例演示了如何对更大的数据集合进行插入排序。

初始集合：	59	34	25	67	15	87	10	99	3	45
第 1 轮排序：	34	59	25	67	15	87	10	99	3	45
第 2 轮排序：	25	34	59	67	15	87	10	99	3	45
第 3 轮排序：	15	25	34	59	67	87	10	99	3	45
第 4 轮排序：	10	15	25	34	59	67	87	99	3	45
第 5 轮排序：	3	10	15	25	34	59	67	87	99	45
第 6 轮排序：	3	10	15	25	34	45	59	67	87	99

代码实现如下。

```
function insertionSort(array) {
    for (var i=1; i<array.length; i++) {
        var key = array[i];
```

```
                var j=i-1;
                while (j>= 0 && array[j]>key) {
                    array[j+1] = array[j];
                    j--;
                }
                array[j+1] = key;
        }
        return array;
}
```

    插入排序有两个循环。外循环将数组元素挨个移动，而内循环则对外循环中选中的元素及它后面的那个元素进行比较。如果外循环中选中的元素比内循环中选中的元素小，那么数组元素会向右移动，为内循环中的这个元素腾出位置。

    在查找插入位置时使用二分查找的方式可改进插入排序。

    算法步骤：

    （1）从第一个元素开始，该元素可以认为已经被排序；

    （2）取出下一个元素，在已经排序的元素序列中二分查找到第一个比它大的数的位置；

    （3）将新元素插入到该位置后。

```
function binaryInsertionSort(array){
    for(var i=1;i<array.length;i++){
        var key=array[i],left=0,right=i-1;
        while(left<=right){
            var middle=parseInt((left+right)/2);
            if(key<array[middle]){
                right=middle-1;
            }else{
                left=middle+1;
            }
        }
        for(var j=i-1;j>=left;j--){
            array[j+1]=array[j];
        }
        array[left]=key;
    }
    return array;
}
```

    下面运用上述插入排序算法对数组[59,34,25,67,15,87,10,99,3,45]进行排序，完整代码如脚本 9-3 所示。

脚本 9-3.html

```
<html>
  <head>
    <title>JavaScript插入排序</title>
  </head>
  <script>
        function binaryInsertionSort(array){
            for(var i=1;i<array.length;i++){
                var key=array[i],left=0,right=i-1;
                while(left<=right){
```

```
                var middle=parseInt((left+right)/2);
                if(key<array[middle]){
                    right=middle-1;
                }else{
                    left=middle+1;
                }
            }
            for(var j=i-1;j>=left;j--){
                array[j+1]=array[j];
            }
            array[left]=key;
            console.log(array.toString());
        }
        return array.toString();
    }
    var array = [59,34,25,67,15,87,10,99,3,45];
    var res_arr = binaryInsertionSort(array);
    console.log("最终排序结果为："+res_arr.toString());
    </script>
</html>
```

运行显示结果如图 9.3 所示。

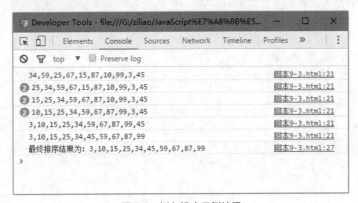

图 9.3　插入排序示例结果

9.4　希尔排序

希尔排序是以它的创造者（Donald Shell）命名的。这个算法在插入排序的基础上做了很大的改善。希尔排序的核心理念与插入排序不同，它会首先比较距离较远的元素，而非相邻的元素。和简单的比较相邻元素相比，使用这种方案可以使离正确位置很远的元素更快地回到合适的位置。当开始用这个算法遍历数据集时，所有元素之间的距离会不断减小，直到处理到数据集的末尾，这时算法比较的就是相邻元素了。

希尔排序的工作原理是，通过定义一个间隔序列来表示在排序过程中进行比较的元素之间有多远的间隔。既可以提前设定好间隔序列，也可以动态地定义间隔序列。

图 9.4 示例演示了如何使用间隔序列为 5, 3, 1 的希尔排序算法，对一个包含 10 个随机数字的数据集合进行排序。

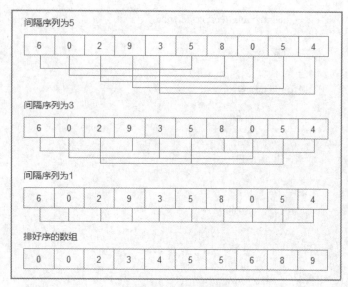

图 9.4   希尔排序图解

初始集合： 6 0 2 9 3 5 8 0 5 4

间隔序列为 5 时，第 1 个元素和第 6 个元素进行比较；第 2 个元素和第 7 个元素进行比较；第 3 个元素和第 8 个元素进行比较；第 4 个元素和第 9 个元素进行比较……以此类推。间隔序列为 3 时，第 1 个元素和第 4 个元素进行比较；第 2 个元素和第 5 个元素进行比较；第 3 个元素和第 6 个元素进行比较……以此类推。间隔序列为 1 时，就变成了标准的插入排序。所以排序结果分别为

5 0 0 5 3 6 8 2 9 4 // 间隔 5
4 0 0 5 2 6 5 3 9 8 // 间隔 3
0 0 2 3 4 5 5 6 8 9 // 间隔 1

代码实现如下。

```
function shellsort(arr){
    var len =arr.length;
    gap = Math.floor(len/2);
    while(gap!==0){
        for(var i = gap;i<len;i++){
            var temp = arr[i];
            var j;
            for(j=i-gap;j>=0&&temp<arr[j];j-=gap){
                arr[j+gap] = arr[j];
            }
            arr[j+gap] = temp;
        }

        console.log("间隔序列gap为"+gap+": "+arr.toString());
        gap=Math.floor(gap/2);
    }
    return arr;
}
```

希尔排序基本的思路就是根据增量分割数组，初始增量根据数据长度除以 2 来计算，以后每次循环增量减半，直至增量为 1，也就是相邻元素执行标准插入排序。在开始做最后一次处理时，大部分元素都将在正确的位置，算法就不必对很多元素进行交换，这就是希尔排序比插入排序更高效的地方。

现在通过实例来看看这个算法是如何运行的。在 shellsort()中添加一个打印语句来跟踪这个算法的执行过程。每一个间隔，以及该间隔的排序结果都会被打印出来，如脚本 9-4 所示。

脚本 9-4.html

```
<html>
  <head>
    <title>JavaScript希尔排序</title>
  </head>
  <script>
      function shellsort(arr){
          var len =arr.length;
          gap = Math.floor(len/2);
          while(gap!==0){
              for(var i = gap;i<len;i++){
                  var temp = arr[i];
                  var j;
                  for(j=i-gap;j>=0&&temp<arr[j];j-=gap){
                      arr[j+gap] = arr[j];
                  }
                  arr[j+gap] = temp;
              }

              console.log("间隔序列gap为"+gap+": "+arr.toString());
              gap=Math.floor(gap/2);
          }
        return arr;
      }
      var array = [59,34,25,67,15,87,10,99,3,45];
      var res_arr = shellsort(array);
      console.log("最终排序结果为: "+res_arr.toString());
  </script>
</html>
```

运行代码显示结果如图 9.5 所示。

图 9.5　希尔排序示例结果

9.5　归并排序

归并排序是建立在归并操作上的一种有效的排序算法，也是一种稳定的排序方法。归并排序的实现原理是：把一系列排好序的子序列合并成一个大的完整有序序列；即先使每个子序列有序，再使子序列段间有序。最后将两个有序表合并成一个有序表，也称为二路归并。归并排序存在两种方式：自顶向下的归并和自底向上的归并。

1. 自顶向下的归并排序

通常来讲，归并排序会使用递归的算法来实现。然而，在 JavaScript 中这种方式不太可行，因为这个算法的递归深度对它来讲太深了。所以，这里使用一种非递归的方式来实现这个算法，这种策略称为自底向上的归并排序。

2. 自底向上的归并排序

采用非递归或者迭代版本的归并排序是一个自底向上的过程。这个算法首先将数据集分解为一组只有一个元素的数组。然后通过创建一组左右子数组将它们慢慢合并起来，每次合并都保存一部分排好序的数据，直到最后剩下的这个数组所有的数据都已完美排序。图 9.6 通过一个示例演示自底向上的归并排序算法是如何运行的。

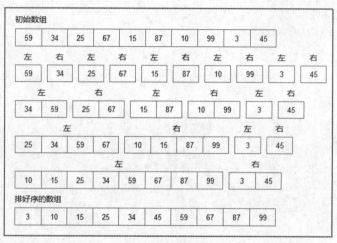

图 9.6　归并排序图解

在展示归并排序的 JavaScript 代码之前，先来看 JavaScript 程序的输出结果，采用自底向上的归并排序算法对一个包含 10 个整数的数组进行排序。

left array -　[59, Infinity]

right array -　[34, Infinity]

left array -　[25, Infinity]

right array -　[67, Infinity]

left array -　[15, Infinity]

right array -　[87, Infinity]

left array -　[10, Infinity]

right array -　[99, Infinity]

left array -　[3, Infinity]

right array -　[45, Infinity]

left array -　[34, 59, Infinity]

right array -　[25, 67, Infinity]

left array -　[15, 87, Infinity]

right array -　[10, 99, Infinity]

left array -　[3, 45, Infinity]

right array -　[Infinity]

left array -　[25, 34, 59, 67, Infinity]

right array -　[10, 15, 87, 99, Infinity]

left array -   [10, 15, 25, 34, 59, 67, 87, 99, Infinity]

right array -   [3, 45, Infinity]

Infinity 这个值用于标记左子序列或右子序列的结尾。

一开始每个元素都在左子序列或右子序列中。然后将左右子序列合并，首先每次合并成两个元素的子序列，然后合并成 4 个元素的子序列，3 和 45 除外，它们会一直保留到最后一次迭代，那时会把它们合并成右子序列，然后再与最后的左子序列合并成最终的有序数组。

代码实现如脚本 9-5 所示。

脚本 9-5.html

```html
<html>
  <head>
    <title>JavaScript归并排序</title>
    </head>
    <script>
        function mergeSort(arr){
            if (arr.length < 2){
                return;
            }
            var step = 1;
            var left, right;
            while(step < arr.length){
                left = 0;
                right = step;
                while(right + step <= arr.length){
                    mergeArrays(arr, left, left+step, right, right+step);
                    left = right + step;
                    right = left + step;
                }
                if (right < arr.length) {
                    mergeArrays(arr, left, left+step, right, arr.length);
                }
                step *= 2;
            }
        }


        function mergeArrays(arr, startLeft, stopLeft, startRight, stopRight){
            var rightArr = new Array(stopRight – startRight + 1);
            var leftArr = new Array(stopLeft – startLeft + 1);
            k = startRight;
            for(var i = 0; i < (rightArr.length–1); ++i){
                rightArr[i] = arr[k];
                ++k;
            }
            k = startLeft;
            for(var i = 0; i < (leftArr.length–1); ++i){
                leftArr[i] = arr[k];
                ++k;
            }
            rightArr[rightArr.length–1] = Infinity; // 哨兵值
            leftArr[leftArr.length–1] = Infinity; // 哨兵值
```

```
                var m = 0;
                var n = 0;
                for(var k = startLeft; k < stopRight; ++k){
                    if(leftArr[m] <= rightArr[n]){
                        arr[k] = leftArr[m];
                        m++;
                    }else{
                        arr[k] = rightArr[n];
                        n++;
                    }
                }
                console.log("left array – ", leftArr);
                console.log("right array – ", rightArr);
            }
            var nums = [59,34,25,67,15,87,10,99,3,45];
            mergeSort(nums);
    //      console.log("最终排序结果为："+res_arr.toString());
        </script>
    </html>
```

mergeSort()函数中的关键点就是 step 这个变量，它用来控制 mergeArrays()函数生成的 leftArr 和 rightArr 这两个子序列的大小。通过控制子序列的大小，处理排序是比较高效的，因为它在对小数组进行排序时不需要花费太多时间。合并之所以高效，还有一个原因，即由于未合并的数据已经是排好序的，将它们合并到一个有序数组的过程就会非常容易。

9.6 快速排序

快速排序是处理大数据集最快的排序算法之一。它是一种分而治之的算法。快速排序的基本思想是：通过一次排序将待排记录分隔成独立的两部分，其中一部分记录的关键字均比另一部分的关键字小，则可分别对这两部分记录继续进行排序，以使整个序列有序。

这种算法首先要在列表中选择一个元素作为基准值。数据排序围绕基准值进行，将列表中小于基准值的元素移到数组的底部，将大于基准值的元素移到数组的顶部。

图 9.7 演示了数据围绕基准值进行排序的过程。

图 9.7　快速排序图解

　　由此可总结出快速排序的算法步骤如下。

　　（1）选择一个基准元素，将列表分割成两个子序列。

　　（2）对列表重新排序，将所有小于基准值的元素放在基准值的前面，所有大于基准值的元素放在基准值的后面；与基准值相等的数可以放在任意一边。

　　（3）分别对较小元素的子序列和较大元素的子序列重复步骤 1 和 2。

　　快速排序算法代码实现如下。

```
function qSort(list){
    if(list.length <= 1){
        return list;
    }
    var lesser = [];
    var greater = [];
    var pivot = list[0];
    for(var i = 1; i < list.length; i++){
        if(list[i] < pivot){
            lesser.push(list[i]);
        }else{
            greater.push(list[i]);
        }
    }
    return qSort(lesser).concat(pivot,qSort(greater));
}
```

　　这个函数首先会检查数组的长度是否小于等于 1。如果是，那么这个数组就不需要任何排序，函数直接返回；否则创建两个数组，数组 lesser 用来存放比基准值小的元素，数组 greater 用来存放比基准值大的元素。这里基准值设为数组的第一个元素。接下来，这个函数对原始数组的元素进行遍历，根据它们与基准值的大小关系将它们存放到合适的数组中。然后对较小的数组和较大的数组分别递归调用这个函数。当递归结束时，再将较大的数组和较小的数组连接起来，形成最终的有序数组并将结果返回。

　　下面示例创建一个随机生成的数组并调用快速排序算法对其进行排序，见脚本 9-6。

脚本 9-6.html

```
<html>
  <head>
    <title>快速排序算法</title>
  </head>
  <body>
    <script language="JavaScript">
        function qSort(list){
            if(list.length <= 1){
                return list;
            }
            var lesser = [];
            var greater = [];
            var pivot = list[0];
            for(var i = 1; i < list.length; i++){
                if(list[i] < pivot){
                    lesser.push(list[i]);
                }else{
                    greater.push(list[i]);
                }
            }
```

```
            return qSort(lesser).concat(pivot,qSort(greater));
        }
        var arr=[];
        for(var i = 0; i < 10; ++i){
            arr[i] = Math.floor(Math.random()*100+1);
        }
        console.log(arr.toString());
        var array = qSort(arr);
        console.log(array.toString());
    </script>
  </body>
</html>
```

运行脚本显示结果如图 9.8 所示。

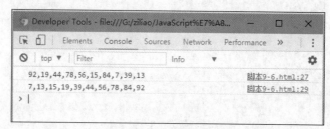

图 9.8　快速排序示例结果

快速排序算法非常适用于大型数据集合，在处理小数据集时性能反而会下降。为了更好地展示快速排序算法的排序过程，脚本 9-7 对当前选中的基准值以及如何围绕基准值进行数据排序的过程进行标记。

脚本 9-7.html

```
<html>
  <head>
    <title>快速排序算法过程标记</title>
  </head>
  <body>
    <script language="JavaScript">
        function qSort(list){
            if(list.length <= 1){
                return list;
            }
            var lesser = [];
            var greater = [];
            var pivot = list[0];
            for(var i = 1; i < list.length; i++){
                console.log("基准值："+pivot+" 当前元素："+list[i]);
                if(list[i] < pivot){
                    console.log("移动"+list[i]+"到左边");
                    lesser.push(list[i]);
                }else{
                console.log("移动"+list[i]+"到右边");
                    greater.push(list[i]);
                }
            }
            return qSort(lesser).concat(pivot,qSort(greater));
```

```
            }
            var arr=[];
            for(var i = 0; i < 10; ++i){
                arr[i] = Math.floor(Math.random()*100+1);
            }
            console.log("原始数组："+arr.toString());
            var array = qSort(arr);
            console.log("最终数组："+array.toString());
    </script>
  </body>
</html>
```

以上程序标记数组围绕基准值排序过程如下。

原始数组：30,45,95,43,88,42,34,95,67,25

基准值：30 当前元素：45

移动 45 到右边

基准值：30 当前元素：95

移动 95 到右边

基准值：30 当前元素：43

移动 43 到右边

基准值：30 当前元素：88

移动 88 到右边

基准值：30 当前元素：42

移动 42 到右边

基准值：30 当前元素：34

移动 34 到右边

基准值：30 当前元素：95

移动 95 到右边

基准值：30 当前元素：67

移动 67 到右边

基准值：30 当前元素：25

移动 25 到左边

基准值：45 当前元素：95

移动 95 到右边

基准值：45 当前元素：43

移动 43 到左边

基准值：45 当前元素：88

移动 88 到右边

基准值：45 当前元素：42

移动 42 到左边

基准值：45 当前元素：34

移动 34 到左边

基准值：45 当前元素：95

移动 95 到右边

基准值：45 当前元素：67

移动 67 到右边

基准值：43 当前元素：42

移动 42 到左边

基准值：43 当前元素：34

移动 34 到左边

基准值：42 当前元素：34

移动 34 到左边

基准值：95 当前元素：88

移动 88 到左边

基准值：95 当前元素：95

移动 95 到右边

基准值：95 当前元素：67

移动 67 到左边

基准值：88 当前元素：67

移动 67 到左边

最终数组：25,30,34,42,43,45,67,88,95,95

9.7 堆排序

精讲视频

堆排序

堆排序是一种利用堆的概念来排序的选择排序。堆排序（Heapsort）是指利用堆这种数据结构所设计的一种排序算法。堆是一个近似完全二叉树的结构，并同时满足堆积的性质：即子节点的键值或索引总是小于（或者大于）它的父节点。

堆排序算法分为两个过程：

1. 建堆。

堆实质上是完全二叉树，必须满足：树中任一非叶子节点的关键字均不大于（或不小于）其左右孩子（若存在）节点的关键字。

堆分为：大根堆和小根堆，升序排序采用大根堆，降序排序采用小根堆。

如果是大根堆，则通过调整函数将值最大的节点调整至堆根；如果是小堆根，则通过调整函数将值最小的节点调整至堆根。

2. 将堆根保存于尾部，并对剩余序列调用调整函数，调整完成后，再将最大根保存于尾部-1（-1，-2，…，-i），再对剩余序列进行调整，反复进行该过程，直至排序完成。

假设存在数组[59,34,25,67,15,87,10,99,3,45]，那么对其进行堆排序的图解如图 9.9 所示。

堆排序代码实现如下脚本所示。

```javascript
//调整函数
function headAdjust(elements, pos, len){
    var swap = elements[pos];   //将当前节点值进行保存
    var child = pos * 2 + 1;    //定位到当前节点的左边的子节点
    //递归，直至没有子节点为止
    while(child < len){
        if(child + 1 < len && elements[child] < elements[child + 1]){
        child += 1;
        }
        if(elements[pos] < elements[child]){
            elements[pos] = elements[child];
            pos = child;
            child = pos * 2 + 1;
        }
```

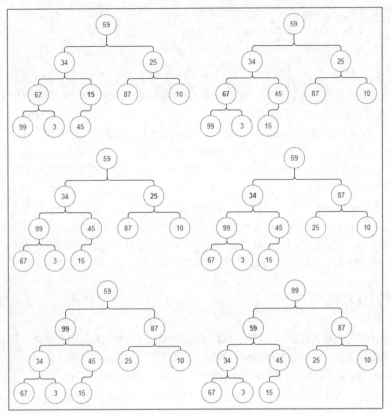

图9.9 堆排序图解

```
    else{
        break;
    }
    elements[pos] = swap;
    }
}
//构建堆
function buildHeap(elements){
    //从最后一个拥有子节点的节点开始，将该节点连同其子节点进行比较
    //将最大的数交换于该节点,交换后,再依次向前节点进行相同交换处理
    //直至构建出大顶堆（升序为大顶，降序为小顶）
    for(var i=Math.floor(elements.length/2)-1; i>=0; i--){
        headAdjust(elements, i, elements.length);
    }
}

function sort(elements){
    buildHeap(elements);    //构建堆
    //从数列的尾部开始进行调整
    for(var i=elements.length-1; i>0; i--){
        //堆顶永远是最大元素，故将堆顶和尾部元素交换
        //将最大元素保存于尾部，并且不参与后面的调整
        var swap = elements[i];
        elements[i] = elements[0];
```

```
            elements[0] = swap;
            //进行调整，将最大元素调整至堆顶
            headAdjust(elements, 0, i);
        }
    }
```

按照堆排序算法过程，第一步先建堆。建堆的核心内容是调整堆，使二叉树满足堆的定义（每个节点的值都不大于其父节点的值）。调堆的过程应该从最后一个非叶子节点开始，将待排序数组画成二叉树，那么最后一个非叶子节点在数组中索引为 Math.floor(elements.length/2)-1，倒数第二个非叶子节点在数组中索引为 Math.floor(elements.length/2)-2，以此类推，第一个非叶子节点在数组中索引为 0，即堆根元素。每一个非叶子节点的左孩子节点在数组中索引为 index*2+1，每一个非叶子节点的右孩子节点在数组中索引为 index*2+2，其中 index 为当前非叶子节点在数组中的索引。

上述代码中函数 buildHeap 即为建堆函数。headAdjust 为调整函数，从最后一个非叶子节点开始，将该节点连同其子节点进行比较，如果子节点元素大于父节点则将子节点和父节点元素交换，再依次将前一个非叶子节点进行相同交换处理，直至构建出大顶堆。最后再次循环数组元素，从数组尾部进行调整。堆顶永远是最大元素，所以将堆顶和尾部元素交换，将最大元素保存于尾部，并且不参与后面的调整。

9.8 计数排序

精讲视频

计数排序

计数排序的核心在于将输入的数据值转化为键存储在额外开辟的数组空间中。作为一种线性时间复杂度的排序，计数排序要求输入的数据必须是有确定范围的整数。

计数排序（Counting sort）是一种稳定的排序算法。它使用一个额外的数组 C，其中第 i 个元素是待排序数组 A 中值等于 i 的元素的个数。然后根据数组 C 来将 A 中的元素排到正确的位置。它只能对整数进行排序。

计数排序的算法步骤如下。

（1）查找待排序数组中最大和最小的元素。

（2）统计数组中每个值为 i 的元素的出现次数，存入数组 C 的第 i 项。

（3）对所有计数开始累加（从 min 开始,每一项和前一项相加）。

（4）反向填充目标数组，将每个元素 i 放在新数组的第 C[i]项，每放一个元素，计数-1。

脚本 9-8 是对数组[59,34,25,67,15,87,10,99,3,45]进行计数排序的实现。

脚本 9-8.html

```
<html>
  <head>
    <title>计数排序</title>
  </head>
  <body>
    <script language="JavaScript">
        function countingSort(array) {
            var len = array.length
            B = [],
            C = [],
            min = max = array[0];
            for (var i = 0; i < len; i++) {
                min = min <= array[i] ? min : array[i];
                max = max >= array[i] ? max : array[i];
                C[array[i]] = C[array[i]] ? C[array[i]] + 1 : 1;
            }
            for (var j = min; j < max; j++) {
```

```
                    C[j + 1] = (C[j + 1] || 0) + (C[j] || 0);
                }
                for (var k = len − 1; k >= 0; k−−) {
                    B[C[array[k]] − 1] = array[k];
                    C[array[k]]−−;
                }
                return B.toString();
            }
            var arr = [59,34,25,67,15,87,10,99,3,45];
            console.log(countingSort(arr));
        </script>
    </body>
</html>
```

运行脚本显示最终排序结果如图 9.10 所示。

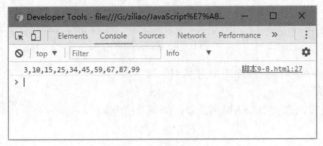

图 9.10　计数排序示例结果

9.9　桶排序

精讲视频

桶排序

桶排序是一种基于计数的排序算法，工作的原理是将数据分到有限数量的桶子里，然后每个桶再分别排序（有可能再使用别的排序算法或是以递回方式继续使用桶排序进行排序）。桶排序不同于快速排序，并不是比较排序，不受到时间复杂度 O(nlogn) 下限的影响。

桶排序的实现按下面 4 步进行。

（1）设置一个定量的数组当作空桶。

（2）遍历输入数据，并且把数据一个一个放到对应的桶里去。

（3）对每个不是空的桶进行排序。

（4）从不是空的桶里把排好序的数据拼接起来。

桶排序，主要适用于小范围整数数据，且独立均匀分布，可以计算的数据量很大，而且符合线性期望时间。

图 9.11 是对数组[7, 36, 65, 56, 33, 60, 110, 42, 42, 94, 59, 22, 83, 84, 63, 77, 67, 101]进行桶排序的算法演示。图解说明如下。

（1）设置桶的数量为 5 个空桶，找到最大值 110 和最小值 7，每个桶的范围计算公式为（最大值-最小值+1）/桶个数。这里计算桶范围为 20.8=(110-7+1)/5 。

（2）遍历原始数据，以链表结构，放到对应的桶中，计算公式为 floor(数值-最小值)/桶范围。例如数字 7，计算公式为 floor((7-7) / 20.8)，桶索引值为 0；数字 36，计算公式 floor((36-7) / 20.8)，桶索引值为 1。

（3）当向同一个索引的桶，第二次插入数据时，判断桶中已存在的数字与新插入数字的大小，按照从左到右、从小到大的顺序插入，如索引为 2 的桶，在插入 63 时，桶中已存在 4 个数字 56，59，60，65，则数字 63 插入到 65 的左边。

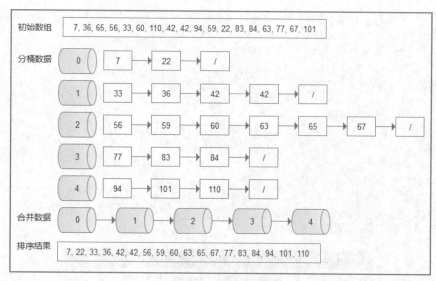

初始数组　7, 36, 65, 56, 33, 60, 110, 42, 42, 94, 59, 22, 83, 84, 63, 77, 67, 101

分桶数据

合并数据

排序结果　7, 22, 33, 36, 42, 42, 56, 59, 60, 63, 65, 67, 77, 83, 84, 94, 101, 110

图 9.11　桶排序图解

（4）合并非空的桶，按从左到右的顺序合并 0，1，2，3，4 桶。

（5）得到桶排序的结构。

脚本 9-9 是对数组[59,34,25,67,15,87,10,99,3,45]进行桶排序的实现。

脚本 9-9.html

```html
<html>
  <head>
    <title>桶排序</title>
  </head>
  <body>
    <script language="JavaScript">
        function bucketSort(array,num){
        if(array.length<=1){
            return array;
        }
        var len=array.length,buckets=[],result=[],min=max=array[0],regex='/^[1-9]+[0-9]*$/',space,n=0;
        num=num||((num>1&&regex.test(num))?num:10);
        for(var i=1;i<len;i++){
            min=min<=array[i]?min:array[i];
            max=max>=array[i]?max:array[i];
        }
        space=(max-min+1)/num;
        for(var j=0;j<len;j++){
            var index=Math.floor((array[j]-min)/space);
            if(buckets[index]){   //  非空桶，插入排序
                var k=buckets[index].length-1;
                while(k>=0&&buckets[index][k]>array[j]){
                    buckets[index][k+1]=buckets[index][k];
                    k--;
                }
                buckets[index][k+1]=array[j];
            }else{   //空桶，初始化
                buckets[index]=[];
```

```
                buckets[index].push(array[j]);
            }
        }
        while(n<num){
            result=result.concat(buckets[n]);
            n++;
        }

        return result;
    }
    var arr=[59,34,25,67,15,87,10,99,3,45];
    console.log(bucketSort(arr,3));
</script>
</body>
</html>
```

运行脚本显示最终排序结果如图 9.12 所示。

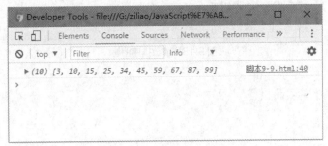

图 9.12　桶排序示例结果

桶内排序，可以像程序中所描述的那样在插入过程中实现；也可以插入不排序，在合并过程中再进行排序，可以调用快速排序。

9.10　基数排序

精讲视频

基数排序

基数排序是非比较的排序算法。基数排序是按照低位先排序，然后收集；再按照高位排序，然后再收集；依次类推，直到最高位。有时候有些属性是有优先级顺序的，先按低优先级排序，再按高优先级排序。最后的次序就是高优先级高的在前，高优先级相同的低优先级高的在前。基数排序是基于分别排序、分别收集，所以是稳定的。

基数排序的算法描述如下。

（1）取得数组中的最大数，并取得位数。

（2）arr 为原始数组，从最低位开始取每个位组成 radix 数组。

（3）对 radix 进行计数排序（利用计数排序适用于小范围数的特点）。

基数排序有两种方法。

❏　MSD 从高位开始进行排序。

❏　LSD 从低位开始进行排序。

假设存在数组[59,34,25,67,15,87,10,99,3,45]，那么对其进行 LSD 基数排序的图解如图 9.13 所示。

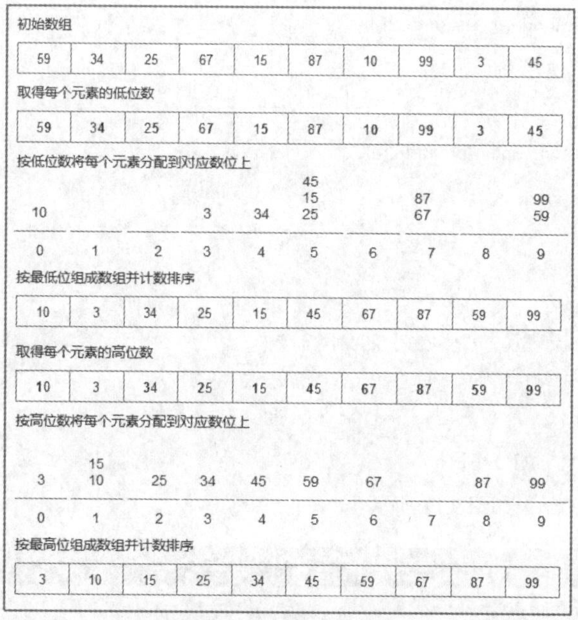

图 9.13　基数排序图解

代码实现如下。

```
function radixSort(arr,maxDigit){
    var mod=10;
    var dev=1;
    var counter=[];
    for(var i=0;i<maxDigit;i++,dev*=10,mod*=10){
        for(var j=0;j<arr.length;j++){
            var bucket=parseInt((arr[j]%mod)/dev);
            if(counter[bucket]==null){
                counter[bucket]=[];
            }
            counter[bucket].push(arr[j]);
        }
        var pos=0;
        for(var j=0;j<counter.length;j++){
            var value=null;
            if(counter[j]!=null){
                while((value=counter[j].shift())!=null){
                    arr[pos++]=value;
                }
            }
        }
    }
    return arr;
}
```

基数排序嵌套了两次循环，外循环从 0 移动到数组最大元素的位数，内循环首先从最低位取每个位组成数组，再从最高位取每个位组成数组。脚本 9-10 运用基数排序对随机生成的数组进行基数排序。

脚本 9-10.html

```
<html>
```

```html
<head>
    <title>基数排序</title>
</head>
<body>
    <script language="JavaScript">
        function radixSort(arr,maxDigit){
            var mod=10;
            var dev=1;
            var counter=[];
            for(var i=0;i<maxDigit;i++,dev*=10,mod*=10){
                for(var j=0;j<arr.length;j++){
                    var bucket=parseInt((arr[j]%mod)/dev);
                    if(counter[bucket]==null){
                        counter[bucket]=[];
                    }
                    counter[bucket].push(arr[j]);
                }
                var pos=0;
                for(var j=0;j<counter.length;j++){
                    var value=null;
                    if(counter[j]!=null){
                        while((value=counter[j].shift())!=null){
                            arr[pos++]=value;
                        }
                    }
                }
            }
            return arr;
        }
        var arr=[];
        for(var i = 0; i < 10; ++i){
            arr[i] = Math.floor(Math.random()*100+1);
        }
        console.log(arr.toString());
        var array = radixSort(arr);
        console.log(array.toString());
    </script>
</body>
</html>
```

运行脚本显示结果如图 9.14 所示。

图 9.14　基数排序示例结果

9.11 实战

【案例 9-1】——用算法实现斐波那契数列

1. 案例描述

用 JavaScript 算法实现斐波那契数列

2. 实现思路

（1）斐波那契数列定义如下。

❑ 1 和 2 的斐波那契数是 1。

❑ n(n>2)的斐波那契数是(n-1)的斐波那契数加上(n-2)的斐波那契数。

（2）使用递归方式，斐波那契数列实现的代码片段如下。

```
function fibonacii(num){
    if(num == 1 || num == 2){
        return 1;
    }
    return fibonacii(num-1) + fibonacii(num-2);
}
```

若要求 6 的斐波那契数，就会产生如图 9.15 所示的函数调用。

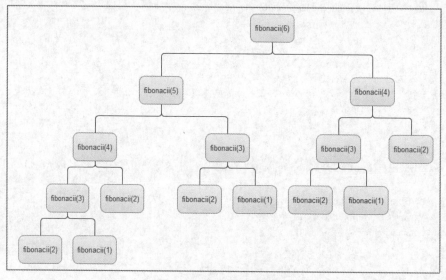

图 9.15　斐波那契数列图解

（3）也可以使用非递归的方式实现斐波那契数列函数，使用循环的方式。代码片段如下。

```
function fibonacii(num){
    var n1 = 1, n2 = 1, n = 1;
    for(var i = 3; i <= num; i++){
        n = n1 + n2;
        n1 = n2;
        n2 = n;
    }
    return n;
}
```

3. 实现代码

完整代码如脚本 9-11 所示。

脚本 9-11.html

```html
<html>
  <head>
    <title>斐波那契数列</title>
  </head>
  <body>
    <script language="JavaScript">
        function fibonacii(num){
            var n1 = 1,n2 = 1,n = 1;
            for(var i = 3; i <= num; i++){
                n = n1 + n2;
                n1 = n2;
                n2 = n;
            }
            return n;
        }
        alert(fibonacii(6));
    </script>
  </body>
</html>
```

运行结果如图 9.16 所示。

图 9.16　斐波那契数列示例结果

递归并不比循环更快，反倒更慢。但是递归更容易理解，并且所需要的代码量更少。

【案例 9-2】——用算法实现最少硬币找零问题

1. 案例描述

用 JavaScript 算法实现最少硬币找零问题。给定要找零的钱数，以及可用的硬币面额 d1...dn 及其数量，找到所需的最少的硬币个数。例如，有以下面额硬币（美分）：d1=1，d2=5，d3=10，d4=25。如果要找 36 美分的零钱，则可以用 1 个 25 美分、1 个 10 美分和 1 个 1 美分。

2. 实现思路

最少硬币找零的解决方案是找到 n 所需的最少硬币数。要实现这一点，首先得找到对每个 x<n 的解。然后，将解建立在更小的值的解的基础上。

3. 实现代码

```
function MinCoinChange(coins){
    var coins = coins;      //{1}
    var cache = {};         //{2}
```

```
        this.makeChange = function(amount){
            var me = this;
            if(!amount){         //{3}
                return [];
            }
            if(cache[amount]){    //{4}
                return cache[amount];
            }
            var min = [], newMin, newAmount;
            for(var i=0; i<coins.length; i++){    //{5}
                var coin = coins[i];
                newAmount = amount−coin;            //{6}
                if(newAmount>=0){
                    newMin = me.makeChange(newAmount);     //{7}
                }
                if(newAmount>=0 &&          //{8}
                (newMin.length<min.length || !min.length)    //{9}
                && (newMin.length || !newAmount))         //{10}
                {
                min = [coin].concat(newMin);            //{11}
                console.log('new Min '+ min + ' for '+ amount);
                }
            }
            return (cache[amount] = min);    //{12}
        };
    }
```

创建 MinCoinChange 类接收 coins 参数（行{1}），代表问题中的面额。可以根据需要传递任何面额。这里为了更加高效且不重复计算值，在行{2}中使用了 cache。

创建 makeChange 方法，这是一个递归函数，用于具体实现找零问题。传入参数 amount，若 amount 不为正数，就返回空数组（{行 3}）；方法执行介绍后，会返回一个数组，包含用来找零的各个面额的硬币数量（最少硬币数）。接着，检查 cache 缓存，若结果已经缓存（{行 4}），则直接返回结果；否则，执行递归算法。

基于传入的 coins 参数（面额基准值）实现找零问题。行{5}中循环 coins 数组，行{6}对每个面额计算 newAmount 的值，这个值会一直减小，直到能找零的最小钱数。行{7}若 newAmount 为正值，则继续计算它的找零结果。最后判断 newAmount 是否有效以及 newMin 是否是最优解。返回最终找零结果。

运用下面的脚本 9-12 测试这个算法的找零结果。

脚本 9-12.html

```
<!DOCTYPE html>
<html>
<head>
    <title>最少硬币找零问题</title>
</head>
<body>
</body>
</html>
<script type="text/javascript">
    function MinCoinChange(coins){
        var coins = coins;     //{1}
        var cache = {};           //{2}
        this.makeChange = function(amount){
```

```
            var me = this;
            if(!amount){           //{3}
                return [];
            }
            if(cache[amount]){    //{4}
                return cache[amount];
            }
            var min = [], newMin, newAmount;
            for(var i=0; i<coins.length; i++){    //{5}
                var coin = coins[i];
                newAmount = amount-coin;          //{6}
                if(newAmount>=0){
                    newMin = me.makeChange(newAmount);    //{7}
                }
                if(newAmount>=0 &&          //{8}
                (newMin.length<min.length || !min.length)    //{9}
                && (newMin.length || !newAmount))        //{10}
                {
                min = [coin].concat(newMin);            //{11}
                console.log('new Min '+ min + ' for '+ amount);
                }
            }
            return (cache[amount] = min);     //{12}
        };
    }
    var minCoinChange = new MinCoinChange([1,3,4]);
    console.log(minCoinChange.makeChange(6));
</script>
```

这里当找零数为 6 时，最佳答案是两枚价值为 3 的硬币。

9.12　小结

　　对计算机中存储的数据执行的两种最常见的操作是排序和检索，自从计算机产业诞生以来便是如此。这也意味着排序和检索是在计算机中被研究得最多的操作。本章介绍了 JavaScript 中十大排序算法，这些算法可以被运用到任何数据结构或数据类型上。运用本章所学的知识，可以解决 JavaScript 中绝大部分常见的数据排序检索问题，只需在源代码上做一些必要的修改即可。

第10章

综合设计实例——JavaScript 特效制作

■ JavaScript 是实现网页动态性、交互性的脚本语言，也是目前网页设计最易学又最方便的语言，常用于网页中来改进设计、验证表单、检测浏览器、创建 cookies。它能使网页更加生动活泼。利用 JavaScript 做出的网页特效，能大大提高网页的可观性，增加收藏和点击率。

本章涵盖 6 种网页特效实例，主要内容包括焦点幻灯片特效、菜单导航特效、Tab 选项卡特效、图片特效、文字特效和表单按钮特效。通过对本篇内容的学习，基本可以掌握 JavaScript 的各种语法及其实际网页开发中各种特效的编写方法。

10.1 焦点幻灯片

精讲视频

焦点幻灯片

焦点幻灯片是媒体宣传过程中的一种推广方式，也称之为焦点图。在一些网络门户网站的首页，将一些 Logo 图片或者宣传内容图片做成幻灯片形式，带有一定的吸引性，能引起用户的注意，成为眼球的焦点，从而提升了网站的点击率。本节主要讲解类似各网站的焦点图特效，内容是网页中这类特效的实际应用。

10.1.1 实例——实现焦点图片滤镜效果

本实例使用 JavaScript 制作一个实例，该实例能够展示焦点图片滤镜效果。涉及 JavaScript 语法如下：setTimeout()方法。

setTimeout()有两种形式，分别是 setTimeout(code,interval)和 setTimeout(func,interval,args)，其中 code 是一个字符串；func()是一个函数；interval 表示时间，可以是延迟时间或者交互时间，以毫秒为单位。延迟时间是在载入后延迟指定时间后，去执行一次表达式，仅执行一次；交互时间是从载入后，每隔指定的时间就执行一次表达式。

主要代码如下：

```
<script type="text/javascript">
var colors=new Array("red", "#2994fd", "#11fff2", "#c0b189", "#f2fd89", "magenta", "white");
function rainbow()
{
    var el = document.all.racerX;
    if (null==el.color) el.color = 0;
    if (++el.color==colors.length) el.color=0;
    el.style.color = colors[el.color];
    window.tm=setTimeout('rainbow()',750);
}
</script>
```

脚本 10-1 中使用文字闪烁和 mask 滤镜实现焦点图片滤镜效果，其中 race 字样是一张图片，对它使用了 mask 滤镜，即是把图案区域镂空来显示图片下面一层的文字。

脚本 10-1.html

```
<!DOCTYPE html>
<html>
  <head><title>Js实现图片滤镜特效</title>
    <style>
    .30PT{font-size:30pt;font-family:微软雅黑;color:#0099CC}
    </style>
    <script>
      var colors=new Array("red", "#2994fd", "#11fff2", "#c0b189", "#f2fd89", "magenta", "white");
      function rainbow()
      {
          var el = document.all.racerX;
          if (null==el.color) el.color = 0;
          if (++el.color==colors.length) el.color=0;
          el.style.color = colors[el.color];
          window.tm=setTimeout('rainbow()',750);
      }
    </script>
  </head>
```

```
<body onload="rainbow()">
<div style="position:absolute; top:0, left:0; width:400; height:300; z-index:0">
  <img src="http://tupian.aladd.net/2015/5/965.jpg" width=400 height=300></div>
<div style="position:absolute; top:200; left:190; width:200; height:100; text-align:center; z-index:2">
  <img id=logo src="http://www.codefans.net/jscss/demoimg/201307/race.gif" style="filter:mask(color=
red);"></div>
<div style="position: absolute;color: white; top: 200; left:190; width:200; height:100; z-index:1">
  <span id=racerX style="font-size:8pt; line-height:8px; font-family=Arial; font-weight:bold; z-index:1">
    <pre>racerXracerXracerXracerXracer
      racerXracerXracerXracerXracer
      racerXracerXracerXracerXracer
      racerXracerXracerXracerXracer
      racerXracerXracerXracerXracer
      racerXracerXracerXracerXracer
      racerXracerXracerXracerXracer
      racerXracerXracerXracerXracer
      racerXracerXracerXracerXracer
      racerXracerXracerXracerXracer
      racerXracerXracerXracerXracer
      racerXracerXracerXracerXracer
    </pre></span></div>
  </body>
</html>
```

网页显示效果如图 10.1 所示。

10.1.2 实例——实现鼠标滑入焦点图切换效果

本实例使用 JavaScript 制作一个实例，该实例展示广告图片左右滚动替换。主要涉及的 JavaScript 语法是 document.getElementById()方法。

在 window.onload 事件的使用中，常常会看到 document.getElementById()方法，该方法常用于获取元素，其最初被定义为 HTML DOM 接口的成员，之后在 2 级 DOM 中移入 XML DOM 接口。document.getElementById 属于 host 对象，是一个方法。

示例代码如脚本 10-2 所示。

图 10.1 焦点图片滤镜效果

脚本 10-2.html

```
<!DOCTYPE html>
<html>
  <head>
    <meta http-equiv="Content-Type" content="text/html; charset=utf-8">
    <title>Js实现鼠标滑入焦点图切换效果</title>
    <style>
      .30PT{font-size:30pt;font-family:微软雅黑;color:#0099CC}
      * {margin:0;padding:0;}
      ul, li {list-style:none;}
      .mid {margin:0 auto;}
      .area {width:240px;height:200px;overflow:hidden;background:#999;margin-top:150px;position:relative;}
      #pics {position:relative;}
      #pics li {position:absolute;visibility:hidden;}
      #pics li.show {visibility:visible;}
      #pics li img {vertical-align:middle;}
```

```
        .operate {width:240px;height:20px;line-height:20px;background:#ccc;position:absolute;bottom:0px;}
        #button {float:right;}
        #button li {float:left;width:20px;height:20px;text-align:center;margin:0 3px;font-family:"Arial";font-
size:12px;color:#fff;background:#000;}
        #button li.current {background:#f00;cursor:pointer;}
    </style>
</head>
<body>
    <div class="area mid">
     <div>
        <ul id="pics">
          <li class="show" id="one"><img src="images/1.jpg" width="240" height="200"/></li>
          <li id="two"><img src="images/2.jpg" width="240" height="200"/></li>
          <li id="three"><img src="images/3.jpg" width="240" height="200"/></li>
          <li id="four"><img src="images/4.jpg" width="240"  height="200"/></li>
          <li id="five"><img src="images/5.jpg" width="240" height="200"/></li>
        </ul>
     </div>
        <div class="operate">
          <ul id="button">
            <li class="current" id="but_one">1</li>
            <li id="but_two">2</li>
            <li id="but_three">3</li>
            <li id="but_four">4</li>
            <li id="but_five">5</li>
          </ul>
        </div>
    </div>
<script type="text/javascript">
        var pics = document.getElementById("pics");
        var images = pics.getElementsByTagName("li");
        var button = document.getElementById("button").getElementsByTagName("li");
        function init(index){
            for(i=index;i<button.length;i++){
                //index为图片的序号值
                mouseOverSwitchPic(i);
            }
        }

        function mouseOverSwitchPic(i){
            var picIndex=i;
            // 为picIndex赋值i. button按钮添加onmouseover可以触发函数
            button[i].onmouseover=function change(){
            for(j=0;j<this.parentNode.childNodes.length;j++){
                //以this(当前触发事件的元素)为起点的父节点的所有子节点的length值为最高值,开始遍历;
                this.parentNode.childNodes[j].className="";
                //以thisa(当前触发事件的元素)为起点的父节点的所有子节点的className为空, 危险慎用.;
            }
            this.className="current";////this. 即当前触发onmouseover的元素的className为"current";
```

```
            for(m=0;m<images.length;m++){//以images.length为最高值进行遍历，遍历images;
                images[m].className="";//清空所有images图片中所有
元素的className;
            if (m==picIndex){
                images[m].className="show";//images图片的第
picIndex个元素的className值为show;
            }
        }
    }
    init(0);
</script>
</body>
</html>
```

页面运行效果如图 10.2 所示。

图 10.2　鼠标滑入焦点图切换效果

10.2　菜单导航

精讲视频

菜单导航

网页设计中菜单导航的运用尤其多，而菜单导航的种类也是非常繁杂的，有横向多级导航菜单、竖排式多级导航菜单、树形菜单、多级联动菜单等。不同菜单导航能给网页设计带来不一样的体验效果。

10.2.1　实例——制作 QQ 页面式导航栏

本实例使用 JavaScript 制作一个类似 QQ 界面的网页导航栏，在网站或者 B/S 软件中增加这种效果的导航栏，对于增加页面的友好性是很有好处的。本实例涉及 JavaScript 语法如下。

（1）document.all.item，通过控件的名字定位控件，item()中是控件的名字。

（2）document.all.itemsLayer，用于设置所有控件层的高度、宽度等各种属性。

（3）document.write()方法，用于向文档写入内容。

示例代码如脚本 10-3 所示。

脚本 10-3.html

```html
<html>
  <head>
    <meta http-equiv="Content-Type" content="text/html; charset=utf-8">
    <title>JS实现QQ页面式导航</title>
    <style type="text/css">
        .titleStyle{background-color: green;color: #ffffff;}
        .contentStyle{background-color: #ffffff;}
    </style>
    <script language="JavaScript">

    var layerTop=20;        //菜单顶边距
    var layerLeft=30;       //菜单左边距
    var layerWidth=140;     //菜单总宽
    var titleHeight=30;     //标题栏高度
    var contentHeight=200;  //内容区高度
    var stepNo=10;          //移动步数，数值越大移动越慢

    var itemNum=0;runtimes=0;
```

```
document.write('<div id="itemsLayer" style="position:absolute;overflow:hidden;border:1px solid
#008800;left:'+layerLeft+';top:'+layerTop+';width:'+layerWidth+';">');

        function addItem(itemTitle,itemContent){
            var itemHTML = "";
            itemHTML += '<div id=item'+itemNum+' itemIndex='+itemNum+' style="position:relative;left:0;top:'+
(-contentHeight*itemNum)+';width:'+layerWidth+';">';
            itemHTML += '<table width=100% cellspacing="0" cellpadding="0">';
            itemHTML += '<tr><td height='+titleHeight+' onclick=changeItem('+itemNum+') class="titleStyle"
align=center>'+itemTitle+'</td></tr>';
            itemHTML +=  '<tr><td height='+contentHeight+' class="contentStyle">'+itemContent+'</td></tr>';
            itemHTML += '</table></div>';
            document.write(itemHTML);
            itemNum++;
        }
        //添加菜单标题和内容，可任意多项，注意格式：
        addItem('导航菜单','<center>仿QQ导航菜单</center>');
        addItem('我的设备','<center><a href="#">我的Android手机</a> <BR><BR><a href="#">发现新设备</a>
<BR></center>');
        addItem('大学同学','<center><a href="#">张** </a> <BR><BR><a href="#">王** </a> <BR><BR><a
href="#">李**</a> <BR><BR><a href="#">更多..</a></center>');
        addItem('高中同学','<center><a href="#">张** </a> <BR><BR><a href="#">王** </a> <BR><BR><a
href="#">李**</a> <BR><BR><a href="#">更多..</a></center>');
        addItem('初中同学','<center><a href="#">张** </a> <BR><BR><a href="#">王** </a> <BR><BR><a
href="#">李**</a> <BR><BR><a href="#">更多..</a></center>');
        addItem('小学同学','<center><a href="#">张** </a> <BR><BR><a href="#">王** </a> <BR><BR><a
href="#">李**</a> <BR><BR><a href="#">更多..</a></center>');

        document.write('</div>');
        var totalHeight = itemNum*titleHeight+contentHeight;
        document.all.itemsLayer.style.height=totalHeight;

        var toItemIndex=itemNum-1;
        var onItemIndex=itemNum-1;

        function changeItem(clickItemIndex){
          toItemIndex=clickItemIndex;
          console.log('changeItemStart-----------toItemIndex='+toItemIndex+'---onItemIndex='+onItemIndex);
          if(toItemIndex-onItemIndex>0){
            moveUp();
          }else{
            moveDown();
          }
          runtimes++;
          if(runtimes>=stepNo){
            onItemIndex=toItemIndex;
            runtimes=0;
          }else{
            setTimeout("changeItem(toItemIndex)",10);
          }
          console.log('changeItemEnd-------------toItemIndex='+toItemIndex+'---onItemIndex='+onItemIndex);
```

```
          }

     function moveUp(){
       console.log('moveUp-------------toItemIndex='+toItemIndex+'---onItemIndex='+onItemIndex);
       for(i=onItemIndex+1;i<=toItemIndex;i++){
     eval('document.all.item'+i+'.style.top=parseInt(document.all.item'+i+'.style.top)-contentHeight/stepNo;');
        }
     }

     function moveDown(){
       console.log('moveDown-------------toItemIndex='+toItemIndex+'---onItemIndex='+onItemIndex);
       for(i=onItemIndex;i>toItemIndex;i--){
     eval('document.all.item'+i+'.style.top=parseInt(document.all.item'+i+'.style.top)+contentHeight/stepNo;');
        }
     }
     changeItem(0);

   </script>
  </head>
  <body>

  </body>
</html>
```

网页显示效果如图 10.3 所示。

10.2.2 实例——制作京东式竖排二级导航

本实例使用 JavaScript 制作一个类似京东的网页竖排导航栏。本实例涉及 JavaScript 语法如下。

1. document.getElementById()方法

在 window.onload 事件的使用中，常常会看到 document.getElementById()方法，该方法常用于获取元素，其最初被定义为 HTML DOM 接口的成员，之后在 2 级 DOM 中移入 XML DOM 接口。document.getElementById 属于 host 对象，是一个方法。

2. document.getElementsByTagName()方法

在 window.onload 事件的使用中，常常使用 document.getElementsByTagName()方法，传回指定名称的元素集合，其用法与 document.getElementById 类似。

图 10.3　QQ 页面式导航栏效果

示例代码如脚本 10-4 所示。

脚本 10-4.html

```html
<!DOCTYPE html>
<html>
  <head>
    <meta http-equiv="Content-Type" content="text/html; charset=utf-8">
    <title>JS实现京东式竖排二级导航效果</title>
    <script type="text/javascript">
        function navShow(){
            var nav = document.getElementById('nav');
            var navs = nav.getElementsByTagName("li");
            for(var i=0;i<navs.length;i++){
```

```
                navs[i].onmouseover = function(){
                        this.getElementsByTagName('dl')[0].style.display = "block";
                        this.style.backgroundColor="#36C1AF";
                }
                navs[i].onmouseout = function(){
                        this.getElementsByTagName('dl')[0].style.display = "none";
                        this.style.backgroundColor="";
                }
        }
    }
    window.onload = navShow;
</script>
<style>
        *{
                font-family:Microsoft YaHei;
                margin:0;
                padding:0;
        }
        body{width:100%;}
        ul{list-style: none;}
        a{text-decoration: none;}
        #header{
                height:850px;
                line-height:50px;
        }
        #header h2,#header h3{
                font-weight:500;
        }
        #header h2{
                color:#000000;
                font-size:18px;
                width:180px;
                text-align: center;
                background:#0D2E49;
        }
        #header h3{color:#000000;font-size:16px;}

        #nav {
                width:180px;
                background:rgba(0, 102, 173, 0.5);
                z-index:999;
        }
        #nav li{
                height:40px;
                padding-left:40px;
                line-height: 40px;
                position:relative;
        }
        #nav h3{height:40px;}
        #nav li dl{
                position:relative;
```

```
                left:140px;
                top:-40px;
                width:150px;
                background:#fff;
                display:none;
                padding:8px 10px;
            }
        #nav dt{
                width:150px;
                line-height: 30px;
                height:30px;
                background:#36C1AF;
                color:#fff;
                text-align: center;
            }
        #nav dd a{
                display:block;
                height:30px;
                width:150px;
                font-size:14px;
                color:#858585;
            }
        #nav dd a:hover{
                text-decoration: underline;
            }
        #content{
                height:500px;
            }
        #main{
            background:#cccccc;
            }
    </style>
</head>
<body>
    <div id="main">
        <div id="header">
            <div class="mycenter">
                <ul id="nav">
                    <li>
                        <h3>账号管理</h3>
                        <dl>
                            <dt>账号管理</dt>
                            <dd>
                                <a href="#">修改密码</a>
                                <a href="#">修改用户名</a>
                                <a href="#">设置密保问题</a>
                            </dd>
                        </dl>
                    </li>
                    <li>
                        <h3>首页管理</h3>
```

```
<dl>
    <dt>首页管理</dt>
    <dd>
      <a href="#">轮转照片设置</a>
      <a href="#">产品展示照片设置</a>
      <a href="#">底部信息修改</a>
    </dd>
 </dl>
</li>
<li>
  <h3>产品管理</h3>
  <dl>
      <dt>产品管理</dt>
      <dd>
        <a href="#">增加新产品</a>
        <a href="#">管理全部产品</a>
        <a href="#">类别管理</a>
      </dd>
  </dl>
</li>
<li>
  <h3>新闻管理</h3>
  <dl>
      <dt>新闻管理</dt>
      <dd>
        <a href="#">发布新闻</a>
        <a href="#">全部新闻管理</a>
        <a href="#">增加系列</a>
        <a href="#">新闻系列管理</a>
      </dd>
  </dl>
</li>
<li>
  <h3>反馈管理</h3>
  <dl>
      <dt>反馈管理</dt>
      <dd>
        <a href="#">管理所有反馈</a>
      </dd>
  </dl>
</li>
<li>
  <h3>权限管理</h3>
  <dl>
      <dt>权限管理</dt>
      <dd>
        <a href="#">添加新管理员</a>
        <a href="#">查看所有账号权限</a>
        <a href="#">查看申诉</a>
      </dd>
  </dl>
```

```
                    </li>
                    <li>
                        <h3>功能管理</h3>
                        <dl>
                            <dt>功能管理</dt>
                            <dd>
                                <a href="#">一级功能设置</a>
                            </dd>
                        </dl>
                    </li>
                </ul>
            </div>
        </div>
    </div>
    </body>
</html>
```

网页显示效果如图 10.4 所示。

10.2.3 实例——制作淘宝式多级选择菜单

本实例使用 JavaScript 实现类似淘宝网的多级选择菜单。涉及的
JavaScript 语法如下。

1. fromCharCode()方法

fromCharCode()方法可接受一个指定的 Unicode 值，然后返回一个字
符串。该方法是 String 的静态方法，字符串中的每个字符都由单独的数字
Unicode 编码指定。

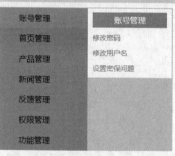

图 10.4 京东式竖排二级导航效果

2. event.srcElement

event.srcElement 用于设置或获取触发事件的对象。引用对象以后，该对象的任何属性都可以使用。
示例代码如脚本 10-5 所示。

脚本 10-5.html

```
<!DOCTYPE html PUBLIC "-//W3C//DTD XHTML 1.0 Transitional//EN" "http://www.w3.org/TR/xhtml1/
DTD/xhtml1-transitional.dtd">
<html xmlns="http://www.w3.org/1999/xhtml">
    <head>
        <title>JS实现淘宝式多级选择菜单</title>
        <meta http-equiv="Content-Type" content="text/html; charset=utf-8" />
        <style type="text/css" media="all">
            body *{
            font-size:14px;
            margin:0;
            padding:0;
            }
            #wrapper{
            clear:both;
            width:778px;
            height:220px;
            background-color:#FFF;
            margin-bottom:8px;
            }
            #wrapper ul{
```

```
margin:0 3px 0 0;
padding:0;
border:1px solid #CCC;
float:left;
width:189px;
height:218px;
overflow:auto;
}
#wrapper ul.Blank{
background-color:#F6F6F6;
}
#wrapper li{
list-style-type:none;
width:auto;
height:20px;
margin:0 1px !important;
margin /**/:0 1px 0 -15px;
padding:0;
border:1px solid #FFF;
line-height:20px;
color:#444;
text-indent:3px;
cursor:default;
}
#wrapper li.Selected{
background-color:#CAFFC0;
border:1px solid #0A9800;
color:#006623;
}
#wrapper li.IsParent{
background-image:url(/uploads/allimg/1110/publishitem_subcate_arrow.gif);
background-position:99% 50%;
background-repeat:no-repeat;
}
#wrapper li.RecentUsed{
color:#170;
}
#titleType{
clear:both;
width:778px;
background-color:#FFF;
}
#titleType ul{
float:left;
}
#titleType li{
margin:0 3px 0 0;
float:left;
border:1px solid #CCC;
width:189px;
color:#0063C8;
```

```
            font-weight:bold;
            border-bottom:0px;
            height:23px;
            line-height:23px;
            }
        </style>

</head>
<body>
    <div id="titleType">
        <ul id="title">
            <li>请选择品牌</li>
            <li>请选择折扣和服务</li>
            <li>请选择价格区间</li>
            <li>请选择材质</li>
        </ul>
    </div>
    <div id="wrapper">
        <ul id="brandType" class="Blank">
        </ul>
        <ul id="serviceType" class="Blank">
        </ul>
        <ul id="rangeType" class="Blank">
            </ul>
        <ul id="quanlityType" class="Blank">
            </ul>
</div>
</body>
<script language="javascript" type="text/javascript" id="commonjs">
    Array.prototype.S = String.fromCharCode(2);
    Array.prototype.in_array = function(e){
        var re = new RegExp(this.S+e+this.S);
        return re.test(this.S+this.join(this.S)+this.S);
    }
    function getTriggerNode(e) {
        return (document.all)?event.srcElement:e.target;
    }
    function getObj(id){
        return document.getElementById(id);
    }

    //初始化数据
    var brandTypeData = new DataInfo();//品牌数据
    brandTypeData.addData("与狼共舞",1,'','');
    brandTypeData.addData("花花公子",2,'','');

    var serviceTypeData = new DataInfo();//折扣和服务数据
    serviceTypeData.addData("全球购",1,'','');
    serviceTypeData.addData("天猫",2,'','');

    var rangeTypeData = new DataInfo();//价格区间数据
```

```
rangeTypeData.addData("全球购",1,["0-50","50-120"],[1,2]);
rangeTypeData.addData("天猫",2,["0-100","100-200"],[3,4]);

var quanlityTypeData = new DataInfo();//材质数据
quanlityTypeData.addData("0-50",1,["棉","麻","蚕丝"],[1,2,3]);
quanlityTypeData.addData("50-120",2,["薄纱","棉布"],[4,5]);
quanlityTypeData.addData("0-100",3,["棉","麻","蚕丝"],[6,7]);
quanlityTypeData.addData("100-200",4,["薄纱","棉布"],[8,9]);


function DataNode(){
    this.parent;
    this.parentId;
    this.Children;
    this.childrenId;
}
function DataInfo(){
    this.mList = new Array();
    this.ListCount = function(){return this.mList.length;}
    this.GetListObj = function(n){
        if (n<this.ListCount()) return this.mList[n];
        return null;
    }
    this.addData = function(sParent,sParentId,sChildren,sChildrenID){
        obj = new DataNode();
        obj.parent    = sParent;
        obj.parentId = sParentId;
        obj.children = sChildren;
        obj.childrenId = sChildrenID;
        this.mList[this.ListCount()] = obj;
    }
}


//构建菜单列表
function buildMenuList(objName,objData,objSelected){
    console.log(objName);
    console.log(objData);
    console.log(objSelected);
    //buildMenuList(["rangeType",quanlityTypeData],rangeTypeData,[parentId,0]);
    var menuType = getObj(objName[0]);//单击的当前菜单
    if(!menuType) return;
    var strOutput = "";
    var liClass = "";
    var id = 0;
    var op_txt = new Array();
    var op_val = new Array();
    var sub_val = new Array();//子节点数组
    if (objSelected[0]){//父节点
        for(i=0;i<objData.ListCount();i++){
            if(objData.GetListObj(i).parentId==objSelected[0]){//判断子节点的父级
                console.log('objSelected[0]='+objSelected[0]);
```

```
                    id = i;
                    break;
                  }
              if(i==objData.ListCount()){
                  menuType.innerHTML="";
                  menuType.className="Blank";
                  return false;
                }
            }
          }
      if(objName[1]){//说明有子节点,存放子节点的父级id
for(i=0;i<objName[1].ListCount();sub_val.push(objName[1].GetListObj(i++).parentId));
      }
    console.log(id);
   tmpobj = objData.GetListObj(id);//取出当前节点
   console.log(tmpobj);
   if (tmpobj.children.length==0){//子节点长度为0
for(i=0;i<objData.ListCount();op_txt.push(objData.GetListObj(i).parent),op_val.push(objData.GetListObj(i++).
parentId));
          }else{
              op_txt = tmpobj.children;//子对象
              op_val = tmpobj.childrenId;//孩子id
          }
          for(i=0;i<op_txt.length;i++){
              if(sub_val.in_array(op_val[i])){
                  liClass = "IsParent";//是父节点
              }
              if(op_val[i] == objSelected[1]){
                  liClass += " Selected";//选中
              }
              strOutput += '<li id="'+objName[0]+'__'+op_val[i]+'" class="'+liClass+'">'+op_txt[i]+'</li>';
              liClass = ";
          }
          menuType.innerHTML = strOutput;
          strOutput = "";
          menuType.className="";
}

//菜单切换联动效果
var menuSelect = [];
function changeMenu(evnt){
      var obj = getTriggerNode(evnt);
      var objSource = obj;

      //获取父节点
      while(objSource.nodeName != "UL"){
          objSource = objSource.parentNode;
      }

      //切换菜单选中样式
      var ulId = objSource.id;
```

```
        if(menuSelect[ulId]){
menuSelect[ulId].className=menuSelect[ulId].className.replace("Selected","");
        }
        obj.className += " Selected";
        menuSelect[ulId] = obj;
        //创建子节点
        console.log(obj.id);
        var parentId = (obj.id).split("__")[1];
        if(objSource.id=="serviceType"){
            buildMenuList(["rangeType",quanlityTypeData],rangeTypeData,[parentId,0]);
          }else if(objSource.id=="rangeType"){
            buildMenuList(["quanlityType",],quanlityTypeData,[parentId,0]);
          }


        }

        buildMenuList(["brandType",],brandTypeData,[0,0]);
        buildMenuList(["serviceType",rangeTypeData],serviceTypeData,[0,0]);
        getObj("wrapper").onclick = changeMenu;
    </script>
</html>
```

网页显示效果如图 10.5 所示。

请选择品牌	●	请选择折扣和服务	●	请选择价格区间	●	请选择材质
与狼共舞		全球购	▸	0-50	▸	棉
花花公子		天猫	▸	50-120	▸	麻
						蚕丝

图 10.5　淘宝式多级选择菜单效果

10.3　Tab 选项卡

精讲视频

Tab 选项卡

网页页面中最流行常用的 Tab 切换效果，包括滑动、单击切换、延迟切换及自动切换等多种效果。熟练运用这些 Tab 切换效果可使页面体验性更佳。

10.3.1　实例——实现单击切换 Tab

本实例使用 JavaScript 可实现通过鼠标单击切换 Tab 标签，涉及的 JavaScript 语法如下。

1．document.getElementById()方法

在 window.onload 事件的使用中，常常会看到 document.getElementById()方法，该方法常用于获取元素，其最初被定义为 HTML DOM 接口的成员，之后在 2 级 DOM 中移入 XML DOM 接口。document.getElementById 属于 host 对象，是一个方法。

2．document.getElementsByTagName()方法

在 window.onload 事件的使用中，常常使用 document.getElementsByTagName()方法，传回指定名称的元素集合，其用法与 document.getElementById 类似。

示例代码如脚本 10-6 所示。

脚本 10-6.html

```html
<!DOCTYPE html>
<html>
  <head>
    <meta http-equiv="Content-Type" content="text/html; charset=utf-8">
    <title>Js单击切换Tab</title>
    <style type="text/css">
       *{
      padding: 0;
      margin: 0;
      }
      #tab{
        margin-top:100px;
        margin-left: 100px;
      }
      #tab li{
        width:50px;
        height: 30px;
        line-height: 30px;
        border:1px solid #cccccc;
        text-align:   center;
        float:left;
        display:inline;
        margin-right: 10px;
        border-bottom: 0px;
        color: blue;
      }

      #tabCon {
        clear:both;
        margin-top:20px;
        margin-left: 100px;
        border:1px solid #cccccc;
        width:155px;
        height: 100px;
        padding:10px;
      }
      #tabCon div {
        display:none;
      }
      #tabCon div.fdiv {
        display:block;
      }
      .fli{
        background-color: #999999;
      }

    </style>
```

```
    </head>
    <body>
        <div id="tanContainer">
            <div id="tab">
                <ul>
                    <li class="fli">实事</li>
                    <li>体育</li>
                    <li>新闻</li>
                </ul>
            </div>
            <div id="tabCon">
                <div class="fdiv">实事内容</div>
                <div>体育内容</div>
                <div>新闻内容</div>
            </div>
        </div>
    </body>
    <script>
        window.onload = init;
        function init(){
            var tab = document.getElementById('tab');
            var lis = tab.getElementsByTagName('li');
            var tabCon = document.getElementById('tabCon');
            var divs = tabCon.getElementsByTagName('div');

            for(var i=0;i<lis.length;i++){
                lis[i].onclick=function(){
                    for(var j=0;j<lis.length;j++){
                        if(this == lis[j]){
                            lis[j].className='fli';
                            divs[j].className='fdiv';
                        }else{
                            lis[j].className='';
                            divs[j].className='';
                        }
                    }
                }
            }
        }
    </script>
</html>
```

网页效果如图 10.6 所示。

10.3.2 实例——实现定时自动切换 Tab

本实例使用 JavaScript 实现定时自动切换 Tab 标签，涉及的 JavaScript 语法如下。

1. document.getElementById()方法

在 window.onload 事件的使用中，常常会看到 document.getElementById()方法，该方法常用于获取元素，其最初被定义为 HTML DOM 接口的成员，之后在 2 级 DOM 中移入 XML DOM 接口。document.getElementById 属于 host 对象，是一个

图 10.6 单击切换 Tab 效果

方法。

2. document.getElementsByTagName()方法

在 window.onload 事件的使用中，常常使用 document.getElementsByTagName()方法，传回指定名称的元素集合，其用法与 document.getElementById 类似。

3. setInterval()方法

setInterval()方法可按照以毫秒计算的周期来调用函数或计算表达式。setInterval()方法会不停地调用函数，直到 clearInterval()终止定时或窗口被关闭。

4. clearInterval()方法

window. clearInterval()方法将取消由 setInterval()方法设置的定时器。setInterval()方法会不停地调用函数，直到 clearInterval()终止定时或窗口被关闭。

示例代码如脚本 10-7 所示。

脚本 10-7.html

```
<!DOCTYPE html>
<html>
  <head>
    <meta http-equiv="Content-Type" content="text/html; charset=utf-8">
    <title>Js定时自动切换Tab效果</title>
    <style type="text/css">
            *{
                margin: 0;
                padding: 0;
                text-decoration: none;
                list-style: none;
            }
            .container{
                width: 508px;
                border: 1px solid #eee;
                margin: 20px auto;
                height: 98px;
                position: relative;
                overflow: hidden;
            }
            .tab{
                height: 27px;
            }
            .tab-wrap{
                height: 27px;
                width: 551px;
                position: absolute;
                left: -1px;
                background: #ccc;
                overflow: hidden;
            }
            .tab-wrap li{
                float: left;
                text-align: center;
            }
            .tab-wrap li a{
                display: block;
```

```
                    width: 100px;
                    height: 26px;
                    line-height: 26px;
                    border-bottom: 1px solid #eee;
                    padding: 0 1px;
                    color: #000;
                }
                .tab-wrap .selected{
                    background: #fff;
                    color: orange;
                    font-weight: bold;
                    border-bottom: 1px solid #fff;
                    border-right: 1px solid #eee;
                    border-left: 1px solid #eee;
                    padding: 0;
                }
                .content{
                    width: 100%;
                    height: 71px;
                    overflow: hidden;
                }
                .content .mod{
                    display: none;
                }
                .content div:first-child{
                    display: block;
                }
                .mod ul{
                    overflow: hidden;
                }
                .mod li{
                    float: left;
                    font-size: 14px;
                    margin: 10px;
                }
    </style>

</head>
<body>
    <div class="container" id="container">
        <div class="tab" id="tab">
            <ul class="tab-wrap">
                <li><a href="#" class='selected'>选项卡一</a></li>
                <li><a href="#">选项卡二</a></li>
                <li><a href="#">选项卡三</a></li>
                <li><a href="#">选项卡四</a></li>
                <li><a href="#">选项卡五</a></li>
            </ul>
        </div>
        <div class="content" id="content">
```

```
            <div class="mod">
                    选项卡一内容
                </div>
            <div class="mod">
                    选项卡二内容
                </div>
            <div class="mod">
                    选项卡三内容
                </div>
            <div class="mod">
                    选项卡四内容
                </div>
            <div class="mod">
                    选项卡五内容
                </div>
        </div>
    </div>
</body>
<script type="text/javascript">
        function getObj(id){
            return document.getElementById(id);
        }

        (function(){
            var tabs = getObj('tab').getElementsByTagName('a');
            var contents = getObj('content').getElementsByTagName('div');

            //根据Tab序号选中指定菜单
            function switchTab(index){
                for(var i=0;i<tabs.length;i++){
                    if(index == i){
                        tabs[index].className='selected';
                        contents[index].style.display = 'block';
                    }else{
                        tabs[i].className='';
                        contents[i].style.display = 'none';
                    }
                }
            }

            //鼠标移入时选中效果
            for(var i=0;i<tabs.length;i++){
                tabs[i].index=i;
                tabs[i].addEventListener('mouseover',function(){
                    switchTab(this.index);
                },false);
            }

            var mark = 0;//轮播标记
            var timer;//定时器
            function autoPlay(){
```

```
            mark++;
            if (mark==tabs.length) {
                mark=0;
            }
            switchTab(mark);
        }
        timer=setInterval(autoPlay,2000);//添加定时轮播事件，轮播开始
        container.addEventListener('mouseout',function(){
            if (timer) {
                clearInterval(timer);
            }
            timer=setInterval(autoPlay,2000);
        },false);
    })();
    </script>
</html>
```

网页显示效果如图 10.7 所示。

| 选项卡一 | 选项卡二 | 选项卡三 | 选项卡四 | 选项卡五 |

选项卡四内容

图 10.7　定时自动切换 Tab 效果

10.4　图片特效

精讲视频

图片特效

图片对于网页的重要性不言而喻，无论是门户网站，还是产品网站，好的图片特效都会对所要推广的内容产生积极的影响。以产品网站为例，对于网页设计师来说如何才能设计出满足网页需要的图片，这对设计师的经验要求较高。本节主要讲解实际应用中的图片特效，内容是网页中这类特效的实际应用。

10.4.1　实例——实现图片放大镜效果

本实例使用 JavaScript 制作一个实例，该实例中鼠标移动到缩略图上时显示对应的动态大图。
示例代码如脚本 10-8 所示。

脚本 10-8.html

```
<!DOCTYPE html>
<html>
  <head>
    <meta http-equiv="Content-Type" content="text/html; charset=utf-8">
    <title>Js实现图片放大镜效果</title>
    <style type="text/css">
      *{
        margin:0px;
        padding:0px;
      }
      #container{
        width:400px;
        height:400px;
```

```
            margin:100px;
            margin-left:17%;
            position:relative;//这里使用相对定位，以便其他的元素能依靠这个元素定位
        }
        #point{
            background-color:blue;
            opacity: 0.2;
            width:220px;
            height:220px;
            position:absolute;
            left:0px;
            top:0px;
            display:none;//先让它隐藏，用js使其显示
        }
        #wrapper{
            width:400px;
            height:400px;
            overflow:hidden;
            position:absolute;
            top:0px;
            left:450px;
            display:none;//先让它隐藏，用js使其显示
        }
        #wrapper img{
            width:800px;
            height:800px;
            position:absolute;
            top:0px;
            left:0px;
        }
    </style>
</head>
<body>
    <div id="container">
        <img src="http://img.taopic.com/uploads/allimg/140513/235059-14051310145412.jpg" width="400"
height="400" alt="#">
        <div id="point"></div>
        <div id="wrapper">
            <img id="bigImg" src="http://img.taopic.com/uploads/allimg/140513/235059-14051310145412.jpg" alt=
"#">
        </div>
    </div>
</body>
<script type="text/javascript">
    (function(){
        var container = document.getElementById("container");
        var point = document.getElementById("point");
        var wrapper = document.getElementById("wrapper");
        var bigImg = document.getElementById("bigImg");
        container.onmouseover = function(){//鼠标移动到box上显示大图片和选框
            wrapper.style.display = "block";
```

```
          point.style.display="block";
      }
      container.onmouseout = function(){//鼠标移开box不显示大图片和选框
          wrapper.style.display = "none";
          point.style.display="none";
      }
      container.onmousemove = function(e){//获取鼠标位置
          var x = e.clientX;//鼠标相对于视口的位置
          var y = e.clientY;
          var t = container.offsetTop;//container相对于视口的位置
          var l = container.offsetLeft;
          console.log('x='+x+'---l='+l);
          console.log('point.offsetWidth='+point.offsetWidth+'---point.offsetHeight='+point.offsetHeight);
          var _left = x - l - point.offsetWidth/2;//计算point的位置
          var _top = y - t -point.offsetHeight/2;
          if(_top<=0){//滑到container的最顶部
            _top = 0;
          }else if(_top>=container.offsetHeight-point.offsetHeight){//滑到container的最底部
            _top = container.offsetHeight-point.offsetHeight ;
          }
          if(_left<=0){//滑到container的最左边
            _left=0;
          }else if(_left>=container.offsetWidth-point.offsetWidth){//滑到container的最右边
            _left=container.offsetWidth-point.offsetWidth ;
          }
          point.style.top = _top +"px";//设置point的位置
          point.style.left = _left + "px";
          var w = _left/(container.offsetWidth-point.offsetWidth);//计算移动的比例
          var h = _top/(container.offsetHeight-point.offsetHeight);
          var bigImg_top = (bigImg.offsetHeight-wrapper.offsetHeight)*h;//计算大图的位置
          var bigImg_left = (bigImg.offsetWidth-wrapper.offsetWidth)*w;
          bigImg.style.top = -bigImg_top + "px";//设置大图的位置信息
          bigImg.style.left = -bigImg_left + "px";
      }
    })()
  </script>
</html>
```

网页显示效果如图 10.8 所示。

图 10.8　图片放大镜效果

10.4.2 实例——实现图片自动滚动效果

本实例使用 JavaScript 实现图片滚动展示效果，涉及的 JavaScript 语法如下：InnerHTML。

几乎所有的元素都有 InnerHTML 属性，它是一个字符串，用来设置或获取位于对象起始和结束标签内的 HTML。

示例代码如脚本 10-9 所示。

脚本 10-9.html

```html
<!DOCTYPE html>
<html>
  <head>
    <meta http-equiv="Content-Type" content="text/html; charset=utf-8">
    <title>Js实现图片自动滚动效果</title>
    <style type="text/css">
      #container {
        background: #FFF;
        overflow:hidden;
        border: 1px dashed #CCC;
        width: 500px;
      }
      #inner {
        float: left;
        width: 800%;
      }
      #pics {
        float: left;
      }
      #goal {
        float: left;
        padding-left:5px;
      }
    </style>
  </head>
  <body>
    <div id="container">
      <div id="inner">
        <div id="pics">
          <a href="#"><img src="http://img.taopic.com/uploads/allimg/140513/235059-14051310145412.jpg" width="100" height="100" border="0" /></a>
          <a href="#"><img src="http://img.taopic.com/uploads/allimg/140513/235059-14051310145412.jpg" width="100" height="100" border="0" /></a>
          <a href="#"><img src="http://img.taopic.com/uploads/allimg/140513/235059-14051310145412.jpg" width="100" height="100" border="0" /></a>
          <a href="#"><img src="http://img.taopic.com/uploads/allimg/140513/235059-14051310145412.jpg" width="100" height="100" border="0" /></a>
          <a href="#"><img src="http://img.taopic.com/uploads/allimg/140513/235059-14051310145412.jpg" width="100" height="100" border="0" /></a>
          <a href="#"><img src="http://img.taopic.com/uploads/allimg/140513/235059-14051310145412.jpg" width="100" height="100" border="0" /></a>
        </div>
          <div id="goal"></div>
```

```
        </div>
      </div>
    </body>
    <script type="text/javascript">
      (function(){
          var speed=10;
          var tab=document.getElementById("container");
          var tab1=document.getElementById("pics");
          var tab2=document.getElementById("goal");
          tab2.innerHTML=tab1.innerHTML;
          function move(){
        if(tab2.offsetWidth-tab.scrollLeft<=0){
          tab.scrollLeft-=tab1.offsetWidth
          }else{
          tab.scrollLeft++;
          }
        }
        var timer=setInterval(move,speed);
        tab.onmouseover=function() {clearInterval(timer)};
        tab.onmouseout=function() {timer=setInterval(move,speed)};


      })();
    </script>
</html>
```

网页显示效果如图 10.9 所示。

图 10.9　图片自动滚动效果

10.5　文字特效

精讲视频

文字特效

在传统的网页设计观念中，网页上字体都是统一规范的。网页的风格也是规规矩矩的。在特定情况下，混用一些字体或者使用一些有特效的文字能够达到活跃界面气氛的效果，产生不受拘束的现代感。本节主要讲解网页中常用的文字特效。

10.5.1　实例——实现文字闪动效果

本实例使用 JavaScript 制作闪动的波浪文字效果，涉及的 JavaScript 语法如下。

1．parseInt()函数

parseInt()函数的语法是：parseInt(number,type)，number 为要转换的字符串，type 表示进制类型，如果不指定 type，type 值以 0x 开头时，为十六进制；以 0 开头且第二位不为 x，则认为是八进制。

2. setTimeout()方法

setTimeout()有两种形式，分别是 setTimeout(code,interval)和 setTimeout(func,interval,args)，其中 code 是一个字符串；func()是一个函数；interval 表示时间，可以是延迟时间或者交互时间，以毫秒为单位。延迟时间是在载入后延迟指定时间后去执行一次表达式，仅执行一次；交互时间是从载入后每隔指定的时间就执行一次表达式。

3. InnerHTML

几乎所有的元素都有 InnerHTML 属性，它是一个字符串，用来设置或获取位于对象起始和结束标签内的HTML。

示例代码如脚本 10-10 所示。

脚本 10-10.html

```html
<!DOCTYPE html>
<html>
  <head>
    <meta http-equiv="Content-Type" content="text/html; charset=utf-8">
    <title>Js文字闪动效果</title>
  </head>
<body>
  <div id="container">

</div>
</body>
  <script type="text/javascript">

        function getTextSize(i,incMethod,textLength){
            if(incMethod == 1){
              return (32*Math.abs(Math.sin(i/(textLength/3.14))) );
            }
            if(incMethod == 2){
              return (255*Math.abs(Math.cos(i/(textLength/3.14))));
            }
        }

        function changeTextSize(text,method,dis){
          output = "";
          for (i = 0; i < text.length; i++){
            size = parseInt(getTextSize(i +dis,method,text.length));
            output += "<font style='font-size: "+ size +"pt'>" +text.substring(i,i+1)+ "</font>";
          }
          var container = document.getElementById('container');
          container.innerHTML = output;
        }

        function run(n){
          var content = "======欢迎分享JavaScript======";
          changeTextSize(content,1,n);
          if (n > content.length) {n=0}
          setTimeout("run(" + (n+1) + ")", 50);
        }
        window.onload = run(0);
```

```
  </script>
</html>
```

网页显示效果如图 10.10 所示。

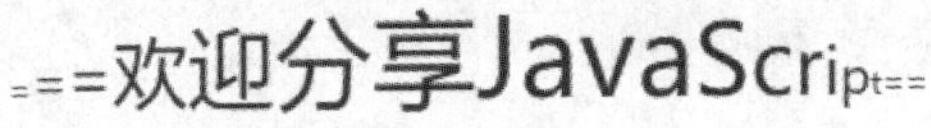

<h1 style="text-align:center">===欢迎分享JavaScript==</h1>

图 10.10　文字闪动效果

10.5.2　实例——实现滚动变色的文字效果

本实例使用 JavaScript 实现滚动变色的文字效果，在效果展示页面，可看到文字在交替变色显示，以吸引人的注意，涉及的 JavaScript 语法如下。

1. document.write()方法

document.write()方法用于向文档写入内容。

2. document.all

document.all 是一个表示当前文档的所有对象的数组，不仅包括页面上可见的实体对象，还包括一些不可见的对象，如 HTML 注释等。在 document.all 数组里，元素不分层次，是按照其在文档中出现的先后顺序，平行罗列的，所以可以用数字索引来引用到任何一个元素。

3. setTimeout()方法

setTimeout()有两种形式，分别是 setTimeout(code,interval)和 setTimeout(func,interval,args)，其中 code 是一个字符串；func()是一个函数；interval 表示时间，可以是延迟时间或者交互时间，以毫秒为单位。延迟时间是在载入后延迟指定时间后去执行一次表达式，仅执行一次；交互时间是从载入后每隔指定的时间就执行一次表达式。

示例代码如脚本 10-11 所示。

脚本 10-11.html

```html
<html>
  <head>
    <meta http-equiv="Content-Type" content="text/html; charset=utf-8" />
    <title>JS实现滚动变色的文字效果</title>
  </head>
  <body>

    <script type="text/javascript">

        var message="请注意此段文字，部分文字染成红色，且红色循环移动";
        var baseColor="#333333";//默认文字颜色
        var selectColor="#ff0000";//选中变为红色
        if(document.all || document.getElementById){
         document.write('<font color="'+baseColor+'">');
         for(var i=0;i<message.length;i++){
            document.write('<span id="light'+i+'">'+message.charAt(i)+'</sapn>');
         }
         document.write('</font>');
        }else{
            document.write(message);
        }

        var index = 0;
```

```
            var flashCount=8;//闪亮的个数
            function rolling(){
                if(index ==0){
                    for(var i=0;i<message.length;i++){
                        getObj(i).style.color=baseColor;
                    }
                }
                getObj(index).style.color=selectColor;
                if(index > flashCount-1){
                    getObj(index-flashCount).style.color=baseColor;
                }
                if (index < message.length-1){
                    index++
                }else{
                    index=0;
                }
            }

            function getObj(number){
                var obj =document.all? eval("document.all.light"+number) : document.getElementById("light"+number);
                return obj
            }

            var flashing=setInterval("rolling()",100);
        </script>
    </body>
</html>
```

网页显示效果如图 10.11 所示。

请注意此段文字，部分文字染成红色，且红色循环移动。

10.6 表单按钮特效

图 10.11 滚动变色的文字效果

按钮的设置是网页中必不可少的，尤其是表单中。通过设置按钮可以使平淡无奇的页面变得更有活力。按钮虽小，作用巨大。按钮的样式、风格、事件等，对网页的整体效果能起到画龙点睛的作用。可以说，小按钮大世界，能不能设置好按钮是考察一个 JavaScript 程序员乃至网页设计师的必要条件。本节主要讲解按钮类特效。

精讲视频

表单按钮特效

10.6.1 实例——实现按钮联动

本实例使用 JavaScript 制作一个实例，该实例能通过用户在页面上选择不同的列表框内容来显示不同的按钮，主要涉及的 JavaScript 语法如下。

Document.getElementById()方法：在 window.onload 事件的使用中，会经常使用到 document.getElementById()方法，该方法常用于获取元素，其最初被定义为 HTML DOM 接口的成员，之后在 2 级 DOM 中移入 XML DOM 接口。document.getElementById 属于 host 对象，是一个方法。

示例代码如脚本 10-12 所示。

脚本 10-12.html

```
<html>
    <head>
        <meta http-equiv="Content-Type" content="text/html; charset=utf-8" />
        <title>JS实现改变控件显示不同按钮效果</title>
```

```
<script type="text/javascript">
    function getObj(id){
        return document.getElementById(id);
    }
    function butSelect(){
        var selval = getObj("sel").value;
        if(selval == "1"){
            getObj("btn").innerHTML = '<input type="button" value="按钮1" onclick="btnl();">';
        }
        else if(selval == "2"){
            getObj("btn").innerHTML = '<input type="button" value="按钮2" onclick="btn2();">';
        }
        else if(selval == "3"){
            getObj("btn").innerHTML = '<input type="button" value="按钮3" onclick="btn3();">';
        }
        else{
            getObj("btn").innerHTML = '';
        }
    }
    function btnl(){
        alert("单击了按钮1");
    }
    function btn2(){
        alert("单击了按钮2");
    }
    function btn3(){
        alert("单击了按钮3");
    }

</script>
</head>
<body>
<select id="sel" name="sel" onchange="butSelect()" style="width:100px;">
    <option value="1">按钮1</option>
    <option value="2">按钮2</option>
    <option value="3">按钮3</option>
</select>
<span id="btn">

</span>
</body>
</html>
```

网页显示效果如图 10.12 所示。

10.6.2 实例——实现确认提示

本实例使用 JavaScript 展示两种不同的提示按钮，
涉及的 JavaScript 语法如下。

图 10.12 改变控件显示不同按钮效果

1. confirm()方法

confirm()弹出的是确认框（确认、取消），用户可以选择单击"确定"按钮或者单击"取消"按钮。confirm()
方法的返回值为 true 或者 false。该消息框与 alert()的提示框相同，也是模式对话框，用户必须在关闭该对话框后，才能进行后续操作。

2. alert()方法

alert()方法弹出的是提示框（确定），该提示框提供了一个"确定"按钮让用户关闭该消息框，并且该消息框是模式对话框，也就是说，用户必须先关闭该消息框然后才能继续进行操作。alert()方法有一个参数，即希望对用户显示的文本字符串。

主要代码如下：

```
<script type="text/javascript">
    /** 弹出确认框和提示框 **/
    function a(){
        if(confirm('您确定要在此文本框内输入东西吗？')){
            alert('后果十分严重！');
        }
    }
</script>
```

网页显示效果如图 10.13 和图 10.14 所示。

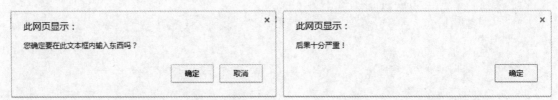

图 10.13　确认某个动作前的提示按钮效果 1　　　　图 10.14　确认某个动作前的提示按钮效果 2

10.7　小结

JavaScript 特效能很大程度地活跃网页气氛，对网页的亲和力产生积极的影响，为网页增加良好的视觉效果。本章着重介绍了几种常见的网页特效，并逐个分析了这些特效的实现方法及展现效果。运用这些特效即可以实现丰富多彩的网页效果，如能在素材选取和美工制作方面融入更多的创意，必将达到事半功倍的效果。

第11章

综合实战——实现购物车功能

■ 商品购物车功能在日常生活中再常见不过了，也是现在绝大部分电商网站都会使用的功能，比如京东、淘宝、一号店等。当购买商品的时候，消费者看中了哪件商品，就会将其加入购物车中，最后结算。购物车这一功能，方便消费者对商品进行管理，可以添加商品或删除商品。选中购物车中的某一种或几种商品，最后商品总价也会随着消费者的操作而变化。本章将会详细讲解购物车结算功能的实现。

☑ 全选		商品	单价	数量	小计	操作
☑		iphoneX	7828	1 +	7828	删除
☑		iphone6s plus	3699	1 +	3699	删除
☑		华为P10	3488	1 +	3488	删除
☑		魅族Pro7 plus	2399	1 +	2399	删除
☑ 全选　删除				已选商品4件 ⌃　合计：￥17414.00		结算

11.1 购物车特效布局

以下是仿淘宝来实现的一个简单的购物车特效，如脚本 11-1 所示。

脚本 11-1.html

```html
<!DOCTYPE html>
<html>
  <head>
    <meta charset="utf-8" />
    <title>商品列表页面</title>
    <link rel="stylesheet" type="text/css" href="./style.css" />
    <script src="./script.js" type="text/javascript" charset="utf-8"></script>
  </head>
  <body>
    <div class="catbox">
      <table id="cartTable">
        <thead>
          <tr>
            <th>
              <label><input class="check-all check" type="checkbox">  全选</label>
            </th>
            <th>商品</th>
            <th>单价</th>
            <th>数量</th>
            <th>小计</th>
            <th>操作</th>
          </tr>
        </thead>
        <tbody>
          <tr class="on">
            <td class="checkbox"><input class="check-one check" type="checkbox"></td>
              <td class="goods"><img src="../1.图片/iphoneX.jpg" alt=""><span>iphoneX</span></td>
            <td class="price">7828</td>
            <td class="count"><span class="reduce"></span>
              <input class="count-input" type="text" value="1">
              <span class="add">+</span></td>
            <td class="subtotal">7828</td>
            <td class="operation"><span class="delete">删除</span></td>
          </tr>
          <tr class="on">
            <td class="checkbox"><input class="check-one check" type="checkbox"></td>
            <td class="goods"><img src="../1.图片/iphone6s plus.jpg" alt=""><span>iphone6s plus</span>
</td>
            <td class="price">3699</td>
            <td class="count"><span class="reduce"></span>
              <input class="count-input" type="text" value="1">
              <span class="add">+</span></td>
            <td class="subtotal">3699</td>
            <td class="operation"><span class="delete">删除</span></td>
          </tr>
```

```html
            <tr class="on">
                <td class="checkbox"><input class="check-one check" type="checkbox"></td>
                <td class="goods"><img src="../1.图片/华为P10.jpg" alt=""><span>华为P10</span></td>
                <td class="price">3488</td>
                <td class="count"><span class="reduce"></span>
                    <input class="count-input" type="text" value="1">
                    <span class="add">+</span></td>
                <td class="subtotal">3488</td>
                <td class="operation"><span class="delete">删除</span></td>
            </tr>
                <tr class="on">
                <td class="checkbox"><input class="check-one check" type="checkbox"></td>
                <td class="goods"><img src="../1.图片/魅族Pro7 plus.jpg" alt=""><span>魅族Pro7 plus</span>
</td>
                <td class="price">2399</td>
                <td class="count"><span class="reduce"></span>
                    <input class="count-input" type="text" value="1">
                    <span class="add">+</span></td>
                <td class="subtotal">2399</td>
                <td class="operation"><span class="delete">删除</span></td>
            </tr>
        </tbody>
    </table>
    <div class="foot" id="foot">
        <label class="fl select-all"><input type="checkbox" class="check-all check">  全选
</label>
        <a class="fl delete" id="deleteAll" href="javascript:;">删除</a>
        <div class="fr closing" onclick="getTotal();">结 算</div>
        <input type="hidden" id="cartTotalPrice">
        <div class="fr total">合计：￥<span id="priceTotal">11957.48</span></div>
        <div class="fr selected" id="selected">已选商品<span id="selectedTotal">4</span>件<span class="arrow
up">︽</span><span class="arrow down">︾</span></div>
        <div class="selected-view">
            <div id="selectedViewList" class="clearfix"></div>
            <span class="arrow">◆<span>◆</span></span> </div>
        </div>
    </div>
    </body>
</html>
```

脚本 style.css

```css
<style type="text/css">
    *{margin:0;padding:0;list-style-type:none;}
    a{color:#666;text-decoration:none;}
    table{border-collapse:collapse;border-spacing:0;border:0;}
    body{color:#666;font:12px/180% Arial, Helvetica, sans-serif, "新宋体";}
    clearfix:after{content:".";display:block;height:0;clear:both;visibility:hidden}
    .clearfix{display:inline-table}
    *html .clearfix{height:1%}
    .clearfix{display:block}
    *+html .clearfix{min-height:1%}
    .fl{float:left;}
```

```
.fr{float:right;}
.catbox{width:940px;margin:100px auto;}
.catbox table{text-align:center;width:100%;}
.catbox table th,.catbox table td{border:1px solid #CADEFF;}
.catbox table th{background:#e2f2ff;border-top:3px solid #a7cbff;height:30px;}
.catbox table td{padding:10px;color:#444;}
.catbox table tbody tr:hover{background:RGB(238,246,255);}
.checkbox{width:60px;}
.check-all{ vertical-align:middle;}
    .goods{width:300px;}
.goods span{width:180px;margin-top:20px;text-align:left;float:left;}
.goods img{width:100px;height:80px;margin-right:10px;float:left;}
.price{width:130px;}
.count{width:90px;}
.count .add, .count input, .count .reduce{float:left;margin-right:-1px;position:relative;z-index:0;}
.count .add, .count .reduce{height:23px;width:17px;border:1px solid #e5e5e5;background:#f0f0f0;text-
align:center;line-height:23px;color:#444;}
.count .add:hover, .count .reduce:hover{color:#f50;z-index:3;border-color:#f60;cursor:pointer;}
.count input{width:50px;height:15px;line-height:15px;border:1px solid #aaa;color:#343434;text-align:
center;padding:4px 0;background-color:#fff;z-index:2;}
.subtotal{width:150px;color:red;font-weight:bold;}
.operation span:hover,a:hover{cursor:pointer;color:red;text-decoration:underline;}

.foot{margin-top:0px;color:#666;height:48px;border:1px solid #c8c8c8;border-top:0;background-color:
#eaeaea;background-image:linear-gradient(RGB(241,241,241),RGB(226,226,226));position:relative;z-index:8;}
.foot div, .foot a{line-height:48px;height:48px;}
.foot .select-all{width:80px;height:48px;line-height:48px;color:#666;text-align:center;}
.foot .delete{padding-left:10px;}
.foot .closing{border-left:1px solid #c8c8c8;width:103px;text-align:center;color:#666;font-weight:bold;
cursor:pointer;background-image:linear-gradient(RGB(241,241,241),RGB(226,226,226));}
.foot .closing:hover{background-image:linear-gradient(RGB(226,226,226),RGB(241,241,241));color:#333;}
.foot .total{margin:0 20px;cursor:pointer;}
.foot  #priceTotal, .foot #selectedTotal{color:red;font-family:"Microsoft Yahei";font-weight:bold;}
.foot .selected{cursor:pointer;}
.foot .selected .arrow{position:relative;top:-3px;margin-left:3px;}
.foot .selected .down{position:relative;top:3px;display:none;}
.show .selected .down{display:inline;}
.show .selected .up{display:none;}
.foot .selected:hover .arrow{color:red;}
.foot .selected-view{width:938px;border:1px solid #c8c8c8;position:absolute;height:auto;background:
#ffffff;z-index:9;bottom:48px;left:-1px;display:none;}
.show .selected-view{display:block;}
.foot .selected-view div{height:auto;}
.foot .selected-view .arrow{font-size:16px;line-height:100%;color:#c8c8c8;position:absolute;right:330px;
bottom:-9px;}
.foot .selected-view .arrow span{color:#ffffff;position:absolute;left:0px;bottom:1px;}

#selectedViewList{padding:10px 20px 10px 20px;}
#selectedViewList  div{display:inline-block;position:relative;width:100px;height:80px;border:1px  solid
#ccc;margin:10px;float:left;}
#selectedViewList div img{width:100px;height:80px;margin-right:10px;float:left;}
```

```
        #selectedViewList div span{display:none;color:#ffffff;font-size:12px;position:absolute;top:0px;
right:0px;width:60px;height:18px;line-height:18px;text-align:center;background:#000;cursor:pointer;}
        #selectedViewList div:hover span{display:block;}
    </style>
```

分析如下。

（1）body 中定义 table 标签和 div 标签，table 标签存放所有商品列表，div 标签存放商品结算部分内容。

（2）table 标签中定义 thead 和 tbody 标签，thead 标签即表格头部，tbody 标签即表格具体内容。

（3）tbody 中存放 4 个 tr，每个 tr 代表一个商品，依次用 td 标签存放商品的勾选框、缩略图、名称、单价、增减操作按钮以及小计总价等。

（4）div 标签存放商品全选框、批量删除按钮、已选商品的预览浮层以及商品计算价格。div 标签样式为"foot"时商品预览浮层隐藏，div 标签样式为"foot show"时商品预览浮层显示。相应的 css 详见脚本 style.css，此处不做赘述。

购物车显示效果如图 11.1 所示。

全选	商品		单价	数量	小计	操作
☑		iphoneX	7828	1 +	7828	删除
☑		iphone6s plus	3699	1 +	3699	删除
☑		华为P10	3488	1 +	3488	删除
☑		魅族Pro7 plus	2399	1 +	2399	删除
☑ 全选	删除				已选商品4件 ∧ 合计：¥17414.00	结 算

图 11.1 购物车效果图

11.2 准备工作

有了购物车总体布局之后就可以开始一步步进行功能实现了。比如购物车的全选功能实现、商品价格计算、购物车商品删除等。而在实现这些功能之前需要先获取页面元素以及做一些兼容性处理。这里单独写一个脚本 script.js 文件来实现购物车的一系列操作。然后在 html 中引入外部脚本 script.js 文件。

精讲视频

准备工作

脚本 script.js

```
<script type="text/javascript">
    window.onload = function () {
        var cartTable = document.getElementById('cartTable');
        var tr =   cartTable.children[1].rows;
        var checkInputs = document.getElementsByClassName('check');
        var checkAllInputs = document.getElementsByClassName('check-all');
        var selectedTotal = document.getElementById('selectedTotal');
        var priceTotal = document.getElementById('priceTotal');
        if (!document.getElementsByClassName) {
            document.getElementsByClassName = function (cls) {
```

```
                        var ret = [];
                        var els = document.getElementsByTagName('*');
                        for (var i = 0, len = els.length; i < len; i++) {
                            if (els[i].className === cls || els[i].className.indexOf(cls + ' ') >=0 ||
els[i].className.indexOf(' ' + cls + ' ') >=0 || els[i].className.indexOf(' ' + cls) >=0) {
                                ret.push(els[i]);
                            }
                        }
                        return ret;
                    }
                }
            }
    </script>
```

分析如下。

（1）window.onload = function(){...};

将所有代码写在 window.onload 事件中，window.onload 事件控制在文档加载完毕后才执行 JavaScript 代码，避免了无法获取对象的情况发生。

（2）var cartTable = document.getElementById('cartTable');

通过 getElementById 方法获取 table 元素。

（3）var tr = cartTable.children[1].rows;

获取 table 元素下的所有 tr 元素，即获取所有的商品。cartTable.children 表示 cartTable 所有子节点。cartTable.children[1]表示获取 cartTable 的两个子节点即 tbody 元素。rows 属性为表格的特有属性存放节点下面的所有 tr 元素。

（4）var checkInputs = document.getElementsByClassName('check');

通过 getElementsByClassName 方法获取所有的选择框，这里所有选择框都有样式 check。

（5）var checkAllInputs = document.getElementsByClassName('check-all');

获取所有全选框，check-all 为全选框的特有样式。

（6）if (!document.getElementsByClassName) {...}

判断方法 getElementsByClassName 是否存在。低版本 IE 不支持 getElementsByClassName 方法，兼容 IE 则需要自定义 getElementsByClassName 方法。

（7）document.getElementsByClassName = function (cls) {...};

自定义 getElementsByClassName 方法，传入参数 cls 类名，表示想通过哪个类名来获取元素。

（8）var ret = [];
     var els = document.getElementsByTagName('*');

定义数组 ret 接收返回的结果。定义变量 els 获取所有元素。

（9）for(var i = 0; len = els.length; i < len; i++){...}

for 循环遍历所有元素，判断每个元素的 classname 是否等于传递进来的参数 cls，如果等于则调用数组的 push 方法将该元素添加到数组 ret。

（10）var selectedTotal = document.getElementById('selectedTotal');

获取已选商品数量元素。

（11）var priceTotal = document.getElementById('priceTotal');

获取商品总价格元素。

11.3　商品全选及合计功能实现

首先给购物车添加商品全选的功能，即勾选全选按钮，商品前面的选择框全部选中；

精讲视频

商品全选及合计功能
实现

也可以单独勾选商品的选择框实现单选；商品选择同时合计总价格会相应变化。在脚本 script.js 中进一步处理。

脚本 script.js

```
<script type="text/javascript">
    window.onload = function () {
        var cartTable = document.getElementById('cartTable');
        var tr =    cartTable.children[1].rows;
        var checkInputs = document.getElementsByClassName('check');
        var checkAllInputs = document.getElementsByClassName('check-all');
        var selectedTotal = document.getElementById('selectedTotal');
        var priceTotal = document.getElementById('priceTotal');
        if (!document.getElementsByClassName) {
            document.getElementsByClassName = function (cls) {
                var ret = [];
                var els = document.getElementsByTagName('*');
                for (var i = 0, len = els.length; i < len; i++) {
                    if (els[i].className === cls || els[i].className.indexOf(cls + ' ') >=0 ||
els[i].className.indexOf(' ' + cls + ' ') >=0 || els[i].className.indexOf(' ' + cls) >=0) {
                        ret.push(els[i]);
                    }
                }
                return ret;
            }
        }
        function getTotal() {
            var seleted = 0;
            var price = 0;
            for (var i = 0, len = tr.length; i < len; i++) {
                if (tr[i].getElementsByTagName('input')[0].checked) {
                    tr[i].className = 'on';
                    seleted += parseInt(tr[i].getElementsByTagName('input')[1].value);
                    price += parseFloat(tr[i].cells[4].innerHTML);
                }
                else {
                    tr[i].className = '';
                }
            }
            selectedTotal.innerHTML = seleted;
            priceTotal.innerHTML = price.toFixed(2);
        }
        for(var i = 0; i < checkInputs.length; i++ ){
            checkInputs[i].onclick = function () {
                if (this.className.indexOf('check-all') >= 0) {
                    for (var j = 0; j < checkInputs.length; j++) {
                        checkInputs[j].checked = this.checked;
                    }
                }
                if (!this.checked) {
                    for (var i = 0; i < checkAllInputs.length; i++) {
                        checkAllInputs[i].checked = false;
                    }
```

```
                    }
                        getTotal();
                }
            }
        checkAllInputs[0].checked = true;
            checkAllInputs[0].onclick();
        }
    </script>
```

分析如下。

（1）for(var i = 0; len = checkInputs.length; I < len; i++){...}

for 循环遍历所有选择框。

（2）checkInputs[i].onclick = function(){...}

给每一个选择框添加单击事件。

（3）if(this.className.indexOf('check-all') >= 0){

    for(var j = 0; j < checkInputs.length; j++){

      checkInputs[j].checked = this.checked;

    }

}

判断当前选择框的类名是否包含"check-all"，如果是那么单击的则是全选框，用 for 循环遍历全选框，将每个全选框的选中状态置为和当前单击的选择框一样。

（4）if(!this.checked){

    for(var k = 0; k < checkAllInputs,length; k++){

      checkAllInputs[k].checked = false;

    }

}

判断如果当前选择框为未选中的状态，则将全选框都置为未选中状态。

（5）getTotal();

调用 getTotal 方法计算商品价格。

function getTotal(...){}

getTotal 方法中定义变量 selected 表示选中商品的总数量，定义变量 price 表示选中商品价格。

（6）for(var i = 0, len = tr.length; i < len; i++){

    if(tr[i].getElementByTagName('input')[0].checked){

      tr[i].className = 'on';

      selected += parseInt(tr[i].getElementByTagName('input')[1].value);

      price += parseFloat(tr[i].cells[4].innerHTML);

    }else{

      tr[i].className = '';

    }

  }

  selectedTotal.innerHTML = selected;

  priceTotal.innerHTML = price.toFixed(2);

for 循环遍历每一个 tr 元素，判断第一个 input 元素是否是选中状态，如果是选中状态，则首先将该行添加样式高亮的样式 on，其次将第二个 input 的值（即数量）累加到变量 selected，最后将第 5 个 tr 元素值即价格累加到变量 price。其中 cells 属性是特殊的表格属性存放表格每一行下的所有 tr 元素。parseInt()方法将字符串转换为整数，parseFloat()方法将字符串转换为小数。最后将价格和数量写入变量 selectedTotal 和 priceTotal。

（7）checkAllInputs[0].checked = true;

  checkAllInputs[0].onclick();

页面初始化为全选并调用全选框的单击事件计算商品全选的总价格。

购物车商品选中效果如图 11.2 和图 11.3 所示。

全选	商品	单价	数量	小计	操作
☑	iphoneX	7828	1 +	7828	删除
☑	iphone6s plus	3699	1 +	3699	删除
☑	华为P10	3488	1 +	3488	删除
☑	魅族Pro7 plus	2399	1 +	2399	删除
☑ 全选 删除				已选商品4件 ∧ 合计：￥17414.00	结算

图 11.2 购物车全选效果图

全选	商品	单价	数量	小计	操作
☑	iphoneX	7828	1 +	7828	删除
☑	iphone6s plus	3699	1 +	3699	删除
☐	华为P10	3488	1 +	3488	删除
☐	魅族Pro7 plus	2399	1 +	2399	删除
☐ 全选 删除				已选商品2件 ∧ 合计：￥11527.00	结算

图 11.3 购物车部分选中效果

11.4 商品预览浮层功能

  前面完成了购物车的单击功能（即选择功能），选择商品可以计算价格和数量。但选中商品预览浮层功能还没有实现。浮层布局已在 11.1 节中实现了。这里需要用 JavaScript 去控制显示浮层内容。具体代码如脚本 script.js 所示。

精讲视频

商品预览浮层功能

脚本 script.js

```
<script type="text/javascript">
    window.onload = function () {
        var cartTable = document.getElementById('cartTable');
        var tr =  cartTable.children[1].rows;
```

```javascript
                var checkInputs = document.getElementsByClassName('check');
                var checkAllInputs = document.getElementsByClassName('check-all');
                var selectedTotal = document.getElementById('selectedTotal');
                var priceTotal = document.getElementById('priceTotal');
                var selectedViewList = document.getElementById('selectedViewList');
                    var selected = document.getElementById('selected');
                    var foot = document.getElementById('foot');
                if (!document.getElementsByClassName) {
                    document.getElementsByClassName = function (cls) {
                        var ret = [];
                        var els = document.getElementsByTagName('*');
                        for (var i = 0, len = els.length; i < len; i++) {
                            if (els[i].className === cls || els[i].className.indexOf(cls + ' ') >=0 ||
els[i].className.indexOf(' ' + cls + ' ') >=0 || els[i].className.indexOf(' ' + cls) >=0) {
                                ret.push(els[i]);
                            }
                        }
                        return ret;
                    };
                }
                function getTotal() {
                    var seleted = 0;
                    var price = 0;
                    var HTMLstr = '';
                    for (var i = 0, len = tr.length; i < len; i++) {
                        if (tr[i].getElementsByTagName('input')[0].checked) {
                            tr[i].className = 'on';
                            seleted += parseInt(tr[i].getElementsByTagName('input')[1].value);
                            price += parseFloat(tr[i].cells[4].innerHTML);
                            HTMLstr += '<div><img src="' + tr[i].getElementsByTagName('img')[0].src +
'"><span class="del" index="' + i + '">取消选择</span></div>'
                        }
                        else {
                            tr[i].className = '';
                        }
                    }
                    selectedTotal.innerHTML = seleted;
                    priceTotal.innerHTML = price.toFixed(2);
                    selectedViewList.innerHTML = HTMLstr;

                    if (seleted == 0) {
                        foot.className = 'foot';
                    }
                }
                for(var i = 0; i < checkInputs.length; i++ ){
                    checkInputs[i].onclick = function () {
                        if (this.className.indexOf('check-all') >= 0) {
                            for (var j = 0; j < checkInputs.length; j++) {
                                checkInputs[j].checked = this.checked;
                            }
                        }
```

```
                    if (!this.checked) {
                            for (var i = 0; i < checkAllInputs.length; i++) {
                                    checkAllInputs[i].checked = false;
                            }
                    }
                    getTotal();
            }
    }
    selected.onclick = function(){
            if(foot.className == 'foot'){
                    if (selectedTotal.innerHTML != 0) {
                            foot.className = 'foot show';
                    }
            }else{
                    foot.className = 'foot';
            }
    }
    checkAllInputs[0].checked = true;
    checkAllInputs[0].onclick();
    }
</script>
```

分析如下。

（1）var selected = document.getElementById('selected');

var foot = document.getElementById('foot');

var selectedViewList = document.getElementById('selectedViewList');

获取已选商品元素、底层 div 元素以及浮层已选商品列表容器。

（2）selected.onclick = function(){

　　if(foot.className == 'foot'){

　　　　if (selectedTotal.innerHTML != 0) {

　　　　　　foot.className == 'foot show';

　　　　}

　　}else{

　　　　foot.className == 'foot';

　　}

}

已选商品按钮增加单击事件，判断 foot 元素是否存在类名 "show"，如果存在则说明商品预览浮层是显示的，那么单击之后需要隐藏，即需要去掉样式 "show"，否则增加样式 "show"。

（3）var HTMLstr = '';

HTMLstr += '<div><img src="' + tr[i].getElementsByTagName('img')[0].src + '"><span class="del" index="' + i + '">取消选择</span></div>';

selectedViewList.innerHTML = HTMLstr;

完善 getTotal()方法，当商品被选中时，拼接商品预览浮层 div。

（4）if (seleted == 0) {

　　foot.className = 'foot';

　　}

计算完毕判断选择数量是否为 0，如果是则将商品预览浮层 div 隐藏。

购物车商品预览浮层显示效果如图 11.4 所示。

图 11.4　购物车商品预览浮层显示效果

11.5　取消选择与事件代理

　　前面完成了购物车商品预览浮层的显示与隐藏，但商品"取消选择"的功能还没有实现。单击商品"取消选择"，需要相应地将该商品从浮层中删除，同时将该商品置为未选中状态。正常情况下，给取消选择增加 onclick 单击事件即可处理，但这里浮层内容是动态加载的，即一开始是不存在内容的，添加任何事件都是无法生效的。这样就需要引入 JavaScript 的"事件代理"，也称"事件委托"，利用事件冒泡将事件添加到它们的父节点，也称将事件委托给父节点来触发处理函数。在脚本 script.js 中进一步处理如下。

脚本 script.js

```
<script type="text/javascript">
    window.onload = function () {
        var cartTable = document.getElementById('cartTable');
        var tr =   cartTable.children[1].rows;
        var checkInputs = document.getElementsByClassName('check');
        var checkAllInputs = document.getElementsByClassName('check-all');
        var selectedTotal = document.getElementById('selectedTotal');
        var priceTotal = document.getElementById('priceTotal');
        var selectedViewList = document.getElementById('selectedViewList');
        var selected = document.getElementById('selected');
        var foot = document.getElementById('foot');
        if (!document.getElementsByClassName) {
            document.getElementsByClassName = function (cls) {
                var ret = [];
                var els = document.getElementsByTagName('*');
                for (var i = 0, len = els.length; i < len; i++) {
                    if (els[i].className === cls || els[i].className.indexOf(cls + ' ') >=0 ||
els[i].className.indexOf(' ' + cls + ' ') >=0 || els[i].className.indexOf(' ' + cls) >=0) {
                        ret.push(els[i]);
                    }
                }
                return ret;
            }
        }
        function getTotal() {
```

```
                var seleted = 0;
                var price = 0;
                var HTMLstr = '';
                for (var i = 0, len = tr.length; i < len; i++) {
                        if (tr[i].getElementsByTagName('input')[0].checked) {
                                tr[i].className = 'on';
                                seleted += parseInt(tr[i].getElementsByTagName('input')[1].value);
                                price += parseFloat(tr[i].cells[4].innerHTML);
                                HTMLstr += '<div><img src="' + tr[i].getElementsByTagName('img')[0].src + '">
<span class="del" index="' + i + '">取消选择</span></div>'
                        }
                        else {
                                tr[i].className = '';
                        }
                }
                selectedTotal.innerHTML = seleted;
                priceTotal.innerHTML = price.toFixed(2);
                selectedViewList.innerHTML = HTMLstr;

                if (seleted == 0) {
                        foot.className = 'foot';
                }
        }
        for(var i = 0; i < checkInputs.length; i++ ){
                checkInputs[i].onclick = function () {
                        if (this.className.indexOf('check-all') >= 0) {
                                for (var j = 0; j < checkInputs.length; j++) {
                                        checkInputs[j].checked = this.checked;
                                }
                        }
                        if (!this.checked) {
                                for (var i = 0; i < checkAllInputs.length; i++) {
                                        checkAllInputs[i].checked = false;
                                }
                        }
                        getTotal();
                }
        }
        selected.onclick = function(){
                if(foot.className == 'foot'){
                        if (selectedTotal.innerHTML != 0) {
                                foot.className = 'foot show';
                        }
                }else{
                        foot.className = 'foot';
                }
        }
        selectedViewList.onclick = function (e) {
                var e = e || window.event;
                var el = e.srcElement;
                if (el.className=='del') {
                        var input =  tr[el.getAttribute('index')].getElementsByTagName('input')[0]
```

```
                          input.checked = false;
                          input.onclick();
                     }
               }
         checkAllInputs[0].checked = true;
         checkAllInputs[0].onclick();
      }
</script>
```

分析如下。

（1）selectedViewList.onclick = function (e) {...}

由 11.4 节可知，取消选择是套在 span 标签中的，但此处 span 标签是动态加载出来的，所以需要把取消选择的单击事件委托到 span 的父元素 selectedViewList 上去实现。传入的参数 e 表示元素单击时的事件对象。

（2）var e = e || window.event;

IE 下元素的事件对象存在于 window.event 中。此处逻辑或表达式先计算左边 e 的值判断是否是真值，如果是真值则返回 e，如果不是真值则计算右边表达式的值，结果返回右边表达式的值。

（3）var el = e.srcElement;

　　 if (el.className=='del') {

　　　　 var input = tr[el.getAttribute('index')].getElementsByTagName('input')[0];

　　　　 input.checked = false;

　　　　 input.onclick();

　　 }

通过样式名称判断单击的元素是否是"取消选择"，如果是则获取对应的商品勾选框，将勾选框置为未选中状态，并调用勾选框的单击事件计算商品价格显示。

购物车商品取消选择效果如图 11.5 所示。

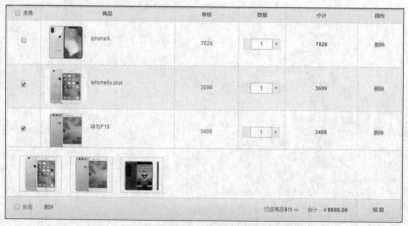

图 11.5　购物车商品取消选择效果

11.6　商品价格计算

购物车可以添加多种商品，也可以对一种商品添加多个，这就涉及商品数量的增减问题。单击"+"按钮商品数量增加，价格也需要更新，单击"−"按钮商品数量减少，价格也相应更新。有两种实现方法，一种是循环遍历每一行，对"+"和"−"按钮分别添加单击事件，一种是使用前面介绍的事件代理，将"+"和"−"的单击事件代理到每个 tr

精讲视频

商品价格计算

元素上去实现。这里采用第 2 种方法，无需重复绑定元素，避免影响页面性能。进一步完善脚本 script.js 如下。

脚本 script.js

```html
<script type="text/javascript">
    window.onload = function () {
        var cartTable = document.getElementById('cartTable');
        var tr =   cartTable.children[1].rows;
        var checkInputs = document.getElementsByClassName('check');
        var checkAllInputs = document.getElementsByClassName('check-all');
        var selectedTotal = document.getElementById('selectedTotal');
        var priceTotal = document.getElementById('priceTotal');
        var selectedViewList = document.getElementById('selectedViewList');
        var selected = document.getElementById('selected');
        var foot = document.getElementById('foot');
        if (!document.getElementsByClassName) {
            document.getElementsByClassName = function (cls) {
                var ret = [];
                var els = document.getElementsByTagName('*');
                for (var i = 0, len = els.length; i < len; i++) {
                    if (els[i].className === cls || els[i].className.indexOf(cls + ' ') >=0 || els[i].
className.indexOf(' ' + cls + ' ') >=0 || els[i].className.indexOf(' ' + cls) >=0) {
                        ret.push(els[i]);
                    }
                }
                return ret;
            }
        }
        function getTotal() {
            var seleted = 0;
            var price = 0;
            var HTMLstr = '';
            for (var i = 0, len = tr.length; i < len; i++) {
                if (tr[i].getElementsByTagName('input')[0].checked) {
                    tr[i].className = 'on';
                    seleted += parseInt(tr[i].getElementsByTagName('input')[1].value);
                    price += parseFloat(tr[i].cells[4].innerHTML);
                    HTMLstr += '<div><img src="' + tr[i].getElementsByTagName('img')[0].src + '">
<span class="del" index="' + i + '">取消选择</span></div>'
                }
                else {
                    tr[i].className = '';
                }
            }
            selectedTotal.innerHTML = seleted;
            priceTotal.innerHTML = price.toFixed(2);
            selectedViewList.innerHTML = HTMLstr;

            if (seleted == 0) {
                foot.className = 'foot';
            }
        }
        for(var i = 0; i < checkInputs.length; i++ ){
            checkInputs[i].onclick = function () {
                if (this.className.indexOf('check-all') >= 0) {
```

```
                    for (var j = 0; j < checkInputs.length; j++) {
                        checkInputs[j].checked = this.checked;
                    }
                }
                if (!this.checked) {
                    for (var i = 0; i < checkAllInputs.length; i++) {
                        checkAllInputs[i].checked = false;
                    }
                }
                getTotal();
            }
        }
        selected.onclick = function(){
            if(foot.className == 'foot'){
                if (selectedTotal.innerHTML != 0) {
                    foot.className = 'foot show';
                }
            }else{
                foot.className = 'foot';
            }
        }
        selectedViewList.onclick = function (e) {
            var e = e || window.event;
            var el = e.srcElement;
            if (el.className=='del') {
                var input =   tr[el.getAttribute('index')].getElementsByTagName('input')[0]
                input.checked = false;
                input.onclick();
            }
        }
        for (var i = 0; i < tr.length; i++) {
            tr[i].onclick = function (e) {
                var e = e || window.event;
                var el = e.target || e.srcElement;
                var cls = el.className;
                var countInput = this.getElementsByTagName('input')[1];
                var value = parseInt(countInput.value);
                switch (cls) {
                    case 'add':
                        countInput.value = value + 1;
                        getSubtotal(this);
                        break;
                    case 'reduce':
                        if (value > 1) {
                            countInput.value = value − 1;
                            getSubtotal(this);
                        }
                        break;
                }
                getTotal();
            }
            tr[i].getElementsByTagName('input')[1].onkeyup = function () {
                var val = parseInt(this.value);
```

```
            if (isNaN(val) || val <= 0) {
                val = 1;
            }
            if (this.value != val) {
                this.value = val;
            }
            getSubtotal(this.parentNode.parentNode);
            getTotal();
        }
    }
    function getSubtotal(tr) {
        var cells = tr.cells;
        var price = cells[2];
        var countInput = tr.getElementsByTagName('input')[1];
        var subtotal = (parseInt(countInput.value) * parseFloat(price.innerHTML)).toFixed(2);
        cells[4].innerHTML = subtotal;
        var span = tr.getElementsByTagName('span')[1];
        if (countInput.value == 1) {
            span.innerHTML = '';
        }else{
            span.innerHTML = '–';
        }
    }
    checkAllInputs[0].checked = true;
    checkAllInputs[0].onclick();
    }
</script>
```

分析如下。

（1）for (var i = 0; i < tr.length; i++) {
　　　　tr[i].onclick = function (e) {...}
}

循环遍历每一行，给每一行元素添加单击事件，传入事件对象 e。

（2）e = e || window.event;
　　var el = e.srcElement;
　　var cls = el.className;
　　var countInput = this.getElementsByTagName('input')[1];
　　var value = parseInt(countInput.value);

获取事件对象 e、目标事件触发元素 el、目标事件触发元素的样式 cls 以及每行的商品数量元素 countInput，并计算商品数量的 value 值。

（3）switch (cls) {
　　　　case 'add':
　　　　　　countInout.value = value + 1;
　　　　　　getSubTotal(this);
　　　　　　break;
　　　　case 'reduce':
　　　　　　countInout.value = value - 1;
　　　　　　getSubTotal(this);
　　　　　　break;

```
        }
```

使用 switch...case...语句判断目标触发元素的样式 cls，根据 cls 判断单击的是"＋"还是"－"按钮，然后对商品数量做相应加减。

（4）function getSubtotal(tr) {...}

定义函数 getSubtotal，传入参数 tr，计算每行商品小计的价格。

（5）var cells = tr.cells;

```
        var price = cells[2];
        var countInput = tr.getElementsByTagName('input')[1];
        var subtotal = (parseInt(countInput.value) * parseFloat(price.innerHTML)).toFixed(2);
        cells[4].innerHTML = subtotal;
```

获取当前行所有列元素 cells，通过 cells 获取商品单价并转化为浮点数，通过 cells 获取商品数量并转化为整数，最后计算商品小计价格，并写入小计单元格。

（6）var span = this.getElementsByTagName(span)[1];

获取并判断商品"－"元素，当商品数量等于 1 时，"－"按钮删除，当商品数量大于 1 时，"－"按钮出现。

（7）tr[i].getElementsByTagName('input')[1].onkeyup = function () {...}

当手动输入商品数量时也需要计算商品价格，这里对商品数量框添加 onkeyup 键盘弹起事件，并调用 getTotal 函数计算商品小计价格，调用 getTotal 函数计算所有商品合计值。

购物车商品价格计算显示效果如图 11.6 所示。

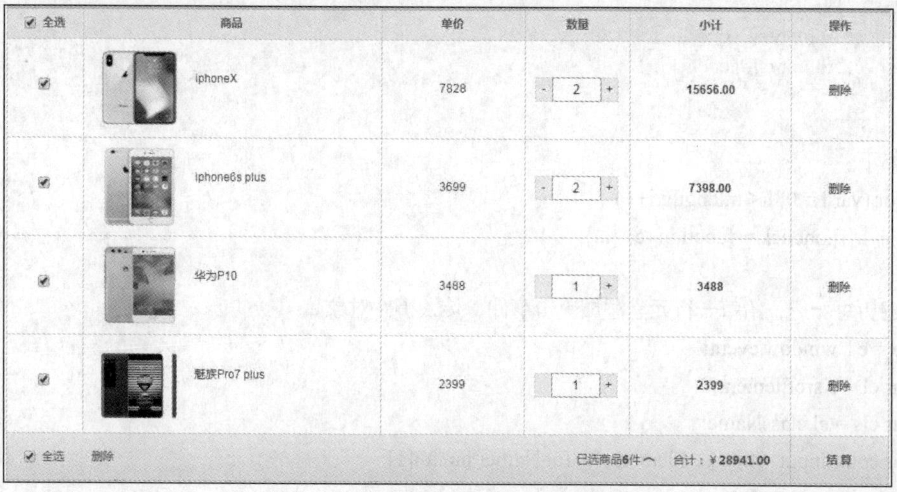

图 11.6　购物车商品价格计算显示效果

11.7　实现删除

精讲视频

商品删除实现

购物车单选、全选、增删商品以及小计、合计功能实现后，还剩删除功能未处理。删除分为单行删除和批量删除。单行删除是针对每一行删除商品，同样可以用事件代理，将单行删除的单击事件代理到每个 tr 元素上去实现。完善 tr 的单击事件如脚本 script.js 所示。

脚本 script.js

```
<script type="text/javascript">
    window.onload = function () {
        var cartTable = document.getElementById('cartTable');
```

```
                var tr =   cartTable.children[1].rows;
                var checkInputs = document.getElementsByClassName('check');
                var checkAllInputs = document.getElementsByClassName('check-all');
                var selectedTotal = document.getElementById('selectedTotal');
                var priceTotal = document.getElementById('priceTotal');
                var selectedViewList = document.getElementById('selectedViewList');
                var selected = document.getElementById('selected');
                var foot = document.getElementById('foot');
                if (!document.getElementsByClassName) {
                    document.getElementsByClassName = function (cls) {
                        var ret = [];
                        var els = document.getElementsByTagName('*');
                        for (var i = 0, len = els.length; i < len; i++) {
                            if (els[i].className === cls || els[i].className.indexOf(cls + ' ') >=0 ||
els[i].className.indexOf(' ' + cls + ' ') >=0 || els[i].className.indexOf(' ' + cls) >=0) {
                                ret.push(els[i]);
                            }
                        }
                        return ret;
                    }
                }
                function getTotal() {
                    var seleted = 0;
                    var price = 0;
                    var HTMLstr = '';
                    for (var i = 0, len = tr.length; i < len; i++) {
                        if (tr[i].getElementsByTagName('input')[0].checked) {
                            tr[i].className = 'on';
                            seleted += parseInt(tr[i].getElementsByTagName('input')[1].value);
                            price += parseFloat(tr[i].cells[4].innerHTML);
                            HTMLstr += '<div><img src="' + tr[i].getElementsByTagName('img')[0].src + '">
<span class="del" index="' + i + '">取消选择</span></div>'
                        }
                        else {
                            tr[i].className = '';
                        }
                    }
                    selectedTotal.innerHTML = seleted;
                    priceTotal.innerHTML = price.toFixed(2);
                    selectedViewList.innerHTML = HTMLstr;

                    if (seleted == 0) {
                        foot.className = 'foot';
                    }
                }
                for(var i = 0; i < checkInputs.length; i++ ){
                    checkInputs[i].onclick = function () {
                        if (this.className.indexOf('check-all') >= 0) {
                            for (var j = 0; j < checkInputs.length; j++) {
                                checkInputs[j].checked = this.checked;
                            }
                        }
                        if (!this.checked) {
```

```
                        for (var i = 0; i < checkAllInputs.length; i++) {
                            checkAllInputs[i].checked = false;
                        }
                    }
                    getTotal();
                }
            }
            selected.onclick = function(){
                if(foot.className == 'foot'){
                    if (selectedTotal.innerHTML != 0) {
                        foot.className = 'foot show';
                    }
                }else{
                    foot.className = 'foot';
                }
            }
            selectedViewList.onclick = function (e) {
                var e = e || window.event;
                var el = e.srcElement;
                if (el.className=='del') {
                    var input =  tr[el.getAttribute('index')].getElementsByTagName('input')[0]
                    input.checked = false;
                    input.onclick();
                }
            }
            for (var i = 0; i < tr.length; i++) {
                tr[i].onclick = function (e) {
                    var e = e || window.event;
                    var el = e.target || e.srcElement;
                    var cls = el.className;
                    var countInput = this.getElementsByTagName('input')[1];
                    var value = parseInt(countInput.value);
                    switch (cls) {
                        case 'add':
                            countInput.value = value + 1;
                            getSubtotal(this);
                            break;
                        case 'reduce':
                            if (value > 1) {
                                countInput.value = value - 1;
                                getSubtotal(this);
                            }
                            break;
                        case 'delete':
                            var conf = confirm('确定删除此商品吗？');
                            if (conf) {
                                this.parentNode.removeChild(this);
                            }
                            break;
                    }
                    getTotal();
                }
                tr[i].getElementsByTagName('input')[1].onkeyup = function () {
```

```
                    var val = parseInt(this.value);
                    if (isNaN(val) || val <= 0) {
                        val = 1;
                    }
                    if (this.value != val) {
                        this.value = val;
                    }
                    getSubtotal(this.parentNode.parentNode);
                    getTotal();
                }
            }
            function getSubtotal(tr) {
                var cells = tr.cells;
                var price = parseFloat(cells[2]);
                var countInput = parseInt(tr.getElementsByTagName('input')[1]);
                var subtotal = parseFloat(price * countInput );
                cells[4].innerHTML = subtotal;
                var span = tr.getElementsByTagName('span')[1];
                if (countInput.value == 1) {
                    span.innerHTML = '';
                }else{
                    span.innerHTML = '–';
                }
            }
            deleteAll.onclick = function () {
                    if (selectedTotal.innerHTML != 0) {
                        var con = confirm('确定删除所选商品吗？');
                        if (con) {
                            for (var i = 0; i < tr.length; i++) {
                                if (tr[i].getElementsByTagName('input')[0].checked) {
                                    tr[i].parentNode.removeChild(tr[i]);
                                    i--;
                                }
                            }
                        }
                    } else {
                        alert('请选择商品！');
                    }
                    getTotal();
            }
        checkAllInputs[0].checked = true;
        checkAllInputs[0].onclick();
        }
</script>
```

分析如下。

（1）switch (cls) {

   ...

    case 'delete':

      var conf = confirm('确定删除此商品吗？');

     if (conf) {

       this.parentNode.removeChild(this);

```
            }
        break;
    }
```

在 tr 的单击事件中判断当前单击的目标元素样式为"delete"时，即单击了删除操作按钮。定义 conf 变量存放对话框返回值。confirm 函数在网页上弹出对话框，对话框内容显示为 confirm 函数的参数，对话框带有"确定"和"删除"按钮。单击对话框"确定"按钮返回值为 true，单击对话框"取消"按钮返回值为 false。如果确定删除，则调用当前元素的父元素删除其子节点，即删除当前行。

（2）var deleteAll = document.getElementById('deleteAll');

获取批量删除按钮元素。

（3）deleteAll.onclick = function () {...}

给批量删除按钮添加单击事件。

（4）if (selectedTotal.innerHTML != 0) {...} else {alert('请选择商品！');}

判断选择的商品数量是否为 0，如果是 0 则需要提示先选择商品。

（5）var con = confirm('确定删除所选商品吗？');

定义对话框让用户确定是否要删除所选商品。

（6）for (var i = 0; i < tr.length; i++) {

```
    if (tr[i].getElementsByTagName('input')[0].checked) {
        tr[i].parentNode.removeChild(tr[i]);
        i--;
    }
}
```

循环遍历每一行判断商品是否选中，如果是选中状态则调用 removeChild() 方法删除。然后将下标回退 1，因为商品删除后 tr 下标会重新排列。

购物车商品删除效果如图 11.7 所示。

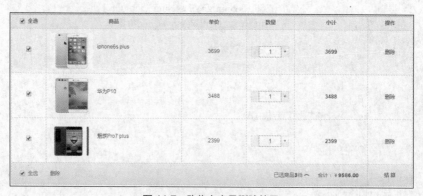

图 11.7　购物车商品删除效果

11.8　小结

综合前面小节的内容，购物车的一系列功能已全部实现。

本章的项目基于 JavaScript 的购物车功能看起来是非常简单的，实际上运用了前面所学的各章节基础知识，如 JavaScript 的 BOM 操作、DOM 操作、表格操作、事件处理等，将这些知识融合在一起实现类似淘宝的购物车功能。当然，本章实现的功能是非常简单的，可以在此基础上，随着需求的增长而不断地去完善。通过本章的项目实战，需要学会解决问题的思路以及思考需要运用哪些技术，以怎样的方式去实现各种功能。